普通高等教育"十四五"规划教材

ROS机器人SLAM导航概论

主　编◎王险峰
副主编◎杜　娟　赵　玲　刘显德

ROS　SLAM

中国石化出版社
·北京·

图书在版编目(CIP)数据

ROS 机器人 SLAM 导航概论 / 王险峰主编; 杜娟,
赵玲, 刘显德副主编. — 北京 : 中国石化出版社,
2024.12. — ISBN 978-7-5114-7753-8

Ⅰ. TP242

中国国家版本馆 CIP 数据核字第 2024AC9587 号

中国石化出版社出版发行
地址:北京市东城区安定门外大街 58 号
邮编:100011　电话:(010)57512500
发行部电话:(010)57512575
http://www. sinopec-press. com
E-mail:press@ sinopec. com
北京科信印刷有限公司印刷
全国各地新华书店经销
*
787 毫米×1092 毫米 16 开本 16. 25 印张 348 千字
2024 年 12 月第 1 版　2024 年 12 月第 1 次印刷
定价:68. 00 元

前言 PREFACE

随着机器人技术的持续升温，对于机器人的研究不再局限于科研院所和高校，国内不少优秀的公司也加大了对机器人的研究。如今的机器人概念已经与传统的机器人有着本质的不同，它们是集人工智能、科学计算、语言交互以及互联网等高科技于一身的融合产品。国内高校对机器人相关领域的教学和研究，本科阶段较少，而且目前现有的资料多为国外翻译；同时，国内网站上的资料多为实操，机器人导航等相关领域的理论知识较少。机器人操作系统(ROS)是一个用于实现机器人编程和开发复杂机器人应用程序的开源软件框架。ROS 虽然可以完成操作系统的很多功能，但是它仍然需要安装在例如 Linux 之类的操作系统上，所以也经常被称为元操作系统或中间件软件框架。目前，多数对机器人的导航开发都依附于 ROS 系统，同时 SLAM 技术在机器人自主导航中起着关键性作用，但由于其复杂的数学理论知识，许多读者谈之色变，只知道使用，却不知其原理，更不知如何改进。因此，本书以 ROS 系统为基础，以 SLAM 技术为前提，主要阐述了机器人自主导航的相关理论知识，使本科生能够了解其中的原理。

本书分为七个章节：

第一章为 ROS 相关理论，让读者了解 ROS 的相关概念、设计目标、特点、发展历史和基本框架。学习完本章，读者可以自主安装 ROS 系统和熟悉相关 Linux 指令。

第二章为 ROS 通信机制，主要介绍了 ROS 中最基本的也是最核心的通信机制实现：话题通信、服务通信、参数服务器。

第三章为 ROS 语言编程基础，在对 ROS 开发时，ROS 系统主要是使用 C++ 和 Python 语言开发相关项目。同时，ROS 系统中相关功能包和接口主要由 C++ 设计和开发，Python 作为一种辅助语言，用来开发一些相关插件，Julia 因其丰富的库函数，能够帮读者快速实现 SLAM 相关功能包。本章将介绍 C++和 Julia 语言相关知识。

第四章为ROS常用组件，在ROS中内置一些比较实用的工具，通过这些工具可以方便快捷地实现某个功能或调试程序，从而提高开发效率，本章主要介绍ROS中内置的相关组件：TF、rosbag、launch启动文件、rqt、rviz和Gazebo，以及Julia中几个与SLAM相关的工具箱：RobotOS.jl、Caesar.jl和SLAM.jl。

第五章为机器人SLAM技术，首先阐述了什么是SLAM，对SLAM发展历史进行了回顾，并给出了学习动向图以帮助读者快速把握整体脉络；然后介绍了SLAM中所涉及的概率理论、估计理论以及相关的滤波算法，并通过Julia语言构建实例帮助读者理解相关理论，最后介绍了常用的几种SLAM算法。

第六章为机器人自主导航，主要介绍了机器人自主导航的构架；机器人利用SLAM技术建图的流程，其中包括激光和视觉SLAM技术；机器人导航中自主定位算法的种类和AMCL算法的工作原理；常见路径规划A*、Dijkstra和DWA算法的原理；机器人运动控制常用算法；传感器是如何获取环境信息的。

第七章为轮式机器人设计平台，学习完本章读者可以从0到1设计一款入门级、低成本、简单但又具备一定扩展性的两轮差速机器人，并能实现SLAM功能和自主导航等相关功能。

因此，本书不仅适合希望了解、学习、应用ROS机器人导航相关技术的初学者，也适合有一定经验的机器人开发人员参考。

本书由东北石油大学王险峰副教授进行筹划并负责全书统筹工作，东北石油大学杜娟、赵玲、刘显德等参与编写。其中，第1、2、5章计16万字由王险峰编写，第4、6章计8万字由杜娟编写，第3章计5万字由赵玲编写，第7章计5万字由刘显德编写。

参与本书编写的还有赵通、史易航、冯春阳等研究生，对他们帮助资料收集和整理、实验验证、校对部分书稿表示衷心的感谢。本书在编写过程中参阅了同行专家学者和一些院校的教材、资料和文献，在此谨致谢意。

限于作者的水平，书中难免会存在一些不足之处或者错误，恳请广大读者和相关专家批评指正。

目录 CONTENTS

第一章　ROS 相关理论

机器人是集机械、电子、控制、传感、人工智能等多学科先进技术于一体的自动化装备。自 1956 年机器人产业诞生后，经过近 70 年发展，机器人已经被广泛应用在装备制造、新材料、生物医药、智慧新能源等高新产业。机器人与人工智能技术、先进制造技术和移动互联网技术的融合发展，推动了人类社会生活方式的变革。

随着人们对机器人技术智能化本质认识的加深，机器人技术开始源源不断地向人类活动的各个领域渗透。结合这些领域的应用特点，人们发展了各式各样的具有感知、决策、行动和交互能力的特种机器人和智能机器人。虽然现在还没有一个严格而准确的机器人定义，但是我们希望对机器人的本质做些把握：机器人是自动执行工作的机器装置。它既可以接受人类指挥，又可以运行预先编排的程序，也可以根据以人工智能技术制定的原则纲领行动。它的任务是协助或取代人类的工作。它是高级整合控制论、机械电子、计算机、材料和仿生学的产物，在工业、医学、农业、服务业、建筑业甚至军事等领域中均有重要用途。

从本章开始，带领大家逐渐了解利用 ROS 学习机器人相关知识。

1.1　ROS 简介

1.1.1　ROS 的概念

机器人是一种高度复杂的系统性实现，机器人设计包含了机械加工、机械结构设计、硬件设计、嵌入式软件设计、上层软件设计……是各种硬件与软件的集成，甚至可以说机器人系统是当今工业体系的集大成者。硬件技术的飞速发展在促进机器人领域快速发展和复杂化的同时也对机器人系统的软件开发提出了巨大挑战。机器人平台与硬件设备越来越丰富致使软件代码的复用性和模块化需求越发强烈，而已有的机器人系统又不能很好地适应需求。相比硬件开发软件开发明显力不从心。为迎接机器人软件开发面临的巨大挑战，全球各地的开发者与研究机构纷纷投入机器人通用软件框架的研发工作当中。在近几年里产生了多种优秀的机器人软件框架为软件开发工作提供了极大的便利，其中最为优秀的软件框架之一就是机器人操作系统 ROS(Robot Operating System)。

ROS 是用于编写机器人软件程序的一种具有高度灵活性的软件架构。ROS 的原型源自斯坦福大学的 STanford Artificial Intelligence Robot(STAIR)和 Personal Robotics(PR)项目。

ROS 是一个适用于机器人的开源的元操作系统。它提供了操作系统应有的服务，包括硬件抽象、底层设备控制、常用函数的实现、进程间消息传递以及包管理。ROS 运行时的“蓝图”是一种基于 ROS 通信基础结构的松耦合点对点进程网络。ROS 实现了几种不同的通信方式，包括基于同步 RPC 样式通信的服务(Services)机制，基于异步流媒体数据的话题(Topics)机制以及用于数据存储的参数服务器(Parameter Server)。它也提供用于获取、编译、编写和跨计算机运行代码所需的工具和库函数。ROS 系统包括如下几点：

(1) ROS 是适用于机器人的开源元操作系统。

(2) ROS 集成了大量的工具、库、协议，提供类似 OS 所提供的功能，简化对机器人的控制。

(3) 提供了用于在多台计算机上获取、构建、编写和运行代码的工具和库，ROS 在某些方面类似于“机器人框架”。

(4) ROS 设计者将 ROS 表述为“ROS = Plumbing + Tools + Capabilities + Ecosystem”，即 ROS 是通信机制、工具软件包、机器人高层技能以及机器人生态系统的集合体，如图 1-1 所示。

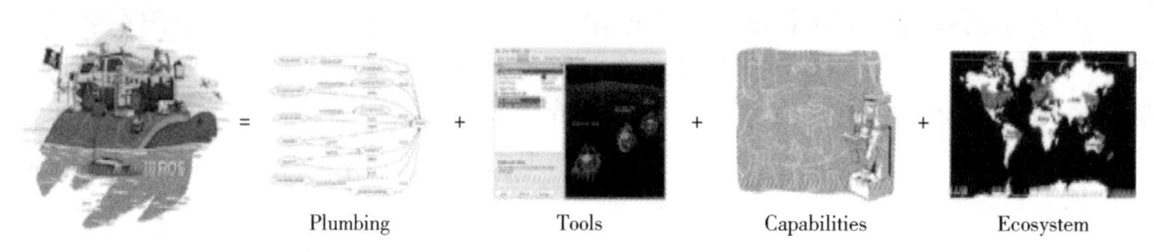

图 1-1　ROS 核心组成部分

目前，ROS 被运用于多种机器人领域，如图 1-2 所示，有可以在多种环境下执行的轮式工作机器人，如巡逻机器人、酒店图书馆服务机器人等；有可以行走的仿人机器人；还有目前工业上的机械臂等。ROS 系统可以很好地开发这些机器人，更高效地完成工作。

(a)轮式工作机器人

(b)仿人机器人

(c)机械臂

图 1-2　ROS 机器人应用领域

随着我国对机器人的大力发展，近些年来 ROS 被运用到机器人各种领域，目前大多数企业开发者和高校学者已经在对 ROS 方面的研究中取得显著的成果。相信不久的将来我国将引导 ROS 标准。ROS 的迅猛发展已经使它成为机器人领域的事实标准。

1.1.2　ROS 的设计目标与特点

ROS 不是一个集成了大多数功能或特征的框架。ROS 的主要目标是为机器人研究和开发提供代码复用的支持。ROS 是一个分布式的进程(也就是“节点”)框架，这些进程被封装在易于被分享和发布的程序包和功能包中。ROS 也支持一种类似于代码储存库的联合系统，这个系统也可以实现工程的协作及发布。这个设计可以使一个工程的开发和实现从文件系统到用户接口完全独立决策(不受 ROS 限制)。同时，所有的工程都可以被 ROS 的基础工具整合在一起。

机器人开发的分工思想，实现了不同研发团队间的共享和协作，提升了机器人的研发效率，为了服务“分工”，ROS 主要特点如下：

(1) 代码复用：ROS 的目标不是成为具有最多功能的框架，ROS 的主要目标是支持机器人技术研发中的代码重用。

(2) 分布式：ROS 是进程(也称为 Nodes)的分布式框架，ROS 中的进程可分布于不同主机，不同主机协同工作，从而分散计算压力。

(3) 松耦合：ROS 中功能模块封装于独立的功能包或元功能包，便于分享，功能包内的模块以节点为单位运行，以 ROS 标准的 IO 作为接口，开发者不需要关注模块内部实现，只要了解接口规则就能实现复用，实现了模块间点对点的松耦合连接。

(4) 精简：ROS 被设计为尽可能精简，以便为 ROS 编写的代码可以与其他机器人软件框架一起使用。ROS 易于与其他机器人软件框架集成：ROS 已与 OpenRAVE，Orocos 和 Player 集成。

(5) 语言独立性：包括 Java，C++，Python 等。为了支持更多应用开发和移植，ROS 设计为一种语言弱相关的框架结构，使用简洁、中立的定义语言描述模块间的消息接口，在编译中再产生所使用语言的目标文件，为消息交互提供支持，同时允许消息接口的嵌套使用

(6) 易于测试：ROS 具有称为 rostest 的内置单元/集成测试框架，可轻松安装和拆卸测试工具。

(7) 大型应用：ROS 适用于大型运行时系统和大型开发流程。

(8) 丰富的组件化工具包：ROS 可采用组件化方式集成一些工具和软件到系统中并作为一个组件直接使用，如 Rviz(3D 可视化工具)，开发者根据 ROS 定义的接口在其中显示机器人模型等，组件还包括仿真环境和消息查看工具等。

(9) 免费且开源：开发者众多，功能包多。

但由于 ROS 系统具有通信实时性能有限、系统稳定性尚不满足工业级要求、安全性上没有防护措施和仅支持 Linux(Ubuntu)等缺点，ROS 更适合科研和开源用户使用，如果在工业场景应用(例如无人驾驶)还需要做优化和定制。

1.1.3 ROS 的起源与发展

ROS 是一个由来已久、贡献者众多的大型软件项目。在 ROS 诞生之前，很多学者认为，机器人研究需要一个开放式的协作框架，并且已经有不少类似的项目致力于实现这样的框架。在这些工作中，斯坦福大学在 2000 年年中开展了一系列相关研究项目，如斯坦福人工智能机器人(STAIR)项目、个人机器人(PR)项目等，在上述项目中，在研究具有代表性、集成式人工智能系统的过程中，创立了用于室内场景的高灵活性、动态软件系统，其可以用于机器人学研究。

2007 年，柳树车库(Willow Garage)提供了大量资源，用于将斯坦福大学项目中的软件系统进行扩展与完善，同时，在无数研究人员的共同努力下，ROS 的核心思想和基本软件包逐渐得到完善。

ROS 的发行版本(ROS Distribution)指 ROS 软件包的版本，其与 Linux 的发行版本(如 Ubuntu)的概念类似。推出 ROS 发行版本的目的在于使开发人员可以使用相对稳定的代码库，直到其准备好将所有内容进行版本升级为止。因此，每个发行版本推出后，ROS 开发者通常仅对这一版本的 bug 进行修复，同时提供少量针对核心软件包的改进。截至 2020 年 5 月，ROS 的主要发行版本的名称、发布时间与生命周期如图 1-3 所示。

ROS 版本一般按照英文字母顺序命名，目前已经发布了 ROS1 的终极版本 noetic，并建议后期过渡至 ROS2 版本。noetic 版本之前默认使用的是 Python2，noetic 支持 Python3。读者

一般学习时，希望能够采用 noetic、melodic 或 kinetic 三者其一，并正确选用相对应的 Ubuntu 系统。在正式学习 ROS 系统之前，不仅需要实际操作还需要具有查阅相关资料的能力。读者在学习 ROS 相关知识时，应详细阅读官方网站的资料和项目。

版本名称	发布日期	版本生命周期	操作系统平台
ROS Noetic Ninjemys	2020年5月	2025年5月	Ubuntu 20.04
ROS Melodic Morenia	2018年5月23日	2023年5月	Ubuntu 17.10, Ubuntu 18.04, Debian 9, Windows 10
ROS Lunar Loggerhead	2017年5月23日	2019年5月	Ubuntu 16.04, Ubuntu 16.10, Ubuntu 17.04,Debian 9
ROS Kinetic Kame	2016年5月23日	2021年4月	Ubuntu 15.10, Ubuntu 16.04, Debian 8
ROS Jade Turtle	2015年5月23日	2017年5月	Ubuntu 14.04, Ubuntu 14.10 Ubuntu 15.04
ROS Indigo Igloo	2014年7月22日	2019年4月	Ubuntu 13.04, Ubuntu 14.04
ROS Hydro Medusa	2013年9月4日	2015年5月	Ubuntu 12.04, Ubuntu 12.10, Ubuntu 13.04
ROS Groovy Galapagos	2012年12月31日	2014年7月	Ubuntu 11.10, Ubuntu 12.04, Ubuntu 12.10
ROS Fuerte Turtle	2012年4月23日	--	Ubuntu 10.04, Ubuntu 11.10, Ubuntu 12.04
ROS Electric Emys	2011年8月30日	--	Ubuntu 10.04, Ubuntu 10.10, Ubuntu 11.04, Ubuntu 11.10
ROS Diamondback	2011年3月2日	--	Ubuntu 10.04, Ubuntu 10.10, Ubuntu 11.04
ROS C Turtle	2010年8月2日	--	Ubuntu 9.04, Ubuntu 9.10, Ubuntu 10.04, Ubuntu 10.10
ROS Box Turtle	2010年3月2日	--	Ubuntu 8.04, Ubuntu 9.04, Ubuntu 9.10, Ubuntu 10.04

图 1-3　ROS 版本发展

1.2 Ubuntu 系统

1.2.1 操作系统

在正式安装 ROS 系统之前，需要弄清 ROS、Ubuntu 和 Linux 三者之间的关系。可以用一句话总结：Ubuntu 是一个以桌面应用为主的 Linux 操作系统，ROS 叫机器人操作系统，其实并不是像 Ubuntu 那样完整的系统，可以理解成 ROS 是一个中间件或者一个库，它需要跑在 Ubuntu 系统上。本书所讲述的 ROS 系统全都依附于 Ubuntu 系统。

下文主要介绍什么是 Linux 和 Ubuntu。

1.2.1.1 Linux 系统

Linux 是一个开源、免费的操作系统，它以强大的安全、稳定、多并发性能得到业界的广泛认可，目前 Linux 被使用在很多中大型，甚至巨型项目中。很多软件公司考虑到开发成本，都选用 Linux，其在中国软件公司得到广泛的应用。

Linux，全称 GNU/Linux，是一种免费使用和自由传播的类 Unix 操作系统，它主要受到 Minix 和 Unix 思想的启发，是一个基于 POSIX 的多用户、多任务、支持多线程和多 CPU 的操作系统。它能运行主要的 Unix 工具软件、应用程序和网络协议。它支持 32 位和 64 位硬件。Linux 继承了 Unix 以网络为核心的设计思想，是一个性能稳定的多用户网络操作系统。Linux 有上百种不同的发行版，如基于社区开发的 debian、archlinux，基于商业开发的 Red Hat Enterprise Linux、SUSE、Oracle Linux 等。

Linux 不仅系统性能稳定，而且是开源软件。其核心防火墙组件性能高效、配置简单，保证了系统的安全性。在很多企业网络中，为了追求速度和安全，Linux 不仅仅被网络运维人员当作服务器使用，而且还被当作网络防火墙，这是 Linux 的一大亮点。

Linux 具有开放源码、没有版权、技术社区用户多等特点，开放源码使得用户可以自由裁剪，灵活性高，功能强大，成本低。尤其系统中内嵌网络协议栈，经过适当的配置就可实现路由器的功能。这些特点使得 Linux 成为开发路由交换设备的理想开发平台。

如图 1-4 所示，Linux 系统一般有 4 个主要部分：内核、Shell、文件系统和应用程序。内核、shell 和文件系统一起形成了基本的操作系统结构，它们使得用户可以运行程序、管理文件并使用系统。具体描述如下：

（1）Linux 内核

内核是操作系统的核心，具有很多最基本的功能，如虚拟内存、多任务、共享库、需求加载、可执行程序和 TCP/IP 网络功能。Linux 内核的模块分为以下几个部分：存储管理、CPU 和进程管理、文件系统、设备管理和驱动、网络通信、系统的初始化和系统调用等。

（2）Linux Shell

Shell 是系统的用户界面，提供了用户与内核进行交互操作的一种接口。它接收用户输入的命令并把它送到内核去执行，是一个命令解释器。另外，Shell 编程语言具有普通编程语言的很多特点，用这种编程语言编写的 Shell 程序与其他应用程序具有同样的效果。

（3）Linux 文件系统

文件系统是文件存放在磁盘等存储设备上的组织方法。Linux 系统能支持多种目前流行的文件系统，如 EXT2、EXT3、FAT、FAT32、VFAT 和 ISO9660。

（4）Linux 应用程序

标准的 Linux 系统一般都有一套称为应用程序的程序集，它包括文本编辑器、编程语言、XWindow、办公套件、Internet 工具和数据库等。

Linux 的发行版就是将 Linux 内核和应用软件打成一个包。内核版并不能直接使用，需要进行包装后用户才能更直接地使用。各个厂商针对 Linux 内核所发布的各自的发行版，用户可以直接使用操作。几种常见的发行版如图 1-5 所示。

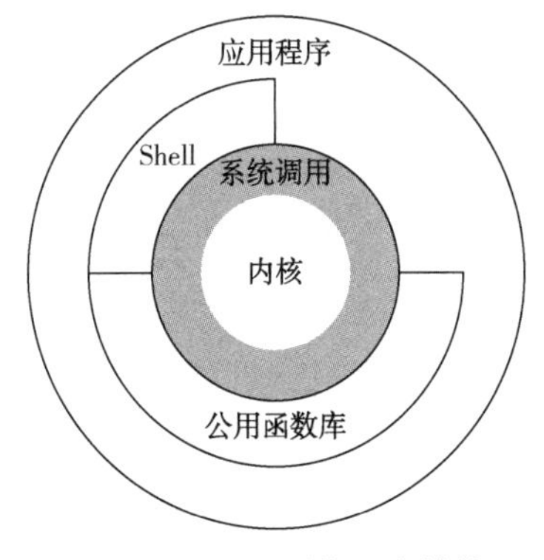

图 1-4 Linux 系统组成结构

发行版	特点
redhat	十分稳定且好用，但是需要付费
centos	虽然不如redhat稳定，但功能全面，且免费
ubuntu	拥有图形化界面，方便操作，PC针对ubuntu软件较多

图 1-5 Linux 几种常见的发行版

1.2.1.2 Ubuntu 系统

Ubuntu 是一个以桌面应用为主的 Linux 操作系统，其名称来自非洲南部祖鲁语或豪萨语的“Ubuntu”一词(译为吾帮托或乌班图)，Ubuntu 基于 Debian 发行版和 GNOME 桌面环境，与 Debian 的不同在于它每 6 个月会发布一个新版本。Ubuntu 的目标在于为一般用户提供一个最新的、同时又相当稳定的主要由自由软件构建而成的操作系统。Ubuntu 具有庞大的社区力量，用户可以方便地从社区获得帮助。

与大多数发行版附带数量巨大的可用可不用的软件不同，Ubuntu 的软件包清单只包含那些高质量的重要应用程序。注重质量，Ubuntu 提供了一个健壮、功能丰富的计算环境，既适合家用又适用于商业环境。

Ubuntu 默认桌面环境采用 GNOME，一个 Unix 和 Linux 主流桌面套件和开发平台，从 Ubuntu11.04 开始使用 unity 作默认桌面环境。另一个 Unix 和 Linux 主流桌面环境是 KDE。还有一个 Linux 主流桌面环境 xfce，kUbuntu 项目和 xUbuntu 项目为 Ubuntu 用户提供了一个默认 GNOME 桌面环境之外的选择。Ubuntu 用户现在可以在自己的系统上轻易安装和使用 KDE 和 xfce 桌面。如果在 Ubuntu 基础上安装一个可用的 kUbuntu 或 xUbuntu，须安装 kUbuntu-desktop 或 xUbuntu-desktop 软件包。安装该软件包后，可以任意选择使用 Gnome、KDE 和 xfce 桌面环境。

1.2.2 Linux 指令基础

对机器人进行开发和研究时，会使用 ROS 来组织构建代码；而 ROS 又是安装在 Linux 发行版 Ubuntu 系统之上的，先学一些 Linux 命令行相关的知识，对后续 ROS 教程的快速上手会大有帮助。虽然也能像 Windows 系统中用图形交互的方式使用 Ubuntu 系统，但是终端命令行的交互方式在 Ubuntu 系统中使用得更广泛。本小节简单介绍一些 Linux 相关指令知识如下：

1.2.2.1 终端打开指令

在执行 Linux 指令时，需要在终端上输入，打开终端方式一般有两种：

① 右键->打开终端。

② 利用快捷键 Ctrl+Alt+t 或 Ctrl+Shift+t。

1.2.2.2 常用快捷键

（1）tab 键

tab 键具有两个功能，分别为一次 tab 命令补齐和两次 tab 提示内容，如果对每个所操作的命令模糊，或者不记得某个路径的全拼，可以输入命令的前面几个字母，然后使用 tab 键自动补齐命令或查看相关命令的提示信息。

（2）Ctrl+c 组合键

当执行某个进程时，可以利用 Ctrl+c 快捷键强行打断进程，也可以理解为中断该进程。

（3）Ctrl+d 组合键

Ctrl+d 退出，相当于 exit 和 quit，比如用 python 命令进入 python 交互环境后，就可以用 Ctrl+d 退出 python 交互。

（4）Ctrl+Shift+c 组合键和 Ctrl+Shift+v 组合键

在终端中复制粘贴时，先用鼠标选中需要复制的内容，然后用 Ctrl+Shift+c 进行复制，再用 Ctrl+Shift+v 进行粘贴。

（5）图形界面和纯文本交互模式切换

Ctrl+Alt+F1~F6：纯文本交互模式登入 tty1~tty6 终端机。

Ctrl+Alt+F7：切回图形界面。

1.2.2.3 终端命令常用符号

① 用户主目录：~。

② 系统根目录：/。

③ 一般用户提示符：$。

④ root 用户提示符：#。

1.2.2.4 sudo 指令

sudo 命令：sudo 为 superuser do 的简写，即使用超级用户来执行命令，一般是指 root 用户。

1.2.2.5 关机与重启命令

① 关机命令：poweroff 或 sudo poweroff。

② 重启命令：reboot 或 sudo reboot。

1.2.2.6 目录与文件相关命令

① 显示文件和目录列表：ls。

② 切换目录：cd <目标目录>，相关 cd 指令有很多，请读者自行学习。

③ 显示当前所在工作目录：pwd。

④ 创建文件：touch <文件名>。

⑤ 复制文件：cp <源文件路径><目标文件路径>。

⑥ 移动文件：mv <源文件路径><目标文件路径>。

⑦ 删除文件：rm <文件名>。

⑧ 显示文件内容：cat <文件名>。

⑨ 创建文件夹：mkdir <文件夹名>。

⑩ 删除文件夹：rmdir <文件夹名>。

1.2.2.7 文件权限

① 修改文件读写可执行权限，具体权限由掩码值决定，如设置 777 权限：sudo chmod 777 <文件名>。

② 修改文件所有者：sudo chown <用户名>：<组名><文件名>。

1.2.2.8 文件查找

① locate 命令查找文件：

$ sudo updatedb

$ locate <待查找文件名>。

② find 命令查找文件：find -name <待查找文件名>。

1.2.2.9 网络相关命令

① 网络连接与否测试：ping <待测目标主机 IP 或域名>。

② 本地 IP 地址查看：ifconfig。

③ ssh 远程登录到目标主机：ssh <目标主机用户名>@<目标主机 IP 地址>。

1.2.2.10 系统软件安装与软件运行方法

① 系统默认的软件安装方法 apt-get：

$ sudo apt-get update

$ sudo apt-get install <软件包名称>。

② source 方法执行系统脚本，比如执行用户默认配置脚本 . bashrc：source ~/. bashrc。

③ ./方法执行一般可执行文件：./<可执行文件>。

1.2.2.11 文本编辑器 vim 使用

① vim 查看文件内容：vim <文件名>。

② vim 进入编辑模式：在 vim 查看文件内容的界面中，按 i 键进入编辑模式，然后就可以编辑文件的内容了。

③ vim 退出和保存编辑模式：在 vim 编辑文件内容的界面中，按 Esc 键退出编辑模式，然后就又回到查看文件内容的界面了。vim 在编辑完文件内容，退出到查看文件内容的界面后，可以输入“:w”对编辑内容进行保存，也可以输入“:wq”对编辑内容进行保存并退出 vim。

上面相关的 Linux 指令为常用的指令，但是 Linux 命令的数量较多，并且很多命令都不常用，而且每个命令都有很多额外的参数，所以想要一下子记住所有的 Linux 命令和使用方法是不现实的，也是没有必要的。在日后的学习中如遇到不会的指令，可查阅 Linux 指令相关书籍和网上教程。

1.2.3 Ubuntu 系统安装

安装 Ubuntu 系统时可以有两种方式，在虚拟机上安装和安装 Ubuntu/Windows 双系统。首先介绍利用虚拟机安装 Ubuntu 系统，在安装 Ubuntu 系统之前需要安装虚拟机。虚拟机是一个通过软件模拟的具有完整硬件功能，运行在一个完全隔离环境中的完整的操作系统。虚拟机是一个软件，具有硬件的功能，并且需要将它安装在硬件上。安装好虚拟机之后，不会对我们真正的操作系统有任何的影响，因为它处在完全隔离的环境中。有了虚拟机软件，那么我们可以在同一个操作系统上安装不同的多种多样其他的操作系统，并且可以切换自如。

读者可以根据教程安装虚拟机，目前常用的虚拟机包括 VirtualBox、VMware 等。以 VMware 为例，在官网中下载贴合电脑系统的版本，点击安装，其许可证密钥可自行搜索。

以利用 VMware 虚拟机安装 Ubuntu20.04 系统为例，简单操作如下：

① 在 Ubuntu 官网中下载 Ubuntu20.04 镜像。

② 在 VMware 虚拟机中，创建新的虚拟机，根据自己需求设置虚拟机内存等参数。

③ 将 Ubuntu20.04 镜像文件导入所创建的虚拟机中，启动虚拟机，根据提示进行安装，注意选择时区尽量为上海，在设置计算机名称和密码时不应过长或复杂，否则不利于后期开发。

④ 安装进度完成后，重启虚拟机电源，完成安装。

⑤ 为了帮助虚拟机自动适应屏幕分辨率、实现物理机与虚拟机之间的文件复制与粘贴等重要功能，需要安装 VMware Tools 工具。

⑥ 如果需要其他工具，可自行安装。

1.3 ROS 开发环境搭建

本书主要是为了介绍 ROS 相关理论，有多数的实际操作没过多地进行描述，但多数读者是刚开始学习 ROS，对如何安装 ROS 系统不太了解，同时加上参考资料各类不一，本章节注重从零开始教大家如何在 Ubuntu 系统上安装 ROS 系统。

本文是在 Ubuntu20.04 系统中安装的 ROS noetic 版本，大家在安装时一定选取好相应的 ROS 版本，noetic 是 ROS1 的最后一个长期支持版，以后就只能使用 ROS2，所以 noetic 也成了从 ROS1 到 ROS2 的过渡。

安装 noetic 版本的 ROS 系统具体操作如下：

（1）配置 Ubuntu 的软件和更新

配置 Ubuntu 的软件和更新，允许安装不经认证的软件。首先打开“软件和更新”对话框，具体可以在 Ubuntu 搜索按钮中搜索，打开后按照图 1-6 进行配置。

图 1-6　软件和更新配置

（2）设置安装源

ROS 的 apt 源有多种选择，有官方，国内 USTC 源等，只要选择一个源就可以了，不同的源只会影响 ROS 下载安装的速度而已。建议使用清华大学、中国科学技术大学等国内资源，安装速度更快。

官方默认安装源：

sudo sh -c 'echo "deb http://packages.ros.org/ros/ubuntu $(lsb_release -sc) main" > /etc/apt/sources.list.d/ros-latest.list'

或来自国内清华大学的安装源：

sudo sh -c '. /etc/lsb-release && echo "deb http://mirrors.tuna.tsinghua.edu.cn/ros/ubuntu/ `lsb_release -cs` main" > /etc/apt/sources.list.d/ros-latest.list'

或来自国内中国科学技术大学的安装源：

sudo sh -c '. /etc/lsb-release && echo "deb http://mirrors.ustc.edu.cn/ros/ubuntu/ `lsb_release -cs

在终端上输入上述选择的安装源，回车并输入管理员密码。

（3）设置公钥(key)

公钥是 Ubuntu 系统的一种安全机制，也是 ROS 安装中不可或缺的一部分。设置公钥确保代码的来源是准确的，而且没有人可以在代码所有者不知情的情况下对代码或程序进行修改。具体命令如下：

sudo apt-key adv --keyserver 'hkp://keyserver.ubuntu.com:80' --recv-key C1CF6E31E6BADE8868B172B4F42ED6FBAB17C654

（4）安装 ROS

首先需要更新 apt（noetic 版本之前是 apt-get，noetic 版本官方建议使用 apt 而非 apt-get）， apt 是用于从互联网仓库搜索、安装、升级、卸载软件或操作系统的工具。具体命令如下：

```
sudo apt update
```

然后，再安装所需类型的 ROS：ROS 多个类型：Desktop-Full、Desktop、ROS-Base。这里介绍较为常用的 Desktop-Full(官方推荐)安装：ROS，rqt，rviz，robot-generic libraries，2D/3D simulators，navigation and 2D/3D perception。具体命令如下：

```
sudo apt install ros-noetic-desktop-full
```

上述两个命令耗时较长，同时由于网络原因，导致连接超时，可能会安装失败，可以多次重复上述命令操作，直至成功，如果结果仍是失败，请连入热点网络再次操作。

(5) 配置环境变量

配置环境变量，方便在任意终端中使用 ROS，具体命令如下：

```
echo "source /opt/ros/noetic/setup.bash" >> ~/.bashrc
source ~/.bashrc
```

(6) 安装构建依赖

在 noetic 最初发布时，和其他历史版本稍有差异的是：没有安装构建依赖这一步骤。随着 noetic 不断完善，官方补齐了这一操作。首先安装构建依赖的相关工具，具体命令如下：

```
sudo apt install python3-rosdep python3-rosinstall python3-rosinstall-generator python3-wstool build-essential
```

ROS 中使用许多工具前，需要初始化 rosdep(可以安装系统依赖)，上一步实现已经安装过了，具体命令如下：

```
sudo apt install python3-rosdep
```

初始化 rosdep，具体命令如下：

```
sudo rosdep init
rosdep update
```

但是，在 rosdep 初始化时，多半会抛出异常。这是由于资源被屏蔽。具体解决方法可以参考官方论坛教程，方法有多种。

(7) 卸载

如果需要卸载 ROS 版本，具体命令如下：

```
sudo apt remove ros-noetic-*
```

(8) 测试

完成上述(1)~(6)步后，最后一步需要测试 ROS 系统安装是否成功，首先启动三个命令窗口。在命令一窗口输入 roscore，roscore 用来启动 ros master，是运行 ros 系统前首先运行的命令；在命令二窗口输入 rosrun turtlesim turtlesim_node，此命令为启动小乌龟节点，成功后会弹出乌龟窗口。在命令三窗口输入 rosrun turtlesim turtle_teleop_key，此命令为键盘控制节点，可以利用键盘控制乌龟运动，光标必须聚焦在键盘控制窗口，否则无法控制乌龟运动。具体演示如图 1-7 所示。

上述过程中采用的是 ROS 的最新版本 noetic，不过 noetic 较之于之前的 ROS 版本变动较大且部分功能包还未更新，因此如果有需要(比如到后期第七章设计实体机器人时，由于部分重要的功能包还未更新，需要将 ROS 系统降级)，也会安装之前版本的 ROS，其他版本的 ROS 安装与上述过程类似，不再过多描述。

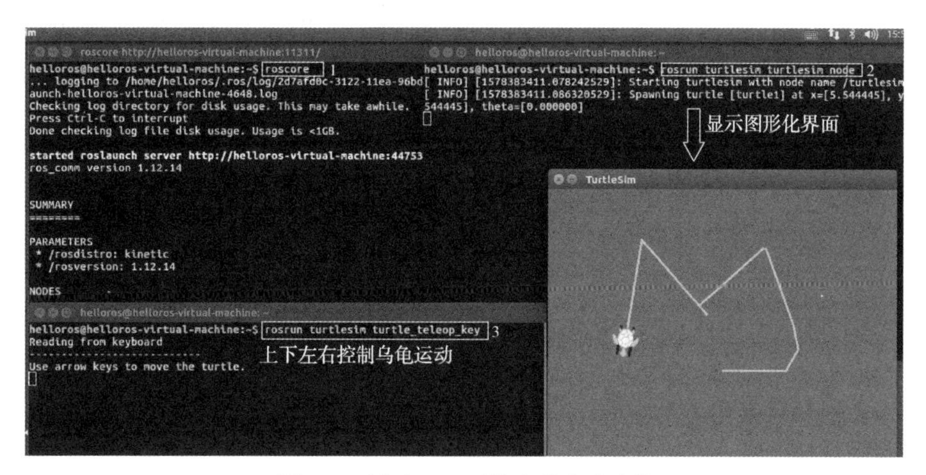

图 1-7 测试 ROS 系统安装成功步骤

1.4 ROS 架构

ROS 是一个优秀的分布式架构，要想掌握 ROS 开发及理论，就必须首先了解其架构，有助于更好地学习 ROS。到目前为止，我们已经安装了 ROS，运行了 ROS 中内置的小乌龟案例，并且也编写了 ROS 小程序，对 ROS 有了一个大概的认知，当然这个认知可能还是比较模糊并不清晰，接下来，我们要从宏观上来介绍一下 ROS 的架构设计。

1.4.1 ROS 架构体系

立足不同的角度，对 ROS 架构的描述也是不同的，一般我们可以从设计者、维护者、系统架构与自身实现结构四个角度来描述 ROS 架构。

1.4.1.1 设计者

由前文可知 ROS 设计者将 ROS 表述为“ROS = Plumbing + Tools + Capabilities + Ecosystem”。Plumbing 为通信机制(实现 ROS 不同节点之间的交互)；Tools 为工具软件包(ROS 中的开发和调试工具)；Capabilities 为机器人高层技能(ROS 中某些功能的集合，比如：导航)；Ecosystem 为机器人生态系统(跨地域、跨软件与硬件的 ROS 联盟)。

1.4.1.2 维护者

立足维护者的角度：ROS 架构可划分为两大部分。

① main：核心部分，主要由 Willow Garage 和一些开发者设计、提供以及维护。它提供了一些分布式计算的基本工具，以及整个 ROS 的核心部分的程序编写。

② universe：全球范围的代码，由不同国家的 ROS 社区组织开发和维护。一种是库的代码，如 OpenCV、PCL 等；库的上一层是从功能角度提供的代码，如人脸识别，它们调用下层的库；最上层的代码是应用级的代码，让机器人完成某一确定的功能。

1.4.1.3 系统架构

根据系统架构，ROS 可以划分为三层，如图 1-8 所示。

(1) OS 层

ROS 并不是一个传统意义上的操作系统，无法像 Windows、Linux 一样直接运行在计算机硬件之上而是需要依托于 Linux 系统。所以在 OS 层我们可以直接使用 ROS 官方支持度最

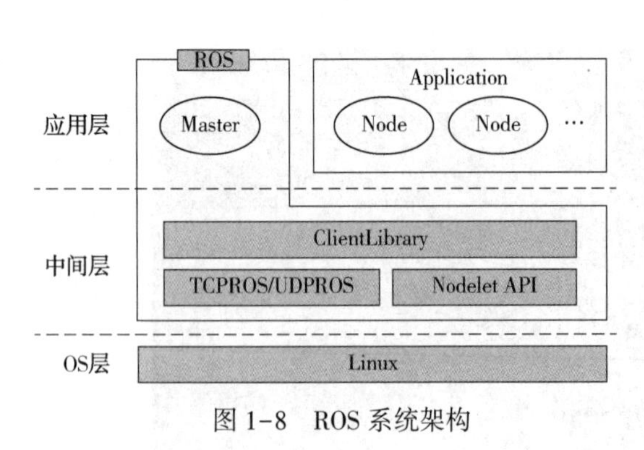

图 1-8 ROS 系统架构

好的 Ubuntu 操作系统，也可以使用 macOS、Arch、Debian 等操作系统。

(2) 中间层

Linux 中最为重要的就是基于 TCPROS/UDPROS 的通信系统，ROS 的通信系统基于 TCP/UDP 网络，在此基础上进行了封装，也就是 TCPROS/UDPROS。通信系统使用发布/订阅、客户端/服务器等模型，实现多种通信机制的数据传输。除了 TCPROS/UDPROS 的通信机制外，ROS 还提供一种进程内的通信方法——Nodelet，可以为多进程通信提供一种更优化的数据传输方式，适合对数据传输实时性方面有较高要求的应用。

除通信机制之外，ROS 提供了大量机器人开发相关的库，如数据类型定义、坐标变化、运动控制等，可以提供非应用层使用。

(3) 应用层

在应用层 ROS 需要运行一个管理者——Master 负责管理整个系统的正常运行。ROS 社区内共享了大量的机器人应用功能包，这些功能包内的模块以节点为单位运行，以 ROS 标准的输入输出作为接口。开发者不需要关注模块的内部实现机制，只需要了解接口规则即可实现复用，极大地提高了开发效率。

1.4.1.4 自身实现结构

就自身实现，如图 1-9 所示，ROS 也可以划分为三层：文件系统、计算图和开源社区。

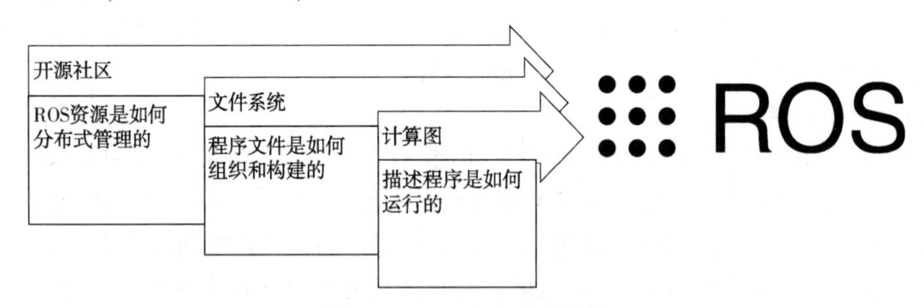

图 1-9 ROS 自身实现结构

1.4.2 ROS 计算图

从计算图的角度来看，ROS 系统软件的功能模块以节点为单位独立运行，可以分布于多个相同或不同的主机中，在系统运行时通过端对端的拓扑结构进行连接。计算图是 ROS 处理数据的一种点对点的网络形式。程序运行时，所有进程以及它们所进行的数据处理，将会通过一种点对点的网络形式表现出来。这一级主要包括几个重要概念：节点(node)、消息(message)、话题(topic)、服务(service)。

1.4.2.1 节点

节点就是一些执行运算任务的进程。ROS 利用规模可增长的方式使代码模块化：一个系统就是典型的由很多节点组成的。在这里，节点也可以被称为“软件模块”。我们使用“节点”使得基于 ROS 的系统在运行的时候更加形象化，如图 1-10 所示，当许多节点同时运行时，可以很方便地将端对端的通信绘制成一个图表，在这个图表中，进程就是图中的节点，而端对端的连接关系就是其中弧线连接。在机器人应用中，多种功能需要协调工作，例如机械臂的控制需要首先获得视觉传感器处理过的信息。在应用中，每个节点应保持简洁，每个节点对应一个功能，不要追求大而全。

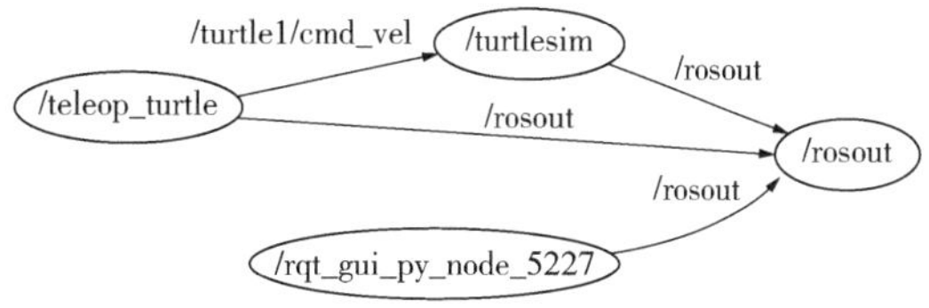

/turtle1/cmd_vel
/turtlesim
/rosout
/teleop_turtle
/rosout
/rosout
/rosout
/rqt_gui_py_node_5227

图 1-10　ROS 的节点关系图

1.4.2.2　消息

节点之间是通过传送消息进行通信的。每一个消息都是一个严格的数据结构。原来标准的数据类型(整型、浮点型、布尔型等)都是支持的，同时也支持原始数组类型。消息可以包含任意的嵌套结构和数组(很类似于 C 语言的结构 structs)。ROS Master 提供对于节点的名字注册和查找，如果没有 Master 进程，节点将无法找到要通信的对象和调用的服务(Services)。在分布式系统应用中，Master 进程应被运行在其中一个电脑上，其余的节点通过这个 Master 来通信。

1.4.2.3　话题

话题(Topic)是所有 ROS 节点传递数据的方式。节点通过 Topic 来发送 Message(节点发布一个 Topic)，节点也通过 Topic 来接收 Message(节点订阅一个 Topic)。它们之间的关系类似于同学间通过小纸条交流，每个同学(节点 Node)都可以在小纸条(话题 Topic)上写或者读信息(Message)。节点之间没有其他的联系，只要 Message 类型正确，便可以通过 Topic 进行数据发送与读取。如图 1-11 所示，消息以一种发布(publish)/订阅(subscribe)的方式传递。一个节点可以在一个给定的话题中发布消息。一个节点针对某个话题关注与订阅特定类型的数据。可能同时有多个节点发布或者订阅同一个话题的消息。总体上，发布者和订阅者不了解彼此的存在。

talker 1
⋮
talker N
publish
Topic
subscribe
listener 1
⋮
listener N

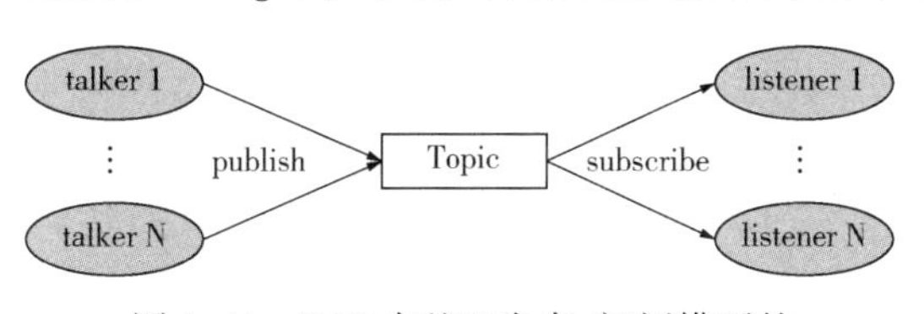

图 1-11　ROS 中基于发布/订阅模型的消息传递方式

1.4.2.4　服务

在一些机器人应用中，单纯的发布/订阅机制的通信并不合适。Services 为此针对需要请求/响应机制的应用，允许一个节点 call 另外一个节点去执行一个具体功能、任务。虽然基于话题的发布/订阅模型是很灵活的通信模式，但是它广播式的路径规划对于可以简化节点设计的同步传输模式并不适合。在 ROS 中，我们称之为一个服务，用一个字符串和一对严格规范的消息定义：一个用于请求，一个用于回应。这类似于 web 服务器，web 服务器是由 URIs 定义的，同时带有完整定义类型的请求和回复文档。需要注意的是，不像话题，只有一个节点可以以任意独有的名字广播一个服务：只有一个服务可以称为“分类象征”，比如说，任意一个给出的 URI 地址只能有一个 web 服务器。

1.4.2.5　节点管理器

ROS Master 通过 RPC(Remote Procedure Call Protocol，远程过程调用)提供了登记列表和对其他计算图表的查找。没有控制器，节点将无法找到其他节点交换消息或调用服务。

1.4.3　ROS 文件系统

与其他操作系统类似，一个 ROS 程序的不同组件要放在不同的文件夹下，这些文件夹是根据功能的不同来对文件进行组织的，如图 1-12 所示。

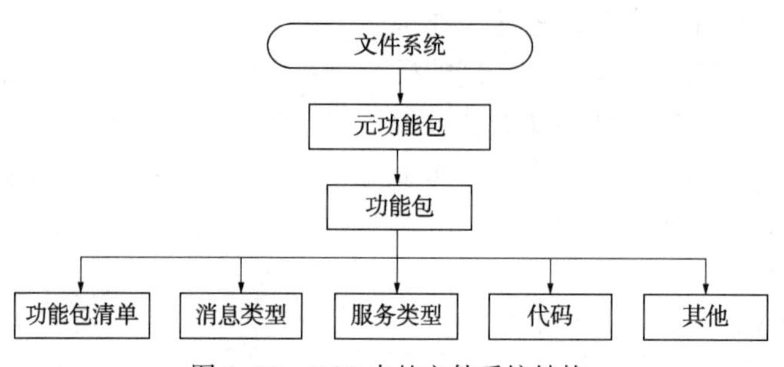

图 1-12　ROS 中的文件系统结构

(1) 功能包

功能包具有用于创建 ROS 程序的最小结构和最少内容，包含 ROS 程序运行时的节点、配置文件等。

(2) 功能包清单

提供关于功能包许可证、依赖关系、编译标志等的信息，写入功能包下的 package. xml 文件中，也就是说该 xml 文件必须在每个功能包中。使用的两个典型标记是<build_depend>和<run_depend>。<build_depend>标记会显示当前功能包安装之前必须先安装哪些功能包。这是因为新的功能包会使用其他包的一些功能。<run_depend>标记显示运行功能包中代码所需要的包。

(3) 元功能包

多个功能包组织到一起，称为元功能包或综合功能包。元功能包(或简称元包)是一些只有一个文件的特殊包，这个文件就是 package. xml。它不包含其他文件，如代码等。在该 XML 文件中，可以看到标记和<run_depend>标记。

(4) 元功能包清单

类似于功能包清单，但有一个 XML 格式的导出标记，同样写入一个 package. xml 文件中。

(5) 消息类型

消息指的是一个进程发送到其他进程的信息。存放在功能包名/msg/mymessage. msg 文件中。消息类型必须具有两个主要部分：字段和常量，比如 int32 id；ROS 消息中的一种特殊数据类型是标头类型，它主要用于添加时间、坐标系和序列号等。标头类型还允许对消息进行编号。通过在标头类型内部附加信息，我们可以知道是哪个节点发出的消息，或者可以添加对于用户透明的功能以及一些能够被 ROS 处理的功能。

(6) 服务类型

为 ROS 中每个进程提供的服务定义请求和响应数据结构。存放在功能包名/srv/myservice. srv 文件中。要调用服务，需要使用功能包名称和服务名称。

(7) 代码

代码是用来放置功能包节点源代码的文件夹。

图 1-13 是一个的典型 ROS 文件系统组织结构。WorkSpace 为自定义的工作空间，一般用 catkin 开头。工作空间默认包含三个文件夹，其中 build 为编译空间，用于存放 CMake 和 catkin 的缓存信息、配置信息和其他中间文件；devel 为开发空间，用于存放编译后生成的目标文件，包括头文件、动态或静态链接库、可执行文件等；src 为 ROS 的 catkin 软件包(C++源代码包)。

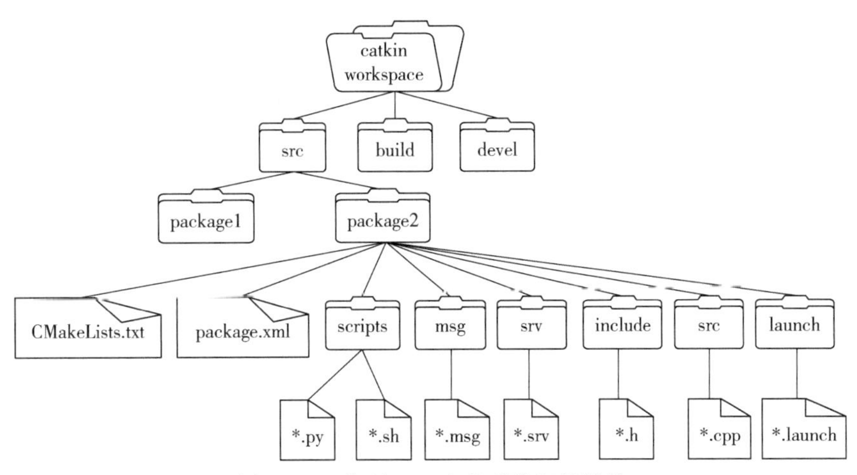

图 1-13　典型 ROS 文件系统组织结构

package 为功能包(ROS 基本单元)，其中包含多个节点、库与配置文件，包名所有字母小写，只能由字母、数字与下划线组成。功能包中，CMakeLists. txt 为配置编译规则，比如源文件、依赖项、目标文件；package. xml 为包信息，比如：包名、版本、作者、依赖项……(以前版本是 manifest. xml)；scripts 主要存储 python 文件；src 为存储 C++源文件；include 中存储头文件；msg 是消息通信格式文件；srv 是服务通信格式文件；action 为动作格式文件；launch 文件可一次性运行多个节点；config 放置功能包中的配置文件。CMakeLists. txt 编译器编译功能包的规则。

ROS 的文件系统本质上都还是操作系统文件，我们可以使用 Linux 命令来操作这些文件，不过，在 ROS 中为了更好的用户体验，ROS 专门提供了一些类似于 Linux 的命令，这些命令较之于 Linux 原生命令，更为简洁、高效。文件操作，无外乎就是增删改查与执行等操作，接下来，我们就从这五个方面来介绍 ROS 文件系统的一些常用命令。

(1) 增

创建新的 ROS 功能包命令如下：

catkin_create_pkg 自定义包名 依赖包

安装 ROS 相关功能包命令如下：

sudo apt install xxx

(2) 删

删除某个功能包命令如下：

sudo apt purge xxx

(3) 查

列出所有功能包命令如下：

rospack list

查找某个功能包是否存在，如果存在返回安装路径命令如下：

rospack find 包名

进入某个功能包命令如下：

roscd 包名

列出某个包下的文件命令如下：

rosls 包名

搜索某个功能包命令如下：

apt search xxx

(4) 改

在修改功能包相关文件之前，需要安装 vim，修改文件命令如下：

rosed 包名 文件名

(5) 执行

① roscore：roscore 是 ROS 的系统先决条件节点和程序的集合，必须运行 roscore 才能使 ROS 节点进行通信。运行 roscore 后，会启动 ros master、ros 参数服务器和 rosout 日志节点，后文会介绍这三个参数。

② rosrun：运行指定的 ROS 节点命令如下：

rosrun 包名 可执行文件名

③ roslaunch：执行某个包下的 launch 文件命令如下：

roslaunch 包名 launch 文件名

1.4.4 ROS 开源社区

ROS 开源社区级的概念主要是 ROS 资源，其能够通过独立的网络社区分享软件和知识。这些资源包括：

发行版(Distribution)：ROS 发行版是可以独立安装、带有版本号的一系列综合功能包。ROS 发行版像 Linux 发行版一样发挥类似的作用。这使得 ROS 软件安装更加容易，而且能够通过一个软件集合维持一致的版本。

软件库(Repository)：ROS 依赖于共享开源代码与软件库的网站或主机服务，在这里不同的机构能够发布和分享各自的机器人软件与程序。

ROS 维基(ROS Wiki)：ROS Wiki 是用于记录有关 ROS 系统信息的主要论坛。任何人都可以注册账户、贡献自己的文件、提供更正或更新、编写教程以及其他行为。

Bug 提交系统(Bug Ticket System)：如果你发现问题或者想提出一个新功能，ROS 提供这个资源去做这些。

邮件列表(Mailing list)：ROS 用户邮件列表是关于 ROS 的主要交流渠道，能够像论坛一样交流从 ROS 软件更新到 ROS 软件使用中的各种疑问或信息。

ROS 问答(ROS Answer)：用户可以使用这个资源去提问题。

博客(Blog)：你可以看到定期更新、照片和新闻，网址是 http://www.ros.org/news。

1.5 本章小结

学完本章内容，读者应该对 ROS 的相关知识有了一定的了解，例如：

① ROS 的相关概念、设计目标、特点和发展历史。

② Linux、Ubuntu、ROS 系统之间的关系，以及常用的 Linux 指令和 Ubuntu 系统安装流程。

③ ROS 系统开发环境搭建流程。

④ 了解了 ROS 在不同方面的基本架构，尤其是了解了 ROS 在计算图、文件系统、开源社区三个层次中的关键概念例。

熟悉了本章 ROS 的基本概念后，下章将详细介绍 ROS 通信机制。

第二章　ROS 通信机制

机器人是一种高度复杂的系统性实现，在机器人上可能集成各种传感器(雷达、摄像头、GPS……)以及运动控制实现，为了解耦合，在 ROS 中每一个功能点都是一个单独的进程，每一个进程都是独立运行的。更确切地讲，ROS 是进程(也称为 Nodes)的分布式框架。因为这些进程甚至还可分布于不同主机，不同主机协同工作，从而分散计算压力。不过随之也有一个问题：不同的进程是如何通信的？也即不同进程间如何实现数据交换的？在此我们就需要介绍一下 ROS 中的通信机制了。

ROS 中的基本通信机制主要有如下三种实现策略：

① 话题通信(发布订阅模式)

② 服务通信(请求响应模式)

③ 参数服务器(参数共享模式)

本章的主要内容就是介绍各个通信机制的应用场景、理论模型以及相关案例操作命令。

2.1　话题通信机制

话题通信是 ROS 中使用频率最高的一种通信模式，话题通信是基于发布订阅模式的，以发布订阅的方式实现不同节点之间数据交互的通信模式。通俗来讲，如图 2-1 所示，发布者(Publisher)发布消息给话题(Topic)，订阅者(Subscriber)从指定话题订阅话题。

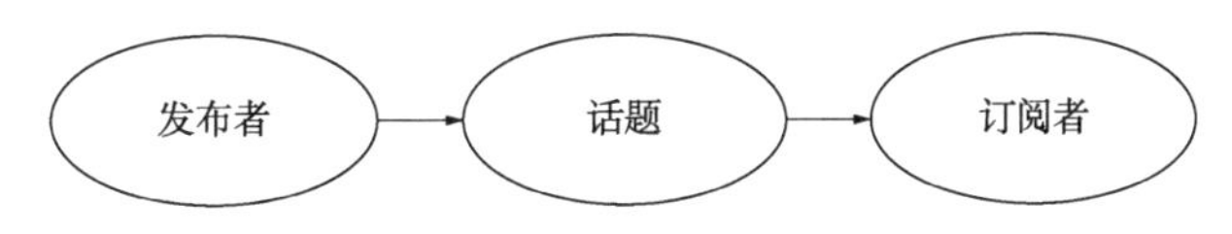

图 2-1　话题通信机制简易图

话题通信的应用场景也极其广泛，比如机器人在执行导航功能时，使用的传感器是激光雷达，机器人会采集激光雷达感知到的信息并计算，然后生成运动控制信息驱动机器人底盘运动。在此场景中，就不止一次使用到了话题通信。以激光雷达信息的采集处理为例，在 ROS 中有一个节点需要实时地发布当前雷达采集到的数据，导航模块中也有节点会订阅并解析雷达数据。再以运动消息的发布为例，导航模块会根据传感器采集的数据实时地计算出运动控制信息并发布给底盘，底盘也可以有一个节点订阅运动信息并最终转换成控制电机的脉冲信号。以此类推，像雷达、摄像头、GPS……一些传感器数据的采集，也都是使用了话题通信，换言之，话题通信适用于不断更新的数据传输相关的应用场景。

2.1.1　话题通信机制理论模型

话题通信实现模型是比较复杂的，该模型如图 2-2 所示。该模型中涉及三个角色：

① ROS Master(管理者)；

② Talker(发布者)；

③ Listener(订阅者)。

ROS Master 负责保管 Talker 和 Listener 注册的信息，并匹配话题相同的 Talker 与 Listener，帮助 Talker 与 Listener 建立连接，连接建立后，Talker 可以发布消息，且发布的消息会被 Listener 订阅。

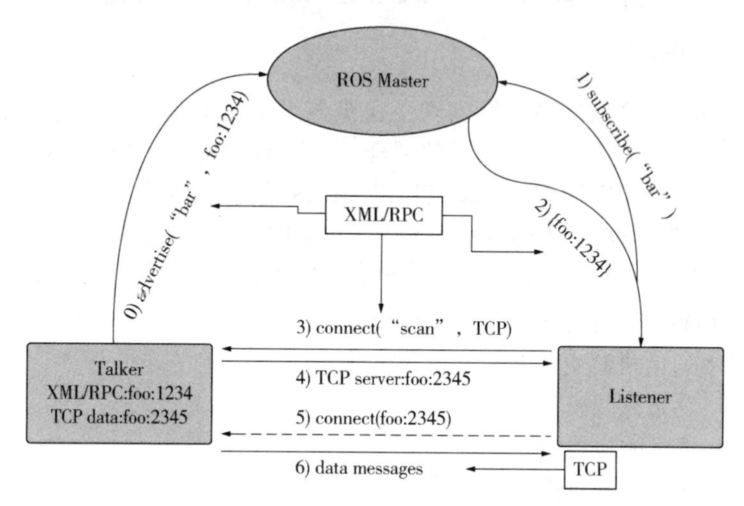

图 2-2　话题通信机制理论模型

上述话题通信模型中的七个步骤具体流程如下：

（1）Talker 注册

Talker 启动，通过 1234 端口使用 RPC 向 ROS Master 注册发布者的信息，包含所发布消息的话题名；ROS Master 会将节点的注册信息加入注册列表中。

（2）Listener 注册

Listener 启动，同样通过 RPC 向 ROS Master 注册订阅者的信息，包含需要订阅的话题名。

（3）ROS Master 进行信息匹配

Master 根据 Listener 的订阅信息从注册列表中进行查找，如果没有找到匹配的发布者，则等待发布者的加入；如果找到匹配的发布者信息，则通过 RPC 向 Listener 发送 Talker 的 RPC 地址信息。

（4）Listener 发送连接请求

Listener 接收到 Master 发回的 Talker 地址信息，尝试通过 RPC 向 Talker 发送连接请求，传输订阅的话题名、消息类型以及通信协议（TCP/UDP）。

（5）Talker 确认连接请求

Talker 接收到 Listener 发送的连接请求后，继续通过 RPC 向 Listener 确认连接信息，其中包含自身的 TCP 地址信息。

（6）Listener 尝试与 Talker 建立网络连接

Listener 接收到确认信息后，使用 TCP 尝试与 Talker 建立网络连接。

（7）Talker 向 Listener 发布数据

成功建立连接后，Talker 开始向 Listener 发送话题消息数据。

上述步骤较为难懂。举一个利用中介卖房买房的具体例子详细介绍一下话题通信的具体流程：张三（Talker）需要通过中介（ROS Master）卖房，而李四（Listener）需要通过中介买房。首先张三将卖房信息发送给中介（类似 Talker 注册），李四将买房的信息发送给中介（类似

Listener注册)。中介将两者信息进行匹配，将张三的电话给李四(类似ROS Master进行信息匹配)。李四通过电话联系张三(类似Listener发送连接请求)。张三说利用微信交流更加方便，并将微信号给李四(类似Talker确认连接请求)。李四利用微信号添加上张三(类似Listener尝试与Talker建立网络连接)。张三通过微信方式发布一些房子的具体细节给李四(类似Talker向Listener发布数据)。

在上述话题通信流程中需要注意如下几点：

① 上述实现流程中，前五步使用的是RPC协议，最后两步使用的是TCP协议。[RPC是一种软件通信协议，一个程序可以用来向位于网络上另一台计算机的程序请求服务，而不必了解网络的细节。RPC被用来像本地系统一样调用远程系统上的其他进程。过程调用有时也被称为函数调用或子程序调用。TCP(传输控制协议)是一种面向连接的、可靠的、基于字节流的传输层通信协议。]

② 上述流程中对Talker与Listener的启动无先后顺序要求，也可以理解为Talker注册和Listener注册步骤不分先后顺序。

③ Talker与Listener都可以有多个，也可以说存在多个话题通信。

④ Talker与Listener连接建立后，不再需要ROS Master。即便关闭ROS Master，Talker与Listern也可以照常通信。

2.1.2 话题通信案例分析

本小节通过具体的案例介绍话题通信机制的开发与操作，读者可以通过相应代码了解话题通信的具体流程步骤。

具体案例：编写发布订阅实现，要求发布方以10Hz(每秒10次)的频率发布文本消息，订阅方订阅消息并将消息内容打印输出。

在实现案例时，ROS Master不需要实现，而连接的建立也已经被封装了，需要关注的关键点有三个：发布方、接收方和数据(此处为普通文本)。

具体实现流程如下：

① 编写发布方实现；

② 编写订阅方实现；

③ 编辑配置文件；

④ 编译并执行。

2.1.2.1 发布方实现

发布方实现具体代码如程序清单2.1所示。

程序清单2.1:

```
// 1. 包含头文件
#include "ros/ros.h"
#include "std_msgs/String.h"
#include <sstream>

int main(int argc,char  *argv[])
{
    setlocale(LC_ALL,"");
```

```
    //2. 初始化 ROS 节点:命名(唯一)
    ros::init(argc,argv,"talker");
    //3. 实例化 ROS 句柄
    ros::NodeHandle nh;

    //4. 实例化 发布者 对象
    ros::Publisher pub=nh.advertise<std_msgs::String>("chatter",10);

    //5. 组织被发布的数据,并编写逻辑发布数据
    std_msgs::String msg;
    std::string msg_front="Hello 你好!";
    int count=0;

    ros::Rate r(1);

    while(ros::ok())
    {
        std::stringstream ss;
        ss << msg_front << count;
        msg.data=ss.str();
        pub.publish(msg);
        ROS_INFO("发送的消息:%s",msg.data.c_str());
        r.sleep();
        count++;

        ros::spinOnce();
    }

    return 0;
}
```

2.1.2.2 订阅方实现

订阅方实现具体实现如程序清单 2.2 所示。

程序清单 2.2:

```
// 1. 包含头文件
#include "ros/ros.h"
#include "std_msgs/String.h"

voiddoMsg(const std_msgs::String::ConstPtr& msg_p){
    ROS_INFO("我听见:%s",msg_p->data.c_str());
```

```
    // ROS_INFO("我听见:%s",(*msg_p).data.c_str());
}
int main(int argc,char *argv[])
{
    setlocale(LC_ALL,"");
    //2.初始化 ROS 节点:命名(唯一)
    ros::init(argc,argv,"listener");
    //3.实例化 ROS 句柄
    ros::NodeHandle nh;

    //4.实例化 订阅者 对象
    ros::Subscriber sub=nh.subscribe<std_msgs::String>("chatter",10,doMsg);
    //5.处理订阅的消息(回调函数)

    //6.设置循环调用回调函数
    ros::spin();//循环读取接收的数据,并调用回调函数处理

    return 0;
}
```

2.1.2.3 配置 CMakeLists.txt 文件

在实现上述两步后，需要配置 CMakeLists.txt 文件。使用 add_executable 将指定的源文件来生成目标可执行文件。在 add_executable 部分首先将发布方文件 Hello_pub.cpp 映射为别名 Hello_pub（此名字可以随意），订阅方文件 Hello_sub.cpp 映射与发布方相同。使用 target_link_libraries 设置要链接的库文件的名称。在 target_link_libraries 部分，将发布方和订阅方的别名写入其中。具体实现如程序清单 2.3 所示。

程序清单 2.3：

```
add_executable(Hello_pub
src/Hello_pub.cpp
)
add_executable(Hello_sub
  src/Hello_sub.cpp
)

target_link_libraries(Hello_pub
  ${catkin_LIBRARIES}
)
target_link_libraries(Hello_sub
  ${catkin_LIBRARIES}
)
```

启动发布方和订阅方节点后，在订阅发布结果时，第一条数据丢失，这是由于发送第一条数据时，publisher 还未在 roscore 注册完毕。可以延迟第一条数据的发送时间来解决。为了更加直观了解话题通信节点之间的关系，可以使用 rqt_graph 查看节点关系。

2.2 服务通信机制

服务通信其基本概念是以请求响应的方式实现不同节点之间的数据交互。服务通信也是 ROS 中一种极其常用的通信模式，服务通信是基于请求响应模式的，是一种应答机制。也可以理解为一个节点 A 向另一个节点 B 发送请求，B 接收处理请求并产生响应结果返回给 A。类似于客户端与服务端之间的请求响应通信。

在机器人巡逻场景中，上位机控制系统通过分析传感器数据发现可疑物体或人，此时需要拍摄照片并留存。在此场景中，就使用到了服务通信。一个节点需要向相机节点发送拍照请求，相机节点处理请求，并返回处理结果。

与上述应用类似，服务通信更适用于对实时性有要求、具有一定逻辑处理的应用场景。

服务通信较之于话题通信更简单些，理论模型如图 2-3 所示，与话题的通信相比其减少了 Listener 与 Talker 之间的 RPC 通信，该模型中也涉及三个角色：

① ROS master(管理者)；

② Talker(服务端)；

③ Listener(客户端)。

在服务通信机制中，ROS Master 负责保管 Talker 和 Listener 注册的信息，并匹配话题相同的 Talker 与 Listener，帮助 Talker 与 Listener 建立连接，连接建立后，Talker 发送请求信息，Listener 返回响应信息。

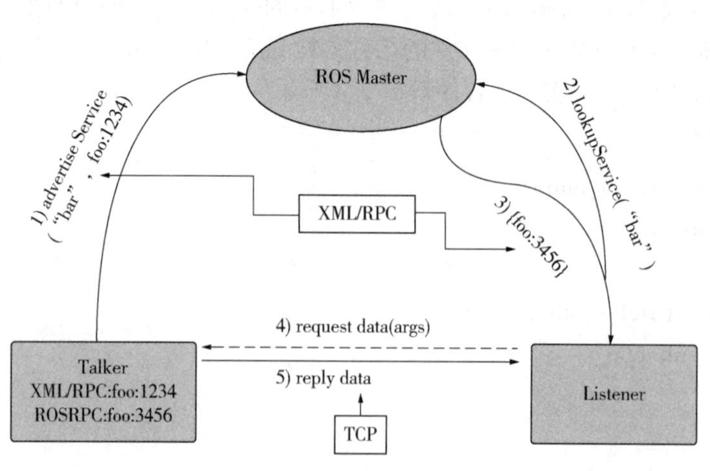

图 2-3 服务通信机制理论模型

上述话题通信模型中的五个步骤具体流程如下：

(1) Talker 注册

Talker 启动，通过 1234 端口使用 RPC 向 ROS Master 注册发布者的信息，包含所提供的服务名，ROS Master 会将节点的注册信息加入注册列表中。

（2）Listener 注册

Listener 启动，同样通过 RPC 向 ROS Master 注册订阅者的信息，包含需要查找的服务名。

（3）ROS Master 进行信息匹配

Master 根据 Listener 的订阅信息从注册列表中进行查找，如果没有找到匹配的服务提供者则等待该服务的提供者加入，如果找到匹配的服务提供者信息则通过 RPC 向 Listener 发送 Talker 的 TCP 地址信息。

（4）Listener 与 Talker 建立网络连接

Listener 接收到确认信息后，使用 TCP 尝试与 Talker 建立网络连接并且发送服务的请求数据。

（5）Talker 向 Listener 发布服务应答数据

Talker 接收到服务请求和参数后开始执行服务功能，执行完成后向 Listener 发送应答数据。

在服务通信中，客户端请求被处理时，需要保证服务器已经启动；服务端和客户端都可以存在多个。

2.3　参数服务器机制

参数服务器在 ROS 中主要用于实现不同节点之间的数据共享。参数服务器相当于是独立于所有节点的一个公共容器，可以将数据存储在该容器中，被不同的节点调用，当然不同的节点也可以往其中存储数据，关于参数服务器的典型应用场景如下：

导航实现时，会进行路径规划，比如：全局路径规划，设计一个从出发点到目标点的大致路径。本地路径规划，会根据当前路况生成实时的行进路径。在此场景中，全局路径规划和本地路径规划时，就会使用到参数服务器。例如在路径规划时，需要参考小车的尺寸，我们可以将这些尺寸信息存储到参数服务器，全局路径规划节点与本地路径规划节点都可以从参数服务器中调用这些参数。由此可见参数服务器，一般适用于存在数据共享的一些应用场景。

综上可知，参数服务器是以共享的方式实现不同节点之间数据交互的通信模式，其最主要的作用是存储一些多节点共享的数据，类似于全局变量。

相较于前两种通信机制，参数服务器实现是最为简单的，该模型如图 2-4 所示，参数服务器模型中共涉及三个角色：

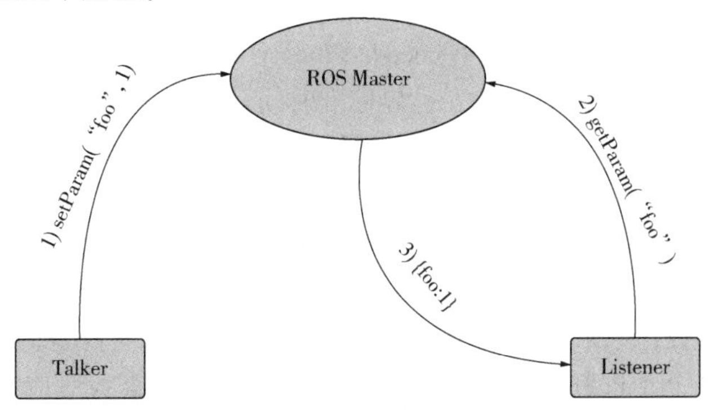

图 2-4　参数服务器机制模型

① ROS Master(管理者)；

② Talker(参数设置者)；

③ Listener(参数调用者)。

ROS Master 作为一个公共容器保存参数，Talker 可以向容器中设置参数，Listener 可以获取参数。参数类似于 ROS 中的全局变量，由 ROS Master 进行管理，其通信机制较为简单，不涉及 TCP/UDP 的通信。

参数服务器机制通信流程步骤如下：

(1) Talker 设置参数

Talker 通过 RPC 向参数服务器发送参数(包括参数名与参数值)，ROS Master 将参数保存到参数列表中。

(2) Listener 获取参数

Listener 通过 RPC 向参数服务器发送参数查找请求，请求中包含要查找的参数名。

(3) ROS Master 向 Listener 发送参数值

ROS Master 根据步骤(2)请求提供的参数名查找参数值，并将查询结果通过 RPC 发送给 Listener。

参数服务器不是为高性能而设计的，因此最好用于存储静态的非二进制的简单数据，在上述流程中，参数可使用数据类型如表 2-1 所示。

表 2-1 支持的参数数据类型

字符类型	说明	示例
2-bit integers	32 位整型数据	10
booleans	布尔型数据	true/false
strings	字符串类型的数据	“机器人”
doubles	双浮点类型的数据	2.225
iso8601 dates	一种时间的表示方法	参考下文注解
lists	C++中链表格式	相较于 vector 数组而言，lists 链表已经将内部数据按照由高到低/由低到高进行排列了，是个有序数组
base64-encoded binary data	基于 64 个可打印字符来表示二进制数据	参考下文注解
字典	Map 类型	以“键-值”对的格式存储

上述表中，iso8601 dates 和 base64-encoded binary data 数据类型注解如下：

① iso8601 dates 的具体格式：UTC(世界标准时间)+由于时区不同而导致的时间的偏移：2017-1-7T10：21+0800，其中 T 代表 UTC 世界标准时间，+0800 表示我们所在的时区相较于世界标准时间快 8 个小时。

② base64-encoded binary data 格式：Base64 要求把每 3 个 8Bit 的字节转换为 4 个 6Bit 的字节(3×8=4×6=24)，然后把 6Bit 再添两位高位 0，组成 4 个 8Bit 的字节，也就是说，转换后的字符串理论上将要比原来的长 1/3。Base64-encoded 本质上就是将 3 个 bytes 换成 4 个 bytes，然后再化为 4 个十进制数字，最后在 Base64 字母表中查找对应字符，最终我们用 4 个字符来代表我们的 3 bytes 二进制数据。十进制对应的 Base64 如表 2-2 所示。

表 2-2　base64 编码转换表

索引	对应字符	索引	对应字符	索引	对应字符	索引	对应字符
0	A	16	Q	32	g	48	w
1	B	17	R	33	h	49	x
2	C	18	S	34	i	50	y
3	D	19	T	35	j	51	z
4	E	20	U	36	k	52	0
5	F	21	V	37	l	53	1
6	G	22	W	38	m	54	2
7	H	23	X	39	n	55	3
8	I	24	Y	40	o	56	4
9	J	25	Z	41	p	57	5
10	K	26	a	42	q	58	6
11	L	27	b	43	r	59	7
12	M	28	c	44	s	60	8
13	N	29	d	45	t	61	9
14	O	30	e	46	u	62	+
15	P	31	f	47	v	63	/

例如：

a. 转换前：10101101，10111010，01110110；

b. 转换后：00101011，00011011，00101001，00110110；

c. 十进制：43 27 41 54；

d. 对应编码表中的值：r b p 2；

e. 所以上面的 24 位(3 bytes)编码，编码后的 Base64 值为 rbp2。

2.4　通信常用命令

在学习利用 ROS 开发机器人进行 SLAM 或者导航活动时，机器人需要启动十几个或者几十个节点，不同的节点名称各异，通信时使用话题、服务、消息、参数等都各不相同，一个显而易见的问题是：当需要自定义节点和其他某个已经存在的节点通信时，如何获取对方的话题以及消息载体的格式呢?

在 ROS 中提供了一些实用的命令行工具，可以用于获取不同节点的各类信息，常用的命令如下：

① rosnode：操作节点；

② rostopic：操作话题；

③ rosservice：操作服务；

④ rosmsg：操作 msg 消息；

⑤ rossrv：操作 srv 消息；

⑥ rosparam：操作参数。

和之前介绍的文件系统操作命令比较，文件操作命令是静态的，操作的是磁盘上的文件，而上述命令是动态的，在 ROS 程序启动后，可以动态地获取运行中的节点或参数的相关信息。

2.4.1 rosnode

在运行某些进程时，可能有多个节点，利用 rosnode 命令来获取节点信息的命令，rosnode 相关命令如下：

① rosnode info [node-name]：此命令为打印出节点信息，包括节点的订阅者和发布者。

② rosnode kill [node-name]：此命令杀死单个节点，但不能保证执行成功，如果节点处于挂起状态，或者在 roslaunch 中被设置为 respawn 的状态，执行命令或许会失效，或许该节点很快又会出现。

③ rosnode kill [node-name1] [node-name2]：此命令单次杀死多个节点。

④ rosnode kill -a：此命令杀死所有节点。

⑤rosnode list：此命令列出现有的节点。

⑥ rosnode list /meta-pkg：此命令列出现有节点中包含的节点，面向对象推测为元功能包。

⑦ rosnode list-u：此命令列出当前节点的 XML——RPC 和 URL。

⑧ rosnode list -a：此命令列出所有节点的名和 URL。

⑨ rosnode machine [machine-name]：此命令列出在特定机器上运行的节点。

⑩ rosnode ping [node-name]：此命令重复对特定节点 ping 的过程。

⑪ rosnode ping --all：此命令 ping 所有节点。

⑫ rosnode ping -c num [node-name]：此命令对特定节点进行 num 次的 ping。

⑬ rosnode cleanup：此命令对所有的联系不上的节点进行消除，打印一份无法获取联系的，有待确定的节点。

2.4.2 rostopic

rostopic 包含 rostopic 命令行工具，用于显示有关 ROS 话题的调试信息，包括话题发布者、订阅者、发布频率和 ROS 消息。它还包含一个实验性 Python 库，用于动态获取有关话题的信息并与之交互。rostopic 相关命令如下：

① rostopic list(-v)：此命令打印当前运行状态下的话题名，-v 获取话题详情。

② rostopic pub 话题名 消息类型 消息内容：通过此命令向订阅者发布消息，输入此命令前应 source 一下路径，其中，话题名需要自己写，消息类型和消息内容，可以通过 TAB 键补齐。

③ rostopic echo 话题名：此命令获取指定话题发布的消息，一定要在同一工作空间下。

④ rostopic info 话题名：此命令获取当前话题相关信息，例如消息类型、发布者信息、订阅者信息。

⑤ rostopic type 话题名：此命令获取话题的消息类型。

⑥ rostopic find 消息类型：此命令根据消息类型查找话题。

⑦ rostopic hz 话题名：此命令列出消息发布频率。

⑧ rostopic bw 话题名：此命令列出消息发布带宽。

⑨ rostopic delay 话题名：此命令列出消息头信息。

2.4.3　rosmsg

rosmsg 是用于显示有关 ROS 消息类型的信息的命令行工具。

① rosmsg list：此命令列出当前 ros 中所有的 msg，返回结果为包名/数据格式名。

② rosmsg packages：此命令列出包含消息的所有包。

③ rosmsg package 包名：此命令列出某个包下的所有 msg。

④ rosmsg show 包名/数据名：此命令显示消息描述。

⑤ rosmsg info 包名/数据名：此命令显示消息描述。

⑥ rosmsg md5：此命令为一种校验算法，保证数据传输的一致性。

2.4.4　rosservice

rosservice 包含用于列出和查询 ROSServices 的 rosservice 命令行工具。调用部分服务时，如果对相关工作空间没有配置 path，需要进入工作空间调用 source ./devel/setup.bash。

① rosservice list：此命令列出所有活动的 service。

② rosservice args 服务名：此命令打印服务参数。

③ rosservice call 服务名 参数 1 参数 2：此命令调用服务。

④ rosservice find 包名/消息类型：此命令根据消息类型获取话题。

⑤ rosservice info 服务名：此命令获取服务话题详情。

⑥ rosservice uri 服务名：此命令获取服务器 uri。

⑦ rosservice type 服务名：此命令获取消息类型。

2.4.5　rossrv

rossrv 是用于显示有关 ROS 服务类型的信息的命令行工具，与 rosmsg 使用语法高度雷同。

① rossrv list(| grep -i 包名/检索名)：此命令列出所有的 srv 消息，加上括号中的内容，可以显示某个包中的消息类型，加上检索名，可以显示包含检索名的相关包。

② rossrv packages：此命令列出包含服务消息的所有包。

③ rossrv package 包名：此命令列出某个包下的所有 srv。

④ rossrv show 数据类型名：此命令显示消息描述。

⑤ rossrv info 数据类型名：此命令显示消息描述。

⑥ rossrv md5：此命令为对 service 数据使用 md5 校验(加密)。

2.4.6　rosparam

rosparam 包含 rosparam 命令行工具，用于使用 YAML 编码文件在参数服务器上获取和设置 ROS 参数。

① rosparam list：此命令列出所有参数。

② rosparam set：此命令设置参数。

③ rosparam get：此命令获取参数。

④ rosparam delete：此命令删除参数。

⑤ rosparam load(先准备 yaml 文件)：此命令从外部文件加载参数。

⑥ rosparam dump：此命令将参数写出到外部文件。

2.5　通信机制的区别

三种通信机制中，参数服务器是一种数据共享机制，可以在不同的节点之间共享数据，话题通信与服务通信是在不同的节点之间传递数据的，三者是 ROS 中最基础也是应用最为广泛的通信机制。

这其中，话题通信和服务通信有一定的相似性也有本质上的差异，在此将二者做一下简单比较，二者的实现流程是比较相似的，都涉及四个要素：

要素 1：消息的发布方/客户端(Publisher/Client)。

要素 2：消息的订阅方/服务端(Subscriber/Server)。

要素 3：话题名称(Topic/Service)。

要素 4：数据载体(msg/srv)。

可以概括为：两个节点通过话题关联到一起，并使用某种类型的数据载体实现数据传输。

二者的实现也是有本质差异的，具体比较如表 2-3 所示。

表 2-3　话题与服务的区别

类别	Topic(话题)	Service(服务)
通信模式	发布/订阅	请求/响应
同步性	异步	同步
底层协议	ROSTCP/ROSUDP	ROSTCP/ROSUDP
缓冲区	有	无
实时性	弱	强
节点关系	多对多	一对多(一个 Server)
通信数据	msg	srv
使用场景	连续高频的数据发布与接收：雷达、里程计	偶尔调用或执行某一项特定功能：拍照、语音识别

2.6　本章小结

本章主要介绍了 ROS 中最基本的也是最核心的通信机制实现：话题通信、服务通信、参数服务器。每种通信机制，都介绍了如下内容：

① 当前通信机制的应用场景。

② 当前通信机制的理论模型。

③ 当前通信机制的具体案例分析。

除此之外，还介绍了 ROS 中的常用命令方便操作、调试节点以及通信信息。最后又着重比较了话题通信与服务通信的相同点以及差异。

掌握本章内容后，基本上就可以从容应对 ROS 中大部分应用场景了。

第三章　ROS 语言编程基础

3.1　ROS 编程语言简介

在对 ROS 开发时，ROS 系统主要是使用 C++和 Python 语言开发相关项目。同时，ROS 系统中相关功能包和接口主要由 C++设计和开发，Python 作为一种辅助语言，用来开发一些相关插件。Julia 存在丰富的库函数，能够帮读者快速实现 SLAM 相关功能包。

在 ROS 系统中，对 C++的语言编程，主要是利用 Qt，因此，对 Qt 的学习与掌握也很重要。Qt 是一个跨平台 C++图形用户界面应用程序开发框架。它既可以开发 GUI 程序，也可用于开发非 GUI 程序，比如控制台工具和服务器。Qt 是面向对象的框架，使用特殊的代码生成扩展以及一些宏，Qt 很容易扩展，并且允许真正地组件编程。Qt 的好处在于它可以运行在 linux 操作系统上，具有跨平台的特征。

C++是一种计算机高级程序设计语言，由 C 语言扩展升级而产生，最早于 1979 年由本贾尼·斯特劳斯特卢普在 AT&T 贝尔工作室研发。C++既可以进行 C 语言的过程化程序设计，又可以进行以抽象数据类型为特点的基于对象的程序设计，还可以进行以继承和多态为特点的面向对象的程序设计。C++擅长面向对象程序设计的同时，还可以进行基于过程的程序设计。C++拥有计算机运行的实用性特征，同时还致力于提高大规模程序的编程质量与程序设计语言的问题描述能力。

C++优点如下：

（1）跨平台性好

C/C++可以潜入任何现代处理器中，几乎所有的操作系统都支持，跨平台性非常好。

（2）运行效率高

C 语言体型小巧，简洁高效并且接近汇编语言，C++功能在 C 的基础上增加面向对象的特点，代码可读性好，运行效率高。

（3）语言简洁，编写风格自由

兼有高级语言与汇编语言的优点，语言简洁、紧凑，使用方便、灵活丰富的运算符和数据类型，能访问内存地址和位操作等硬件底层操作，生成的目标代码质量高。

C++缺点：

（1）无垃圾回收机制

相对于 JAVA 来说，没有垃圾回收机制，容易引发内存泄漏。

（2）学习较困难

从应用的角度看，C++语言比其他高级语言较难掌握。也就是说，对用 C++语言的人，要求对程序设计更熟练一些。

（3）只适合大型项目开发

C++更适合大项目，在大项目中 C++是其他言语不可比拟的。开发较小项目时，性能可能比不上 Java 语言。

Python 由荷兰数学和计算机科学研究学会的吉多·范罗苏姆于 20 世纪 90 年代初设计，

作为一门叫作 ABC 语言的替代品。Python 提供了高效的高级数据结构，还能简单有效地面向对象编程。Python 语法和动态类型，以及解释型语言的本质，使它成为多数平台上写脚本和快速开发应用的编程语言，随着版本的不断更新和语言新功能的添加，逐渐被用于独立的、大型项目的开发。

Python 优点：

(1) 更易入门

Python 程序简单易懂，初学者学 Python 更易入门且深入下去可编写非常复杂的程序。另外，开发效率高，有非常强大的第三方库。

(2) 高级语言

当你用 Python 语言编写程序的时候，你无须考虑诸如如何管理你的程序使用的内存一类的底层细节。

(3) 可移植性

由于它的开源本质，Python 已经被移植在许多平台上(经过改动使它能够工作在不同平台上)。如果你小心地避免使用依赖于系统的特性，那么所有 Python 程序无须修改就几乎可以在市场上所有的系统平台上运行。

(4) 可扩展性

如果需要一段关键代码运行得更快或者希望某些算法不公开，就可将部分程序用 C 或 C++编写，然后在你的 Python 程序中使用它们。

Python 缺点：

(1) 运行速度慢

Python 的运行速度相比 C++语言确实慢很多，跟 Java 相比也要慢一些。

(2) 线程不能利用多 CPU 问题。这是 Python 被人诟病最多的一个缺点。

Julia 优点：

Julia 在运行时将代码编译为本地机器代码，这使其速度更快。Julia 还包含了针对常见数值计算和科学计算任务的优化例程，可以进一步提高性能。因此，Julia 非常适合用于数值计算和科学计算领域的高性能计算。

目前多数对 ROS 开发使用的是 C++编程语言，本章主要介绍 C++和 Julia 语言的编程基础，通过对两种语言的了解来进一步地开发 ROS 项目。

3.2 C++语言编程基础

3.2.1 C++语言概述

C++融合了三种不同的编程传统——C 语言代表的过程性语言传统、C++在 C 语言基础上添加的类代表的面向对象语言的传统以及 C++模板支持的通用编程传统。使用 C++的原因之一是为了利用其面向对象的特性。要利用这种特性，必须对标准 C 语言知识有较深入的了解，因为它提供了基本类型、操作符、控制结构和句法规则。所以，如果已经对 C 有所了解，便可以学习 C++了，但这并不仅仅是学习更多的关键字和结构，从 C 过渡到 C++的学习量就像从头学习 C 语言一样大，另外，如果先掌握了 C 语言，则在过渡到 C++时，必须摒弃一些编程习惯。如果不了解 C 语言则学习 C++时需要掌握 C 语言的知识、面向对象的编程(OOP)知识以及通用编程知识，但无须摒弃任何编程习惯。

随着计算机的功能越来越强大，计算机程序也越来越庞大而复杂。为应对这种挑战，计算机语言也得到了改进，以使编程过程更为简单。C 语言新增了诸如控制结构和函数等特性，以便更好地控制程序流程支持结构化和模块化程度高的方法；而 C++增加了对面向对象编程和通用编程的支持，这有助于提高模块化和创建可重用代码，从而节省编程时间并提高程序的可靠性。C++的流行导致大量使用于各种计算平台的 C++实现得以面世。ISO/ANSI C++标准为确保众多实现的相互兼容提供了基础。该标准规定了语言必须具备的特性、语言呈现出的行为、标准库函数、类和模板，它旨在实现该语言在不同计算平台和实现之间的可移植性。要创建 C++程序，可创建一个或多个源代码文件，其中包含了以 C++语言表示的程序。这些文件是文本文件，它们经过编译和链接后将得到机器语言文件，后者构成了可执行的程序。上述任务通常是在 IDE 完成的，IDE 提供了用于创建源代码文件的文本编辑器、用于生成可执行文件的编译器和链接器以及其他资源，如 I 程管理和调试功能。然而，这些任务也可以在命令行环境中通过调用合适的工具来完成。

本章不是完整的 C++参考手册，不会探索该语言的每个细节，但将介绍 C++基本的重要特性。

3.2.2　C++项目基本框架

要建造简单的房屋，首先要打地基、搭建框架。如果一开始没有牢固的结构，后面就很难构建窗子、门框、圆屋顶和镶木地板的舞厅等。同样，学习计算机语言时，应从程序的基本结构开始学起。只有这样才能一步一步了解其具体细节，如循环和对象等。这一节将要对 C++程序的基本结构做一概述。

本章采用 Visual Studio2019 环境来学习 C++内容，环境安装请参考官网教程。使用 Visual Studio2019 建立一个完整的 C++项目分为四部分：创建项目、创建文件、编写代码、运行程序。通过一个具体的实例——helloworld 来介绍具体流程。

3.2.2.1　创建项目

如图 3-1 所示，利用 Visual Studio2019 创建一个 C++项目时，首先打开开发环境，进入主页面，具体步骤如下：点击创建新项目—空项目—填写项目名称、位置—确定。

图 3-1　Visual Studio2019 创建 C++项目

3.2.2.2 创建文件

如图 3-2 所示，一个 C++新项目一般由文件组成，主要目的是方便管理项目。C++项目的文件主要包括头文件和源文件。

头文件(.h)：写类的声明(包括类里面的成员和方法的声明)、函数原型、#define 常数等，但一般来说不写出具体的实现。

源文件(.cpp)：源文件主要写实现头文件中已经声明的那些函数的具体代码。需要注意的是，开头必须#include 一下实现的头文件，以及要用到的头文件。那么当你需要用到自己写的头文件中的类时，只需要#include 进来就行了。

以编写一个简单的输出 helloworld 项目为例，在源文件中添加程序文件，具体步骤如下：右击源文件—添加—C++文件—文件名称—确定。

3.2.2.3 编写代码

如图 3-2 所示，点击源文件，进行编写 C++源文件框架。

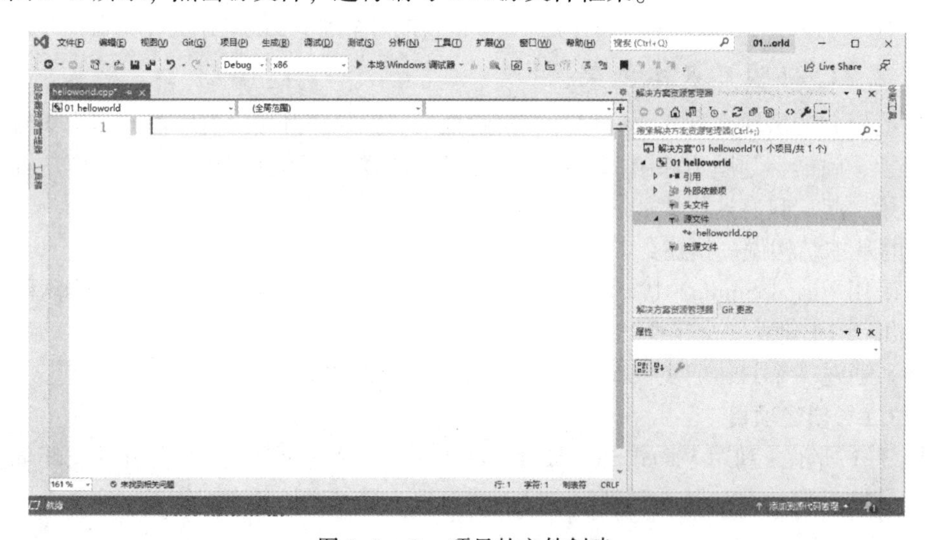

图 3-2 C++项目的文件创建

C++源文件的基本框架如程序清单 3.1 所示。

程序清单 3.1：

```
#include<iostream>
using namespace std;

int main() {
system("pause");
   return 0;
}
```

C++源文件框架中，include <iostream>意思是引入 iostream 库，即输入输出流库。iostream 库的基础是两种命名为 istream 和 ostream 的类型，分别表示输入流和输出流。#include<iostream>是标准的 C++头文件，任何符合标准的 C++开发环境都有这个头文件。在旧的标准 C++中，使用#include<iostream.h>，但在新标准中，用#include<iostream>。

using namespace std 指调用命名空间 std 内定义的所有标识符。使用“using namespace std”后，命名空间中的标识符就如同全局变量一样。由于标准库非常大，程序员可能会选择类的名称或函数名称，就像它是标准库中的名称一样。因此，为了避免这种情况导致的名称冲突，标准库中的所有内容都放置在命名空间 std 中。但这将带来新的问题：无数的原始 C 语言代码依赖于伪标准库中的功能，这些功能已经使用多年，都在全局空间中。所以就有了诸如<iostream. h>和<iostream>这样的 head 文件，一种是与以前的 C 语言代码兼容，另一种是支持新标准。

去掉修饰后，程序清单 3. 1 中的范例程序的基本结构如程序清单 3. 2 所示。

程序清单 3. 2：

```
int main() {
  system("pause");
  return 0;
}
```

这几行表明有一个名为 main( )的函数，并描述了该函数的行为。这几行代码构成了函数定义。该定义由两部分组成：第一行 int main( )叫函数头、花括号({ 和 })中包括的部分叫函数体。函数头对函数与程序其他部分之间的接口进行了总结；函数体是指出函数应做什么的计算机指令。在 C++中，每条完整的指令都称为语句。所有的语句都以分号结束，因此在输入范例代码时，请不要省略分号。system(“pause”)是暂停的意思，等待用户信号；不然控制台程序会一闪即过，你来不及看到执行结果。main( )中最后一条语句叫作返回语句(return 0)，它结束该函数。

此时 C++项目的基本框架已经写完，为了完成第一个 helloworld 程序的输出，我们要在代码中加入一条语句：cout <<"helloworld"<< endl;，双引号括起的部分是要打印的消息。在 C++中，用双引号括起的一系列字符叫作字符串，因为它是由若干字符组合而成的。<<符号表示该语句将把这个字符串发送给 cout；该符号指出了信息流动的路径。cout 是一个预定义的对象，知道如何显示字符串、数字和单个字符等。endl 是个特殊的 C++符号，表示一个重要的概念：重起一行。和 cout 一样，endl 也是在头文件 iostream 中定义的，且位于名称空间 std 中，其作用和 C 语言中\n 一样。

3. 2. 2. 4 运行程序

如图 3-3 所示，点击本地 Windows 调试器，系统自动生成结果。

为了方便 C++代码的阅读，在书写代码时应添加代码注释。注释中分为多行注释和单行注释，具体格式如下：

多行注释：

```
/*
 * 只是一个 c 风格的注释
 * 或者说是多行注释
 */
```

单行注释：

```
//这是单行注释
```

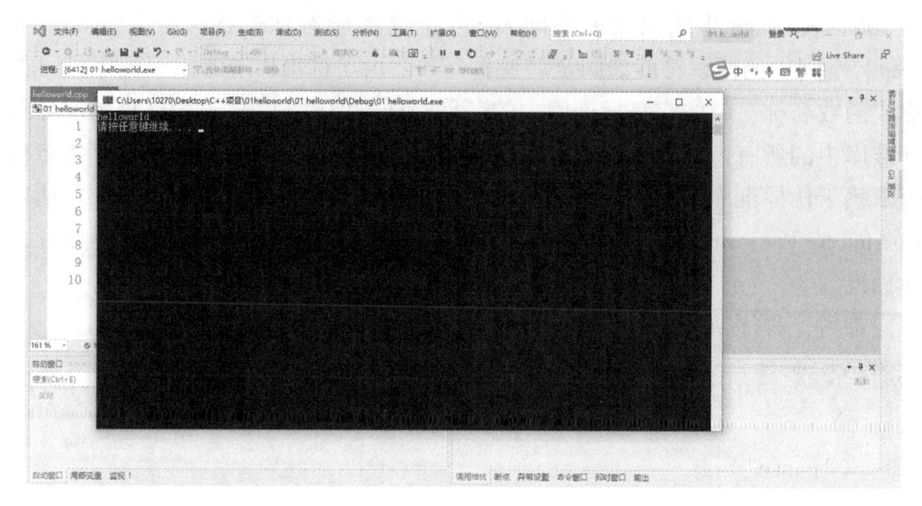

图 3-3　运行程序

3.2.3　数据处理

面向对象编程(OOP)的本质是设计并扩展自己的数据类型。设计自己的数据类型就是让类型与数据匹配。如果正确做到了这一点，将会发现以后使用数据时会容易得多。不过，在创建自己的类型之前，必须了解并理解 C++内置的类型，因为这些类型是创建自己类型的基本组件。内置的 C++类型分两组：基本类型和复合类型。本章将介绍基本类型，它表示整数和浮点数。但 C++没有任何一种整型和浮点型能够满足所有的编程要求，因此对于这两种数据，它提供了多种变体。

3.2.3.1　变量

变量其实只不过是程序可操作的存储区的名称。C++中每个变量都有指定的类型，类型决定了变量存储的大小和布局，该范围内的值都可以存储在内存中，运算符可应用于变量上。

变量定义就是告诉编译器在何处创建变量的存储，以及如何创建变量的存储。变量的定义如下：

数据类型　变量名=　变量的初始值;

计算机处理的是数据，而数据是以整数、浮点数、字符等形式存在的。不同的数据类型之间存在某种联系，例如一个整型数组由若干的整数组成。

C++的数据包括常量和变量，但是 C++没有统一规定各类数据的精度以及数值范围，根据使用的编译系统决定。C++常见的数据类型如下：int、char、float、double。

变量命名规则是为了增强代码的可读性和容易维护性。以下为 C++必须遵守的变量命名规则：

① 变量名只能由字母(A-Z，a-z)和数字(0-9)或者下划线(_)组成。

② 第一个字母必须是字母或者下划线开头。

③ 不能使用 C++关键字来命名变量，以免冲突。

④ 变量名区分大小写。

(1) int 型

C++语言提供了很多整数类型(整型)，这些整型的区别在于它们的取值范围的大小，以及是否可以为负。int 是整型之一，一般被称为整型。以后，在不产生歧义的情况下，我们把整数类型和 int 都称为整型。

int 代表有符号整数，也就是说，用 int 声明的变量可以是正数，可以是负数，也可以是零，但是只能是整数。标准规定 int 的最小取值范围是-32767~32767。int 的取值范围因机器而异，但是一定要大于或者等于-32767~32767。一般来说，int 占用一个字的内存空间。因此，字长为 16 位(Bit)的旧式 IBM 兼容机使用 16 位来储存整型 int，取值范围是-32768~32767。目前的个人电脑一般都是 32 位字长的，这些电脑中 int 一般也是 32 位的，取值范围是-2147483648~2147483647。对于使用 64 位 CPU 的电脑，使用更多位储存 int 也是很自然的事情，取值范围当然也会更大。

正如我们在以前的教程里看到的那样，int 用于声明整型变量：以 int 打头，后面跟着变量的名字，最后以分号(;)结束。例如：

```
int erns;/* 声明一个变量 */
/* 注意:一定要用逗号(,),不能用分号(;) */
int hogs,cows,goats;/* 声明三个变量 */
```

以上声明创建了变量，但是没有给它们提供“值(value)”。在前面的教程中，我们已经用了两种方法使变量获得“值”。一种是赋值：cows=500;。另一种是使用 scanf 函数：scanf ("%d",&goats);。

初始化变量是指给变量赋初值：声明变量的时候，在变量名的后面写上等号(=)，然后写下你希望赋予变量的“值”。例如：

```
int hogs=21;
int cows=32,goats=14;
int dogs,cats=94;
```

以上声明创建了变量，并且为这些变量分配了空间，同时也赋了初值。注意，第三行中只有 cats 被初始化为 94，而 dogs 没有被初始化!

(2) sizeof 关键字

sizeof 是 C/C++中的关键字，它是一个运算符，其作用是取得一个对象(数据类型或数据对象)的长度(即占用内存的大小，以 byte 为单位)。其中类型包括基本数据类型(不包括 void)、用户自定义类型(结构体、类)、函数类型。数据对象是指用前面提到的类型定义的普通变量和指针变量(包含 void 指针)。

sizeof 既是关键字，也是运算符！很多人会忽略它是运算符这一点。(在这里补充一下，sizeof 是唯一一个以单词形式出现的运算符，实际上发挥的是单目运算符的作用。)

sizeof 不是函数！可能大部分人知道 sizeof 不是函数，但是具体的原因有些模糊，在这里予以解释，例如：i=sizeof(int)，这样的式子，很容易让人觉得 sizeof 是一个函数。假设它是一个函数，那么 sizeof int 这样的式子是不成立的，但实际上 sizeof int 这个式子是可以正常运行的，因此，sizeof 绝对不可能是函数的。

利用 sizeof 计算数据类型大小的格式如下：

sizeof(数据类型/变量)

关于 sizeof 具体操作如程序清单 3.3 所示。

程序清单 3.3：

```
#include<iostream>
using namespace std;
int main() {
    cout <<"short 类型所占内存空间为:"<< sizeof(short) << endl;
    cout <<"int 类型所占内存空间为:"<< sizeof(int) << endl;
    cout <<"long 类型所占内存空间为:"<< sizeof(long) << endl;
    cout <<"long long 类型所占内存空间为:"<< sizeof(long long) << endl;

    system("pause");
    return 0;
}
```

输出结果：

short 类型所占内存空间为：2

int 类型所占内存空间为：4

long 类型所占内存空间为：4

long long 类型所占内存空间为：8

请按任意键继续……

实例代码中可以了解到不同数据类型的字节大小，通过了解数据类型的大小可以对不同类型进行定义初始值。

（3）char 类型

char 类型用于存储字符(如，字母或标点符号)，但是从技术层面看，char 是整数类型。因为 char 类型实际上存储的是整数而不是字符。计算机使用数字编码来处理字符，即用特定的整数表示特定的字符。美国最常用的编码是 ASCII 编码，本书也使用此编码。例如，在 ASCII 码中，整数 65 代表大写字母 A。因此，存储字母 A 实际上存储的是整数 65。标准 ASCII 码的范围是 0~127，只需 7 位二进制数即可表示。通常，char 类型被定义为 8 位的存储单元，因此容纳标准 ASCII 码绰绰有余。一般而言，C++语言会保证 char 类型足够大，以存储系统(实现 C++语言的系统)的基本字符集。许多字符集都超过了 127，甚至多于 255。例如，日本汉字(kanji)字符集。商用的统一码(Unicode)创建了一个能表示世界范围内多种字符集的系统，目前包含的字符已超过 110000 个。国际标准化组织(ISO)和国际电工技术委员会(IEC)为字符集开发了 ISO/IEC 10646 标准。统一码标准也与 ISO/IEC 10646 标准兼容。

字符型变量(char)用于显示单个字符，其语法格式如下：

char ch='a';

在显示字符型变量时，用单引号将字符括起来，不要用双引号；单引号内只能有一个字符，不可以是字符串。C 和 C++中字符型变量只占用 1 个字节。字符型变量并不是把字符本身放到内存中存储，而是将对应的 ASCII 编码放入存储单元。ASCII 编码如图 3-4 所示。

ASCII值	控制字符	ASCII值	字符	ASCII值	字符	ASCII值	字符
0	NUT	32	(space)	64	@	96	、
1	SOH	33	!	65	A	97	a
2	STX	34	"	66	B	98	b
3	ETX	35	#	67	C	99	c
4	EOT	36	$	68	D	100	d
5	ENQ	37	%	69	E	101	e
6	ACK	38	&	70	F	102	f
7	BEL	39	,	71	G	103	g
8	BS	40	(	72	H	104	h
9	HT	41	)	73	I	105	i
10	LF	42	*	74	J	106	j
11	VT	43	+	75	K	107	k
12	FF	44	,	76	L	108	l
13	CR	45	-	77	M	109	m
14	SO	46	.	78	N	110	n
15	SI	47	/	79	O	111	o
16	DLE	48	0	80	P	112	p
17	DCI	49	1	81	Q	113	q
18	DC2	50	2	82	R	114	r
19	DC3	51	3	83	S	115	s
20	DC4	52	4	84	T	116	t
21	NAK	53	5	85	U	117	u
22	SYN	54	6	86	V	118	v
23	TB	55	7	87	W	119	w
24	CAN	56	8	88	X	120	x
25	EM	57	9	89	Y	121	y
26	SUB	58	:	90	Z	122	z
27	ESC	59	;	91	[	123	{
28	FS	60	<	92	/	124	|
29	GS	61	=	93	]	125	}
30	RS	62	>	94	^	126	`
31	US	63	?	95	_	127	DEL

图 3-4　ASCII 编码

ASCII 码大致由以下两部分组成：

＊ ASCII 非打印控制字符：ASCII 表上的数字 0～31 分配给了控制字符，用于控制像打印机等一些外围设备。

＊ ASCII 打印字符：数字 32～126 分配给了能在键盘上找到的字符，当查看或打印文档时就会出现。

查看字符 a 对应的 ASCII 码和直接用 ASCII 给字符型变量赋值的实例如程序清单 3.4 所示。

程序清单 3.4：

```
#include<iostream>
using namespace std;
int main() {
    char ch='a';
    cout<< ch << endl;
    cout <<(int)ch << endl;
    ch=97;
    cout << ch << endl;
```

```
    system("pause");
    return 0;
}
```

输出结果：

a

97

a

请按任意键继续……

实例中定义一个字符型变量‘ch’，变量值为‘a’，通过(int)ch 查看字符 a 对应的 ASCII 码，同时可以直接用 ASCII 给字符型变量赋值。

(4) 浮点型

浮点型用来表示小数，一般分为单精度 float 和双精度 double，如图 3-5 所示。

数据类型	占用空间	有效数字范围
float	4字节	7位有效数字
double	8字节	15~16位有效数字

图 3-5　浮点型种类

单精度浮点型(float)专指占用 32 位存储空间的单精度值。单精度在一些处理器上比双精度更快而且只占用双精度一半的空间，但是当值很大或很小的时候，它将变得不精确。当需要小数部分并且对精度的要求不高时，单精度浮点型的变量是有用的。例如，当表示美元和分时，单精度浮点型是有用的。这是一些声明单精度浮点型变量的例子：float hightemp, lowtemp。

双精度型，正如它的关键字“double ”表示的，占用 64 位的存储空间。在一些现代的被优化用来进行高速数学计算的处理器上双精度型实际上比单精度的快。所有超出人类经验的数学函数，如 sin()，cos()，tan()和 sqrt()均返回双精度的值。当需要保持多次反复迭代计算的精确性时，或在操作值很大的数字时，双精度型是最好的选择。

程序清单 3.5 介绍了 float 和 double 计数的精度。

程序清单 3.5：

```
#include<iostream>
using namespace std;
int main() {
    float f1 = 3.14f;
    double d1 = 3.14;

    cout << f1 << endl;
    cout << d1 << endl;
    //科学计数法
    float f2 = 3e2; // 3 * 10 ^ 2
    cout <<"f2 = "<< f2 << endl;
```

```
    float f3=3e-2;   // 3 * 0.1 ^ 2
    cout <<"f3="<< f3 << endl;

    system("pause");
    return 0;
}
```

输出结果：

3.14

3.14

f2=300

f3=0.03

请按任意键继续……

3.2.3.2 运算符

算术操作符主要是用于执行代码的运算，本节我们主要讲解以下几类运算符，如表 3-1 所示。

表 3-1 运算符

运算符类型	作 用	运算符类型	作 用
算术运算符	用于处理四则运算	比较运算符	用于表达式的比较，并返回一个真值或假值
赋值运算符	用于将表达式的值赋给变量	逻辑运算符	用于根据表达式的值返回真值或假值

(1) 算术运算符

算术运算符包含加、减、乘、除，取余还有++和--等符号。用来处理一些基本的数学运算，通过使用对应的运算符号得到需要运算的结果。

定义一个 int 类型的变量 a，赋值为 10，再定义一个 int 类型变量 b 赋值为 2，那么这两个变量就可以使用算术运算符中对应的运算符号进行数据运算了。

int a=10;

int b=2。

① 加，减，乘，除法运算。利用程序清单 3.6 来介绍整型变量之间的加、减、乘、除法运算。

程序清单 3.6:

```
#include<iostream>
using namespace std;
int main() {
    int a=10;
    int b=2;

    int c1=a + b;
    int c2=a - b;
    int c3=a * b;
```

```
        int c4=a / b;

        cout <<"c1="<< c1 << endl;
        cout <<"c2="<< c2 << endl;
        cout <<"c3="<< c3 << endl;
        cout <<"c4="<< c4 << endl;

        system("pause");
        return 0;
    }
```

输出结果：

```
c1=12
c2=8
c3=20
c4=5
请按任意键继续……
```

在加法运算中，将 a、b 的值相加赋值给 c1；在减法运算中，将 a、b 的值相减赋值给 c2；在乘运算中，将 a、b 的值相乘赋值给 c3；在除法运算中，将 a、b 的值相除赋值给 c4，其中如果结果值为小数则取整数赋值。

在进行加、减、乘、除法运算时必须知道 C++使用的规则。例如，很多表达式都包含多个操作符。这样将产生一个问题：究竟哪个操作符最先被使用呢？例如，下面的语句：

int a=3+4×5;

操作数 4 旁边有两个操作符：+和×。当多个操作符可用于同一个操作数时，C++使用优先级规则来决定首先使用哪个操作符。算术操作符遵循通常的代数优先级，先乘除，后加减。因此 3+4×5 指的是 3+(4×5)而不是(3+4)×5，结果为 23，而不是 35。当然，可以使用括号来执行自己定义的优先级。其中，·、/和%位于同一行，这说明它们的优先级相同。同样，加和减的优先级也相同，但比乘除低。

② 取模运算。取模运算利用%来完成，取模运算要求两个操作数都是整数或者能隐式地转换成整数类型。如果两个操作数不是整数，且不能隐式地转换成整数，将发生编译错误，例如：

```
cout<< 5.4% 3 <<endl;
```

取模运算结果的正负是由左操作数的正负决定的。C99 标准规定：如果%左操作数是正数，那么取模运算的结果是非负数；如果%左操作数是负数，那么取模运算的结果是负数或 0。

具体实例如程序清单 3.7 所示。

程序清单 3.7：

```
#include <iostream>
using namespace std;
int main() {
    int a=5;
```

```
    int b=2;
    int c=-3;
    int d=-13;
    cout <<"a % b="<< a % b <<endl;
    cout <<"a % c="<< a % c <<endl;
    cout <<"d % c="<< d % c <<endl;
    cout <<"d % a="<< d % a <<endl;

    system("pause");
    return 0;
}
输出结果:
a % b=1
a % c=2
d % c=-1
d % a=-3
请按任意键继续……
```

在上述程序中，对变量 a 进行取余，由于 a=5，b=2，故 a % b=1；由于 a 为正数，无论 c 为正负数，a % c 的值都为正数；由于 d 为负数，所以 d % c、d % a 的值为负数。

③ 递增递减运算。递增运算符++和递减运算符--为对象的加 1 和减 1 操作提供了一种简洁的书写形式。这两个运算符还可应用于迭代器，很多迭代器本身不支持算术运算，此时递增和递减运算符除了书写简洁外还是必需的。

递增和递减运算符有两种形式：前置版本和后置版本。前置版本的运算符首先将运算对象加 1(或减 1)，然后将改变后的对象作为求值结果。后置版本也会将运算对象加 1(或减 1)，但是求值结果是运算对象改变之前那个值的副本。

递增运算具体实例如程序清单 3.8 所示。

程序清单 3.8:

```
#include<iostream>
using namespace std;

int main()
{
    //后置递增
    int a=10;
    a++; //等价于 a=a + 1
    cout << a << endl; // 11

    //前置递增
    int b=10;
```

```
    ++b;
    cout << b << endl; // 11

    //前置递增先对变量进行++,再计算表达式
    int a2=10;
    int b2=++a2 * 10;
    cout << b2 << endl;

    //后置递增先计算表达式,后对变量进行++
    int a3=10;
    int b3=a3++ * 10;
    cout << b3 << endl;

    system("pause");
    return 0;
}
输出结果:
11
11
110
100
请按任意键继续……
```

上述程序中，变量 a=10，b=10，在对 a 进行后置递增和对 b 进行前置递增时输出的结果都为 11，但两者有所区别。前置递增先对变量进行++，再计算表达式，对 int b2=++a2 * 10；运算时，a2 先加 1，此时 a2=11，再进行相乘运算。后置递增先计算表达式，后对变量进行++，对 int b3=a3++ * 10；计算时，先计算 a3 * 10 复制给 b3，然后再将 a3 加 1。

递减运算和递增运算操作一样，不再详细介绍。

(2) 赋值运算符

赋值运算符的作用就是将表达式的值赋值给变量，赋值运算符分类如表 3-2 所示。

表 3-2 赋值运算符分类

运算符	术语	示例	结果
=	赋值	a=2; b=3;	a=2; b=3;
+=	加等于	a=0; a+=2;	a=2;
-=	减等于	a=5; a-=3;	a=2;
*=	乘等于	a=2; a*=2;	a=4;
/=	除等于	a=4; a/=2;	a=2;
%=	模等于	a=3; a%2;	a=1;

赋值运算具体实例如程序清单 3.9 所示。

程序清单 3.9：

```
#include<iostream>
using namespace std;
int main() {
    //=
    int a=100;
    cout <<"a="<< a << endl;

    // +=
    a=10;
    a +=2; // a=a + 2;
    cout <<"a="<< a << endl;

    //-=
    a=10;
    a -=2; // a=a - 2
    cout <<"a="<< a << endl;

    // *=
    a=10;
    a *=2; // a=a * 2
    cout <<"a="<< a << endl;

    // /=
    a=10;
    a /=2;  // a=a / 2;
    cout <<"a="<< a << endl;

    // %=
    a=10;
    a %=2; // a=a % 2;
    cout <<"a="<< a << endl;

    system("pause");
    return 0;
    }
```

输出结果：

```
a=100
a=12
```

a=8
a=20
a=5
a=0
请按任意键继续……

上述程序中,=也称赋值运算,将数值 100 赋值给变量 a,这与生活中的等于意思不同,C++中的等于符号为==;+=也称加等于,a+=2 就是将 a 的值加 2 再赋值给变量 a,其运算和 a=a+2 意思相同;-=也称减等于,a-=2 就是将 a 的值减 2 再赋值给变量 a,其运算和 a=a-2 意思相同;*=也称加乘等于,a*=2 就是将 a 的值乘以 2 再赋值给变量 a,其运算和 a=a*2 意思相同;/=也称除等于,a/=2 就是将 a 的值除以 2 再赋值给变量 a,其运算和 a=a/2 意思相同;%=也称模等于,a%=2 就是将 a 的值对 2 取余后再赋值给变量 a,其运算和 a=a%2 意思相同。

(3) 比较运算符

比较运算符用于表达式的比较,并返回一个真值或假值。比较运算符有以下符号,如表 3-3 所示。

表 3-3 比较运算符

运算符	术语	示例	结果
==	相等于	4==3	0
!=	不等于	4!=3	1
<	小于	4 < 3	0
>	大于	4 > 3	1
<=	小于等于	4 <=3	0
>=	大于等于	4 >=1	1

比较运算具体实例如程序清单 3.10 所示。

程序清单 3.10:

```
#include<iostream>
using namespace std;
int main() {
    int a=10;
    int b=20;

    cout <<(a==b) << endl; // 0
    cout <<(a != b) << endl; // 1
    cout <<(a > b) << endl; // 0
    cout <<(a < b) << endl; // 1
    cout <<(a >=b) << endl; // 0
    cout <<(a <=b) << endl; // 1
```

```
    system("pause");
    return 0;
}
```

输出结果：

0
1
0
1
0
1
请按任意键继续……

C 和 C++语言的比较运算中，“真”用数字“1”来表示，“假”用数字“0”来表示。

(4) 逻辑运算符

逻辑运算符用于根据表达式的值返回真值或假值，逻辑运算符如表 3-4 所示。

表 3-4 逻辑运算符

运算符	术语	示例	结果
!	非	! a	如果 a 为假，则！a 为真；如果 a 为真，则！a 为假
&&	与	a && b	如果 a 和 b 都为真，则结果为真，否则为假
||	或	a || b	如果 a 和 b 有一个为真，则结果为真，二者都为假时，结果为假

① 逻辑非运算，运算实例如程序清单 3.11 所示。

程序清单 3.11：

```
#include<iostream>
using namespace std;
int main() {
    int a=10;
    cout<< ! a << endl; // 0
    cout << !! a << endl; // 1

    system("pause");
    return 0;
}
```

输出结果：

0
1
请按任意键继续……

在上述程序中，! 称为逻辑非运算，如果变量 a 为假(一般 a 的数值为 0)，! a 为真(1)；如果变量 a 为真(一般 a 的数值不为 0)，! a 为假(0)。在逻辑非的时候，真变假，假变真。

② 逻辑与运算，运算实例如程序清单 3. 12 所示。

程序清单 3. 12:

```
#include<iostream>
using namespacestd;
int main() {
    int a=10;
    int b=10;
    cout <<(a && b) << endl;// 1

    a-10;
    b=0;
    cout <<(a && b) << endl;// 0

    a=0;
    b=0;
    cout <<(a && b) << endl;// 0

    system("pause");
    return 0;
}
```

输出结果:

```
1
0
0
请按任意键继续……
```

在上述程序中，&& 也称逻辑与运算，如果逻辑与运算两边的值同真为真，其余为假。

③ 逻辑或运算，运算实例如程序清单 3. 13 所示。

程序清单 3. 13:

```
#include<iostream>
using namespace std;
int main() {
    int a=10;
    int b=10;
    cout <<(a || b) << endl;// 1

    a=10;
    b=0;
    cout <<(a || b) << endl;// 1
```

```
    a=0;
    b=0;
    cout <<(a || b) << endl;// 0

    system("pause");
    return 0;
}
```

输出结果：

1

1

0

请按任意键继续……

在上述程序中，|| 也称逻辑或运算，如果逻辑或运算两边的值同假为假，其余为真。

3.2.4 循环语句

计算机除了存储数据外，还可以做很多其他的工作。可以对数据进行分析、合并、重组、抽取、修改推断、合成以及其他操作。有时甚至会歪曲和破坏数据，不过我们应当尽量防止这种行为的发生。为了发挥其强大的操控能力，程序需要有执行重复的操作和进行决策的工具。当然，C++提供了这样的工具。事实上，它使用与常规 C 语言相同的 for 循环、while 循环、do while 循环、if 语句和 switch 语句，如果读者熟悉 C 语言，可粗略地浏览本小节。

3.2.4.1 for 循环

(1) for 循环实例

很多情况下都需要程序执行重复的任务，如将数字 0~9 打印利用 for 循环可以轻松地完成这种任务。for 循环如程序清单 3. 14 所示。

程序清单 3. 14：

```
#include<iostream>
using namespace std;
int main() {
    for(int i=0; i < 10; i++)
    {
        cout << i << endl;
    }

    system("pause");
    return 0;
}
```

程序输出结果：

0

1

2

```
3
4
5
6
7
8
9
请按任意键继续……
```

上述程序中，该循环首先将整数变量 i 设置为 0：i=0，这是循环的初始化部分。然后，循环测试部分检查 i 是否小于 10：i<10，如果确实小于 10，则程序将执行接下来的语句——循环体：cout << i << endl;。然后，程序使用循环更新部分将 i 加 1：i++，这里使用了++操作符——递增操作符，它将操作数的值加 1。递增操作符并不仅限于用于 for 循环。例如，在程序中，可以使用 i++来替换语句 i=i+1。将 i 加 1 后，便结束了循环的第一个周期。

接下来，循环开始了新的周期，将新的 i 值与 10 进行比较。由于新值(1)也小于 10，因此循环打印另行，然后再次将 i 加 1，从而结束这一周期。这样又进入了新的一轮测试、执行语句和更新 i 的值。这过程将一直进行下去，直到循环将 i 更新为 10 为止。这样，接下来的测试失败，程序将接着执行循环后的语句。

（2）for 循环的组成

for 循环为执行重复的操作提供了循序渐进的步骤。for 循环的组成部分完成下面这些步骤：

① 设置初始值。

② 执行测试，看看循环是否应当继续进行。

③ 执行循环操作。

④ 更新用于测试的值。

C++循环设计中包括了这些要素，将其识别出来一目了然。初始化、测试和更新操作这三部分构成了控制部分，这些操作由括号括起。其中每一部分都是一个表达式，彼此由分号隔开。控制部分后面的语句叫作循环体，只要测试表达式为 true，它便被执行，for 循环语句的格式如下：

```
for(起始表达式; 条件表达式; 末尾循环体) {
    循环语句;
}
```

C++语法将整个 for 看作一条语句，虽然循环体可以包含一条或多条语句。循环只执行一次初始化。通常，程序使用起始表达式将变量设置为起始值，然后用该变量计算循环周期。条件表达式决定循环语句是否被执行。通常，这个表达式是条件表达式，即对两个值进行比较。上述程序将 i 的值同 10 进行比较，看 i 是否小于 10。如果比较结果为真，则程序将执行循环语句。实际上，C++并没有将条件表达式的值限制为只能为真或假。可以使用任意表达式，C++将把结果强制转换为 bool 类型。因此，值为 0 的表达式将被转换为 bool 值 false，导致循环结束。如果表达式的值为非零，则被强制转换为 bool 值 true，循环将继续进行。程序清单 3. 14 通过将表达式 i 用作末尾循环体来演示了这一特点。末尾循环体部分的

i--与 i++相似，只是每使用一次，i 值就减 1。

3.2.4.2 while 循环

while 循环是没有起始表达式和末尾循环体的 for 循环，它只有条件表达式和循环语句，具体语法如下：

```
while(条件表达式) {
    循环语句;
}
```

首先，程序计算圆括号内的条件表达式。如果该表达式为 true，则执行循环体中的语句。与 for 循环一样，循环语句也由一条语句或两个花括号定义的语句块组成。执行完循环语句后，程序返回条件表达式，对它进行重新计算。如果该条件为非零，则再次执行循环语句。执行将一直进行下去，直到条件表达式为 false 为止。和 for 循环一样，while 循环也是一种入口条件循环。因此，如果条件表达式一开始便为 false，则程序将不会执行循环体。

将程序清单 3.14 中 for 循环改成 while 循环，如程序清单 3.15 所示。

程序清单 3.15：

```
#include<iostream>
using namespace std;
int main() {
    int i=0;
    while(i < 10) {
        cout << i << endl;
        i++;
    }

    system("pause");
    return 0;
}
```

输出结果：

```
0
1
2
3
4
5
6
7
8
9
请按任意键继续……
```

while 的程序清单与 for 循环的程序清单相比，while 程序清单中将 i++放在了循环体内，将变量初始值放在了循环体外，但效果和 for 循环一样。

3.2.4.3 do while 循环

前面已经学习了 for 循环和 while 循环。第 3 种 C++循环是 do while，它不同于另外两种循环，因为它是出口条件循环。这意味着这种循环将首先执行循环语句，然后再判定条件表达式，决定是否应继续执行循环语句。如果条件表达式为 false，则循环终止；否则，进入新一轮的执行和循环。这样的循环通常至少执行一次，因为其程序流必须经过循环语句后才能到达条件表达式。下面是其句法格式：

```
do{
    循环语句
}
while(条件表达式);
```

循环语句是一条语句或用括号括起的语句块。通常，入口条件循环比出口条件循环好，因为入口条件循环在循环开始之前对条件进行检查。例如假设程序使用 do while 时，执行循环语句，然后才发现初始变量不符合条件表达式。但是有时 do while 测试更合理。例如，请求用户输入时，程序必须先获得输入，然后对它进行测试。

程序清单 3.16 演示了循环输出 0~9。

程序清单 3.16：

```
#include<iostream>
using namespace std;
int main() {
    int i=0;
    do {
        cout << i << endl;
        i++;
    } while(i < 10);

    system("pause");
    return 0;
}
```

输出结果：

```
0
1
2
3
4
5
6
7
```

8
9
请按任意键继续……

3.2.5　分支语句与逻辑运算

设计智能程序的一个关键是使程序具有决策能力。在上一节介绍了一种决策方式——循环，在循环中，程序决定是否继续循环。现在，来研究一下 C++是如何使用分支语句在可选择的操作中做出决定的。

3.2.5.1　if 语句

当 C++程序必须决定是否执行某个操作时，通常使用 if 语句来实现选择。if 有两种格式：if 和 if else。首先看一看简单的 if 语句。如果条件表达式为 true，则 if 语句将引导程序执行语句或语句块；如果条件表达式是 false，程序将会跳过这条语句或语句块。因此，if 语句让程序能够决定是否应执行特定的语句。if 语句的句法与 while 相似，if 语法格式如下：

```
if(条件表达式){
    语句;
}
```

如果条件表达式为 true，则程序将执行语句，后者既可以是一条语句，也可以是语句块。如果测试条件为 false，则程序将跳过语句。和循环条件表达式一样，if 的条件表达式也将被强制转换为 bool 值，因此 0 将被转换为 false，非零为 true。整个 if 语句被视为一条语句。通常情况下，条件表达式都是关系表达式，如那些用来控制循环的表达式。if 语句执行流程如图 3-6 所示。

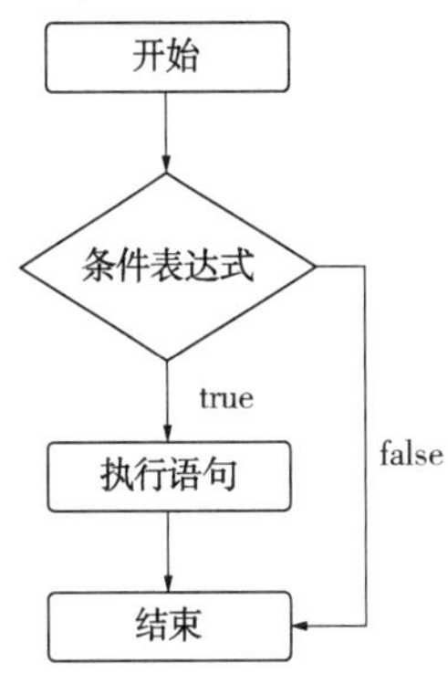

图 3-6　if 语句执行流程

if 语句具体实例如程序清单 3. 17 所示。

程序清单 3. 17：

```
#include<iostream>
using namespace std;
int main() {
    int age;

    cout <<"请输入年龄:";
    cin >> age;
    if(age < 60) {
        cout <<"年轻人"<< endl;
    }
    if(age >=60) {
        cout <<"老人"<< endl;
    }
```

```
    system("pause");
    return 0;
}
```

输出结果 1:
请输入年龄：55
年轻人
请按任意键继续……

输出结果 2:
请输入年龄：65
老人
请按任意键继续……

上述程序中，主要目的是判断输入的年龄是老人还是年轻人。程序中首先定义一个年龄变量 age，利用 cout <<"请输入年龄:"；来做年龄的提示语句。程序中 cin 为键盘输入函数，和 C 语言中的 scanf 相似。共有两个 if 语句，条件 1 为 age<60，如果输入的年龄变量小于 60，程序输出年轻人，如果年龄变量大于 60 则直行第二个 if 语句，条件 2 为 age>=60，如果输入的年龄变量大于或等于 60，程序输出老人。

3.2.5.2 if else 语句

if 语句让程序决定是否执行特定的语句或语句块，而 if else 语句则让程序决定执行两条语句或语句块中的哪一条，这种语句对于选择其中一种操作很有用。if else 语句的格式如下：

```
if(条件表达式)
{
    条件满足执行的语句
}
else{
    条件不满足执行的语句
}
```

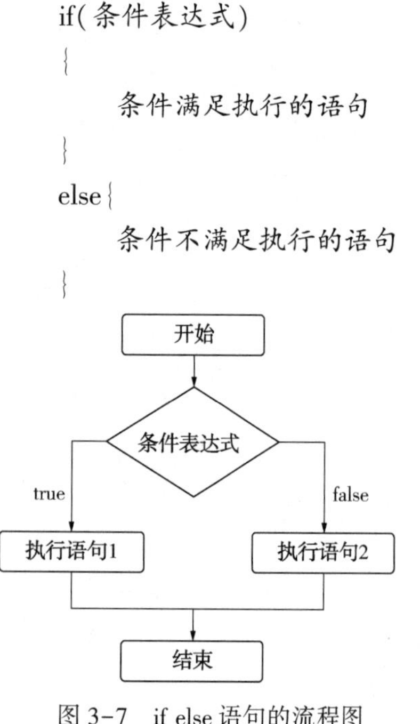

图 3-7 if else 语句的流程图

如果条件表达式为 true 或者非 0，则程序执行条件满足执行的语句。如果条件表达式为 false 或者 0，则程序执行条件不满足执行的语句。if else 语句的流程如图 3-7 所示。

我们将上述的程序清单 3.17 改写成 if else 语句，将 if (age >=60) 语句改成 else，见下列程序清单 3.18。

程序清单 3.18：

```
#include<iostream>
using namespace std;
int main() {
    int age;
```

```
    cout <<"请输入年龄:";
    cin >> age;
    if(age < 60) {
        cout <<"年轻人"<< endl;
    }
    else{
        cout <<"老人"<< endl;
    }

    system("pause");
    return 0;
}
```

输出结果 1:
请输入年龄: 55
年轻人
请按任意键继续……

输出结果 2:
请输入年龄: 65
老人
请按任意键继续……

3.2.5.3 switch 语句

如果遇到多条件语句，虽然可以利用 if 语句处理，但程序过于复杂臃肿，可以利用 switch 语句来解决多条件语句。switch 语句格式如下：

```
switch(表达式)
{
    case 结果 1: 执行语句; break;
    case 结果 2: 执行语句; break;
    ……
    default: 执行语句; break;
}
```

C++的 switch 语句就像指路牌，告诉计算机接下来应执行哪行代码。执行到 switch 语句时，程序将跳到使用表达式的值标记的那行。例如，如果表达式的值为 2，则程序将执行标签为 case2: 那行。顾名思义，表达式必须是一个结果为整数值的表达式。另外，每个标签都必须是整数常量表达式。最常见的标签是 int 或 char 常量(如'1'或'a')。如果表达式不与任何标签匹配，则程序将跳到标签为 default 的那一行。default 标签是可选的，如果被省略，而又没有匹配的标签，则程序将跳到 switch 后面的语句处执行。

switch 语句与 Pascal 等语言中类似的语句之间存在巨大的差别。C++中的 case 标签只是行标签，而不是选项之间的界线。也就是说程序跳到 switch 中特定代码行后，将依次执行之后的所有语句，除非有明确其他指示。程序不会在执行到下一个 case 处自动停止，要让程序执行完一组特定语句后停止，必须使用 break 语句。这将导致程序跳到 switch 后面的语句处执行。

程序清单 3.19 介绍了 switch 和 break 的使用，以给电影打分为例。

程序清单 3.19：

```
#include<iostream>
using namespace std;
int main() {
    int score=0;
    cout <<"请给电影打分"<< endl;
    cin >> score;

    switch(score)
    {
    case 10:
    case 9:
        cout <<"经典"<< endl;
        break;
    case 8:
        cout <<"非常好"<< endl;
        break;
    case 7:
    case 6:
        cout <<"一般"<< endl;
        break;
    default:
        cout <<"烂片"<< endl;
        break;
    }
    system("pause");
    return 0;
}
```

```
输出结果：
请给电影打分
10
经典
请按任意键继续……
请给电影打分
9
经典
请按任意键继续……
```

请给电影打分
8
非常好
请按任意键继续……
请给电影打分
7
一般
请按任意键继续……
请给电影打分
6
烂片
请按任意键继续……

上述程序中，主要目的是给电影评级。首先定义评分变量 score 为整数型，利用 cout <<"请给电影打分"<< endl；来做电影评分提示语句。程序中 cin 为键盘输入函数，输入 score 具体数值时，执行 score 数值与 case 相应的部分，例如 score 数值为 9，则执行 case 9：部分，遇到 break 后跳出 switch 语句，等待下次键盘输入 score 数值。

3.2.5.4　break 和 continue 语句

break 和 continue 语句都使程序能够跳过部分代码。可以在 switch 语句或任何循环中使用 break 语句，使程序跳到 switch 或循环后面的语句处执行。continue 语句用于循环中，让程序跳过循环体中余下的代码并开始新一轮循环。

break 语句跳出 switch 语句在上小节中已经讲述，本小节主要讲述 break 和 continue 语句在循环中的使用。程序清单 3.20 主要讲述了 break 在循环中的使用。

程序清单 3.20：

```
#include<iostream>
using namespace std;
int main() {
    for(int i=0; i < 10; i++)
    {
        if(i==5)
        {
            break;
        }
        cout << i << endl;
    }

    system("pause");
    return 0;
}
```

输出结果：
0

```
1
2
3
4
请按任意键继续……
```

程序主要是 for 循环输出 0~9，在 for 循环中的 if(i==5)中的 break 语句主要作用是在变量 i==5 时，跳出整个 for 循环，最终程序的输出结果是 0、1、2、3、4。

程序清单 3.21 主要讲述 continue 在循环中的使用。

程序清单 3.21：

```
#include<iostream>
using namespace std;
int main() {
    for(int i=0; i < 10; i++)
    {
        if(i % 2==0)
        {
            continue;
        }
        cout << i << endl;
    }

    system("pause");
    return 0;
}
```

输出结果：

```
1
3
5
7
9
请按任意键继续……
```

上述程序主要目的是利用 for 循环输出 0~10 之间的奇数，当变量 i 对 2 取余等于 2 时，利用 continue 跳出本次循环，否则循环输出 0~10 之间的奇数。

由上述两个程序清单可知，使用 break 跳出整个循环，而使用 continue 语句只是跳出本次循环。两者功能相似，但作用不同。

3.2.6 数组

数组(array)是一种数据格式，能够存储多个同类型的值。例如，数组可以存储 30 个或者更多个同等类型的值。每个值都存储在一个独立的数组元素中，计算机在内存中依次存储数组的各个元素。

数组分为一维数组、二维数组和多维数组，本节主要讲述一维数组的操作。

一维数组的定义格式有如下三种：

① 数据类型　数组名[数组长度]；′

② 数据类型　数组名[数组长度]＝{ 值 1，值 2……}；′

③ 数据类型　数组名[ ]＝{ 值 1，值 2……}；′

例如，使用一维数组来存储 0~4 五个数字，定义数组方式 1 如下：

int num[5]；

定义数组方式 2 如下：

int num[5]＝{0，1，2，3，4}；

定义数组方式 3 如下：

int num[ ]＝{0，1，2，3，4}；

上述一维数组的定义中，int 是数组的数据类型，数组中存储的数值一定保证符合数据类型的一致性。num 为数组的名称，给数组起名称的原则和变量的起名原则一样。[5]代表数组的长度，根据数组定义的需求来选择，{}中书写数组的数值。

三种一维数组的定义方式如程序清单 3.22 所示。

程序清单 3.22：

```
#include<iostream>
using namespace std;
int main() {
    //定义方式 1
    int score[3];
    score[0]=100;
    score[1]=99;
    score[2]=85;
    cout << score[0] << endl;
    cout << score[1] << endl;
    cout << score[2] << endl;

    //定义方式 2
    int score2[3]={ 100,90,80 };
for(int i=0; i <3; i++)
    {
        cout << score2[i] << endl;
    }

    //定义方式 3
    int score3[ ]={ 100,90,80 };
for(int i=0; i <3; i++)
    {
        cout << score3[i] << endl;
```

```
        }

        system("pause");
        return 0;
}
```

输出结果：
100
99
85
100
90
80
100
90
80
请按任意键继续……

上述程序清单中，三种数组的长度都为 3，数组的下标从 0 开始，利用 score[0]取出数组中的第一个数值，利用 score[2]取出数组的最后一个数值。在定义 1 中利用 score[ ]依次取出数组中的数值并打印出来。定义 2、3 中利用 for 打印数组中的数值。

二维数组就是在一维数组上，多加一个维度。二维数组的定义格式有四种方式：

① 数据类型　数组名[行数][列数]；
② 数据类型　数组名[行数][列数]={ {数据 1，数据 2 }，{数据 3，数据 4 } }；
③ 数据类型　数组名[行数][列数]={数据 1，数据 2，数据 3，数据 4}；
④ 数据类型　数组名[　][列数]={数据 1，数据 2，数据 3，数据 4}；

对二维数组的操作和一维数组相似，不做过多讲解。

3.2.7　函数

C++自带了一个包含函数的大型库，但真正的编程乐趣在于编写自己的函数。本节介绍如何定义函数、给函数传递信息以及从函数那里获得信息。如果读者熟悉 C 语言，将发现本节的很多内容是熟悉的。但是，不要因此而掉以轻心，产生错误认识。将一段经常使用的代码封装起来，减少重复代码。一个较大的程序，一般分为若干个程序块，每个模块实现特定的功能，这就是函数。

3.2.7.1　函数的定义

函数的定义一般主要有五个步骤：

① 返回值类型；
② 函数名；
③ 参数表列；
④ 函数体语句；
⑤ return 表达式。

函数定义的基本格式如下：

返回值类型 函数名(参数列表)

```
{
    函数体语句
        return 表达式
}
```

* 返回值类型：在函数定义中，一个函数可以返回一个值。
* 函数名：给函数起个名称。
* 参数列表：使用该函数时，传入的数据。
* 函数体语句：花括号内的代码，函数内需要执行的语句。
* return 表达式：和返回值类型挂钩，函数执行完后，返回相应的数据。

程序清单3.23定义一个加法函数，实现两个数相加。

程序清单3.23：

```
int add(int num1,int num2)
{
    int sum=num1 + num2;
    return sum;
}
```

上述函数中，int 为返回值类型，add 为函数名，int num1，int num2 为列表参数，int sum=num1 + num2；为函数体语句，return sum；为 return 表达式。

常见的函数样式有四种：

① 无参无返；
② 有参无返；
③ 无参有返；
④ 有参有返。

根据是否有返回值可以将函数分成两类：没有返回值的函数和有返回值的函数。没有返回值的函数被称为 void 函数，有返回值的函数被称为 int 函数。根据是否有参数列表可以将函数分成两类：没有参数的函数和有参数的函数。

无参无返函数是指函数没有参数列表和无返回值，具体格式如下：

```
void 函数名()
{
    函数体语句;
}
```

有参无返函数是指函数有参数列表和无返回值，具体格式如下：

```
void 函数名(参数列表)
{
    函数体语句;
}
```

无参有返函数是指函数无参数列表和有返回值，具体格式如下：

```
int 函数名()
{
函数体语句;
```

```
return 表达式;
}
```

有参有返函数是指函数有参数列表和有返回值，具体格式如下：

```
int 函数名(参数列表)
{
函数体语句;
return 表达式;
}
```

3.2.7.2 函数的声明和定义

main 就是一个函数，它是 C++程序的主函数。一个 C++程序可以由一个主函数和若干子函数组成。主函数是程序执行的开始点。由主函数调用子函数，子函数还可以再调用其他子函数。调用其他函数的函数称为主调函数。被其他函数调用的函数称为被调函数。一个函数很可能既调用别的函数又被其他函数调用。

函数调用的形式：函数名(参数)。

以程序两个数值相加调用函数为例如程序清单 3.24 所示。

程序清单 3.24:

```
//函数定义
int add(int num1,int num2)//定义中的 num1,num2 称为形式参数,简称形参
{
    int sum=num1 + num2;
    return sum;
}

int main() {
    int a=10;
    int b=10;
    //调用 add 函数
    int sum=add(a,b);//调用时的 a,b 称为实际参数,简称实参
    cout <<"sum="<< sum << endl;

    system("pause");
    return 0;
}
```

上述程序清单中，首先定义一个两个数值相加的函数 int add(int num1, int num2)，在主函数 main()中调用此函数。

变量在使用之前需要首先声明，类似地，函数在调用之前也需要声明。函数的定义就属于函数的声明，因此，在定义了一个函数之后，可以直接调用这个函数。但如果希望在定义一个函数之前调用它，则需要在调用函数之前添加该函数的函数原型声明。函数原型声明的形式如下：

类型说明符 函数名(含类型说明的形参表);

与变量的声明和定义类似，声明一个函数只是将函数的有关信息告诉编译器，此时并不产生任何代码；定义一个函数时除了同样要给出函数的有关信息外，还要写出函数的代码。

声明了函数原型之后，便可以按如下形式调用子函数：

函数名(实参列表)；

实参列表应该给出与函数原型形参个数相同、类型相符的实参，每个实参都是一个表达式。函数调用可以作为一条语句，这时函数可以没有返回值。函数调用也可以出现在表达式中，这时就必须有一个明确的返回值。函数的声明可以多次，但是函数的定义只能有一次。

将上述程序清单 3.24 进行函数声明如程序清单 3.25 所示。

程序清单 3.25：

```
int add(int num1,int num2);
int add(int num1,int num2)//定义中的 num1,num2 称为形式参数,简称形参
{
    int sum=num1 + num2;
    return sum;
}

int main() {
    int a=10;
    int b=10;
    //调用 add 函数
    int sum=add(a,b);//调用时的 a,b 称为实际参数,简称实参
    cout <<"sum="<< sum << endl;

    system("pause");
    return 0;
}
```

3.2.8 对象和类

3.2.8.1 程序设计的发展

我们知道程序的发展经过了大概三个阶段：面向机器的程序设计、面向过程(结构)程序设计、面向对象程序设计。其中面向机器的程序设计主要采用二进制指令或者汇编语言进行程序的编写。这种方式对计算机来说是很容易理解的，但是对程序设计人员来说是很痛苦的，一般没有经过特殊训练的人员很难读懂或者设计，因此进化出了面向过程的设计方式。

面向过程这种方式跟我们正常思考问题的方式比较接近，比如我们需要洗衣服，根据我们的操作步骤来进行设计程序：取出衣服->倒水放洗衣粉->开始搓->晾衣服等等的步骤，进而对每一个步骤编写函数进行模拟实现。我们使用的语言代表性的就是 C 语言。的确这种方式很大程度地方便了我们的程序编写，但是随着发展，我们需要描述越来越复杂的流程，工程也越来越庞大，当我们重新开始一个项目的时候往往需要从头开始编写代码，比如洗外套我们有一个程序，洗裤子也有一个程序，但是由于代码没有重用或者共享，导致我们

必须从头开始编写一个程序。如何才能加强代码的重用性、灵活性与扩展性呢?

新的问题的提出便引出了我们的面向对象程序设计(OOP),这是一种计算机编程架构,其中有一条基本的原则就是程序是由单个能够起到子程序作用的单元或者对象组合而成。这样为了整体运算,每个对象都能够接受信息、处理数据和向其他对象发送信息。每一个单元都可以运用到其他程序中。这样 OOP 达到了软件工程的三个主要目标:重用性、灵活性、扩展性。代表就是我们的 C++语言,当然 C++语言也是兼容面向过程的。

3.2.8.2 面向过程到面向对象

面向对象的设计方式是怎样实现我们的代码重用与扩展呢?我们知道在面向过程方式中,经常是这样做的:

① 对需要进行的功能设计对应的数据结构。

② 设计需要完成这种功能的算法。

这时候我们的程序结构是这样的:程序=算法+数据结构。所以当我们面对一个新问题时候往往需要重新设计对应的数据结构,重新设计完成这个功能的算法。这样代码重用性就比较低。

当采用面向对象方式去设计程序时候,我们经常是这样思考的:

① 这个整体对象有哪些子对象?

② 每一个子对象有什么属性和功能?

③ 这些子对象是怎样联系起来的?

这样我们的设计出来的代码是这样的:对象=算法+数据结构;程序=对象+对象+对象+……………。

因此当我们遇到新问题时,因为已经有各种已经完成子功能的对象,所以很方便地能够将代码进行重用。

面向对象中对象是基础,而类便是我们用来实现这些对象的,因此类是面向对象的基础。类描述了一组具有相同特性和相同行为的对象。

3.2.8.3 类的定义

在 C++程序中我们经常会将类的定义与其成员函数的定义分开,这样也是为了方便阅读与代码的编写。

① 类定义可以看成类的外部接口,一般写成 .h 文件。

② 类成员函数定义可以看成类的内部实现,一般写成 .cpp 文件。

在代码中我们一般是这样定义一个类的:

在头文件中定义:

```
class 类名
{
    public:
      成员函数或数据成员的声明;
    protected:
      成员函数或数据成员的声明;
    private:
      成员函数或数据成员的声明头文件;
};
```

在源文件中定义:

各成员函数的定义。

对于类的成员函数定义，我们一般使用如下格式:

```
返回值 类名::函数名(参数列表)
{
    函数体
}
```

这里需要说明的是，当函数前面没有类名::时候，编译器就会认为这是一个普通函数，因为我们并没有说明这个函数是哪一个类的，同时这样也就说明了这个函数的作用域，在类作用域里面，一个类的成员函数对同一类的数据成员具有无限制的访问权限。

对类的不同成员设置不同的访问权限就是进行类的封装，这样可以增强安全性和简化编程，使用者不必了解具体的实现细节，而只需要通过外部接口，以特定的访问权限来使用类的成员。

3.2.8.4 构造函数、析构函数

构造函数是类中一个比较重要的函数，主要用来创建和初始化对象，构造函数在对象创建时由系统自动调用。构造函数与类名相同，没有返回值，默认无参形式。构造函数一般形式如下:

```
class 类名
{
    public: 类名();
}
```

注意：构造函数默认是无参的，但是是可以重载的，也就是我们可以设定有参数的构造函数。

构造函数一般有三个功能:

① 分配空间，即在内存中分类该对象的使用空间。

② 构造结构，构造整个类的结构。

③ 初始化，即对类中的属性进行初始化。

与构造函数相反的就是我们的析构函数，析构函数主要完成对象删除前的一些清理工作，在对象生存周期结束时候系统自动调用，然后释放对象的空间。析构函数在类名前添加~，没有返回值，没有参数，与构造函数不同，析构函数不能重构。析构函数一般形式如下:

```
class 类名
{
    public ~类名();
}
```

更多具体的类和对象知识请参考专业 C++书籍。

3.3 Julia 语言编程基础

Julia 是一种由麻省理工学院开发的开源编程语言，专为科学计算和数据分析设计，它结合了动态语言的灵活性与静态语言的执行效率。Julia 通过类型推断和即时编译技术，实现了接近 C 语言的运行速度，同时支持多种编程范式，包括命令式、函数式和面向对象编

程。它拥有强大的标准库，易于扩展的类型系统，支持 Unicode，可以直接调用 C 语言库，并且具备类似 Lisp 的宏系统，使得元编程变得简单。Julia 的应用领域广泛，从数据科学到机器学习，再到精准医疗和增强现实等，它的生态系统不断扩展，包括无人驾驶汽车和机器人技术等。由 Jeff Bezanson、Stefan Karpinski、Viral Shah 和 Alan Edelman 等人于 2009 年启动研发，2012 年发布第一版，Julia 的目标是创建一种既简单又快速的语言，兼具 C 语言的性能和 Python 的易读性，以满足大规模数据处理和复杂计算的需求。

3.3.1 Julia 语言的优势

Julia 语言是一种与系统建模和数字孪生技术紧密融合的计算机语言，相比通用编程语言，Julia 为功能模型的表示和仿真提供了高级抽象；相比专用商业工具或文件格式，Julia 更具开放性和灵活性。Julia 语言的优势主要体现在以下几个方面。

3.3.1.1 先进的语言设计

在现代编程中，定义数据类型有两种主要方式。第一种是静态类型语言(如 C、C++和 Java)，需要在代码中显式声明变量类型，编译器在程序运行前即可确定类型；第二种是动态类型语言(如 Perl、Python 和 Ruby)，无需事先声明，解释器会在运行时推断变量的类型。虽然动态类型语言不要求显式定义变量类型，但变量在内部仍有确定的类型，可用来识别字符串、整数等。

Julia 兼具动态类型语言和静态类型语言的特性，更偏向动态类型，因为它能够在运行时推断数据类型。然而，Julia 拥有强大的类型系统，为变量指定类型可以显著提高代码执行效率。通过声明类型，Julia 可模拟静态类型系统的部分优势，例如提升代码性能，并支持基于参数类型的多重分派，这种功能与语言核心深度集成。

Julia 的设计吸收了多种语言的优点，例如从 LISP 借鉴语法宏，从面向对象语言引入多重分派机制，并结合运行时泛型优化了动态语言的数据类型处理。这些特性使 Julia 在灵活性和性能上达到了良好的平衡。

3.3.1.2 高性能与强大表现力的结合

Julia 能够将代码优化至高性能水平，同时避免了需要在高级建模语言和低级开发语言之间切换的复杂性。这意味着开发者可以在一个统一的环境中完成建模和性能优化，无需将性能关键部分迁移到其他语言中重新实现。

3.3.1.3 理想的数字物理系统构建语言

Julia 与系统建模和数字孪生技术紧密结合，提供了高级抽象，使得功能模型的表示和仿真更加高效。与专用的商业工具或封闭的文件格式相比，Julia 提供了更高的开放性和灵活性，使其成为构建数字物理系统的理想选择。

简而言之，Julia 通过其先进的语言设计、高性能与强大表现力的结合，以及在数字物理系统构建中的适用性，展现了其作为现代编程语言的独特优势。

3.3.2 Julia 的安装与运行

使用 Julia 语言编程可以通过多种方式安装 Julia 语言运行环境，无论是使用预编译的二进制程序，还是自定义源码编译，安装 Julia 都是一件很简单的事情。用户可以从该语言官方中文网站的下载页面 https://julialang.org/downloads/中下载安装包文件。在下载完成之后，按照提示单击鼠标即可完成安装。

在安装完成后，双击 Julia 三色图标的可执行文件或是从命令行中输入 Julia 并回车就可以启动了。如果在当前界面中出现图 3-8 所示内容，那么说明你已经安装成功并可以开始编写程序了。

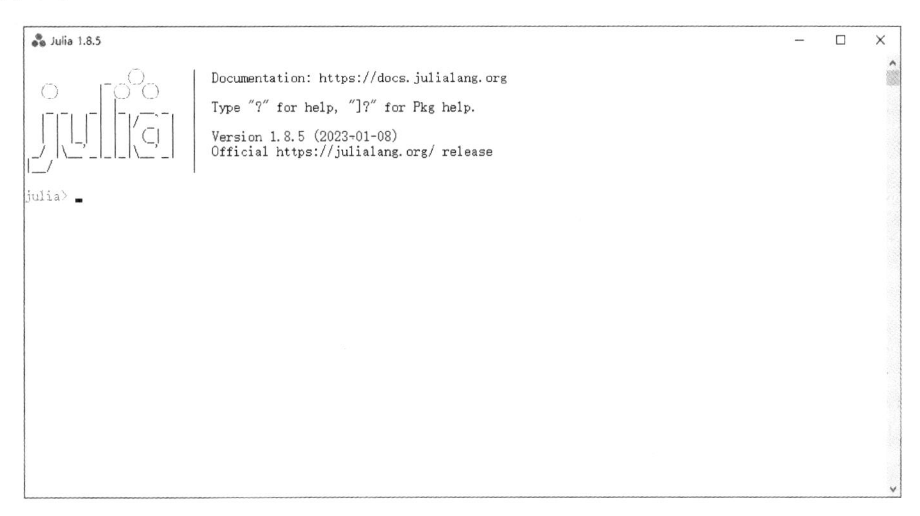

图 3-8　Julia 初始界面

在 Julia 的初始界面，实质上启动了一个交互式读取-求值-打印循环(Read-Eval-Print Loop，简称 REPL)环境。这允许用户与 Julia 的运行时系统进行即时的交互操作。例如，用户可以在该环境中输入算术表达式“1+2”，随后按下回车键，系统将立即执行该代码段，并将计算结果输出显示。如果输入的代码以分号(';')结束，则执行结果不会被打印显示。尽管如此，无论结果是否被打印，变量 ans 始终会保存最近一次代码执行的结果，这一点在图 3-9 中有展示。然而，值得注意的是，变量 ans 仅在交互式 REPL 环境中有效。

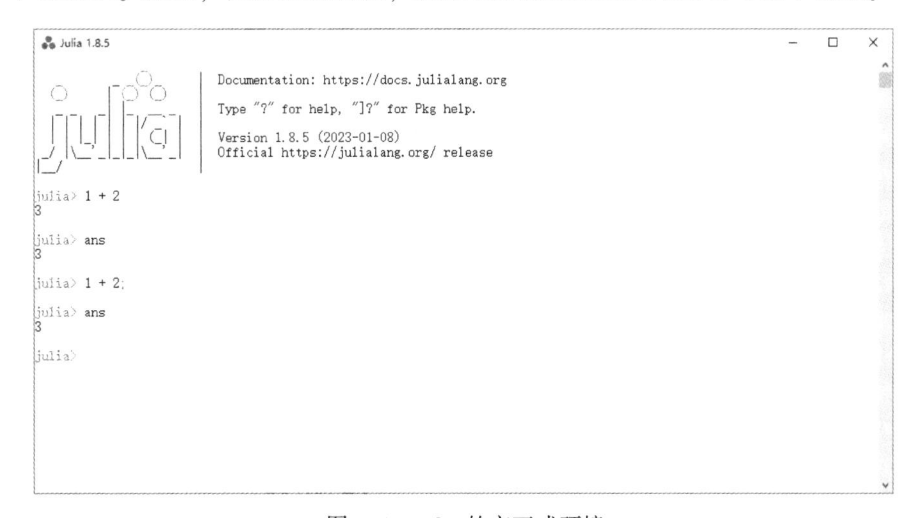

图 3-9　Julia 的交互式环境

除了在交互式环境中直接编写和执行简单程序之外，Julia 还支持脚本编程，允许用户编辑并执行存储在源文件中的代码。例如，如果用户将代码'a=1+2'保存在名为'file. jl'的源文件中，那么在交互式环境中，只需调用'include("file. jl")'命令即可执行该文件中的代码并获取结果，这在图 3-10 中有相应的展示。这种方法使得 Julia 在处理更复杂的程序时更加灵活和高效。

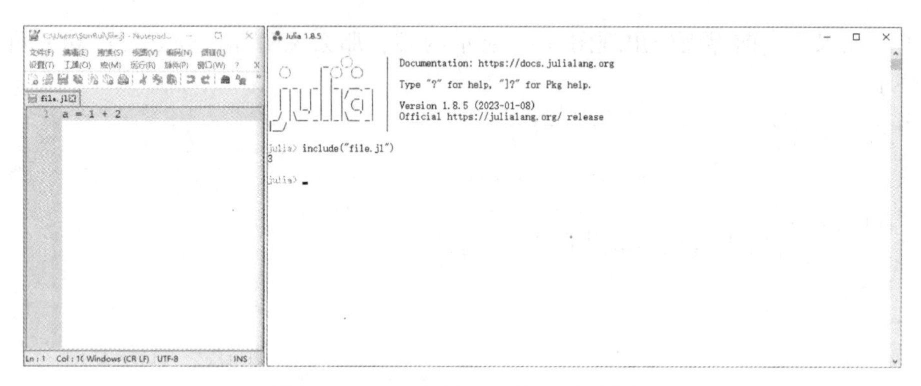

图 3-10　Julia 的脚本文件及调用方式

上述源码文件 file. jl 的文件名由两部分组成，中间用点号分割，一般第一部分称为主文件名，第二部分称为扩展文件名，而在 Julia 语言中 jl 是唯一的扩展文件名。了解基础知识后，就可以编写一个 Julia 程序以熟悉基本操作。

以下是第一个 Julia 程序 first. jl 的源代码：

```
# 第一个 Julia 程序 first. jl
# Author BIT. SAE
# Date 2023-02-16
println("Hellow World!")
println("Welcone to BIT. SAE")
```

first. jl 的运行结果如图 3-11 所示。

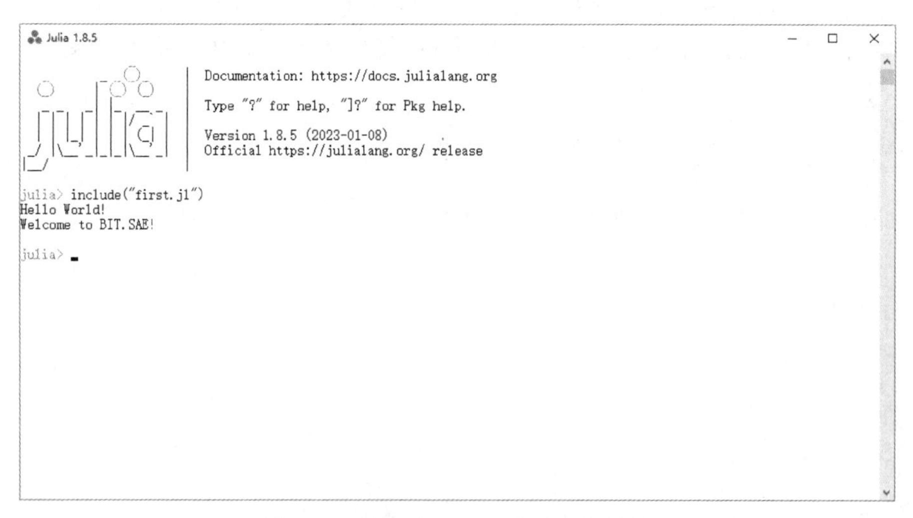

图 3-11　第一个 Julia 程序的运行结果

如果需要退出这个界面，按 Ctrl+D 组合键(即同时按 Ctrl 键和 D 键)或者在交互式环境中输入 exit()就可以了！

3.3.3　MWORKS 平台运行 Julia

MWORKS 平台中同样提供了 Julia 语言环境，本节以上一小节的 Julia 程序 first. jl 为例，对 MWORKS 环境下的运行 Julia 程序进行简单说明，如图 3-12 所示。关于 MWORKS 软件具体内容将在后续章节中有详细讲解，此处不做介绍。

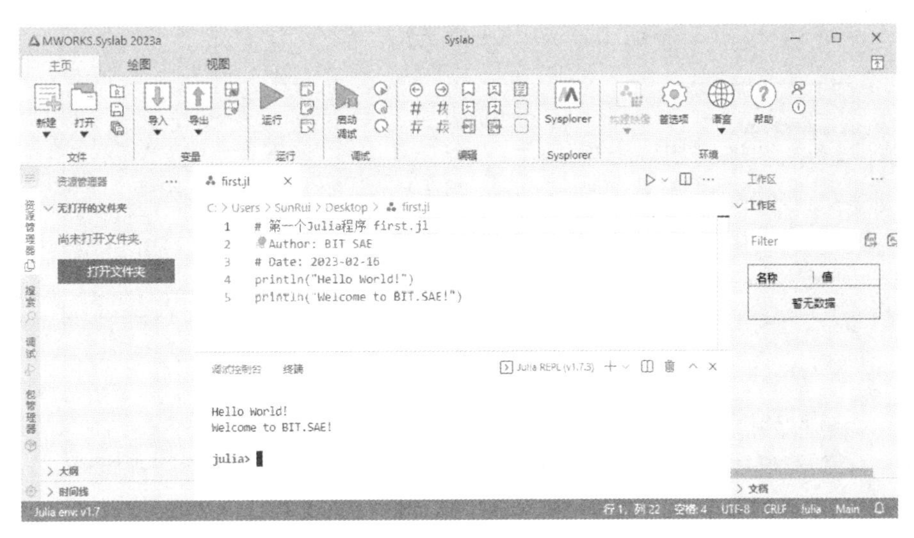

图 3-12 MWORKS 平台中运行 Julia

3.3.3.1 MWORKS. Syslab 功能简介

MWORKS. Syslab 是一个专为科学计算领域设计的 Julia 编程环境，它支持多种编程范式，实现了统一的编程体验。该环境与系统建模仿真工具 MWORKS. Sysplorer 紧密集成，形成了一个创新的科学计算和系统建模仿真的一体化平台。这一平台能够满足不同行业在设计、建模、仿真、分析和优化等多个方面的专业需求，为用户提供了一个强大的工具，以支持他们在科学研究和技术发展中的工作。通过这种集成，MWORKS. Syslab 和 MWORKS. Sysplorer 共同为科学计算和系统仿真提供了一个高效、灵活且功能丰富的解决方案。

3.3.3.2 交互式编程环境

MWORKS. Syslab 开发环境为用户提供了易于操作的 Syslab 函数库和一系列专业化的工具箱，这些工具中很多都配备了图形用户界面。它构成了一个综合的用户工作空间，支持用户进行数据的直接输入和输出。通过集成资源管理器、代码编辑器、命令行窗口、工作空间以及窗口管理器等工具，MWORKS. Syslab 提供了一个功能全面、强大的交互式编程、调试和运行环境，极大地提升了用户的工作效率。如图 3-13 所示，Syslab 的交互式编程环境为用户提供了直观的操作界面和便捷的开发体验。这种集成化的开发环境使得用户可以更加专注于创新和问题解决，而不是被繁琐的编程细节所困扰。

3.3.3.3 科学计算函数库

MWORKS. Syslab 是一个集成了大量计算算法的软件包，它提供了上千个高质量的科学和工程计算函数。这些函数覆盖了算术运算、线性代数、矩阵与数组操作、插值、数值积分与微分方程求解、傅里叶变换与滤波、符号计算、曲线拟合、信号处理以及通信等多个领域。用户可以直接调用这些高性能的函数，而无需从头编写代码，如图 3-14 所示的 Syslab 数学函数库。Syslab 的强大计算能力几乎可以应对大多数学科中的数学问题，为用户提供了极大的便利。通过这些现成的函数，用户可以快速构建和解决复杂的计算问题，极大地提高了开发效率和计算精度。

3.3.3.4 计算可视化图形

MWORKS. Syslab 提供了强大的图形处理和数据可视化功能，它能够将向量和矩阵等数据以图形的形式直观展示。用户可以对图形进行颜色、光照、纹理和透明性等多种属性的设

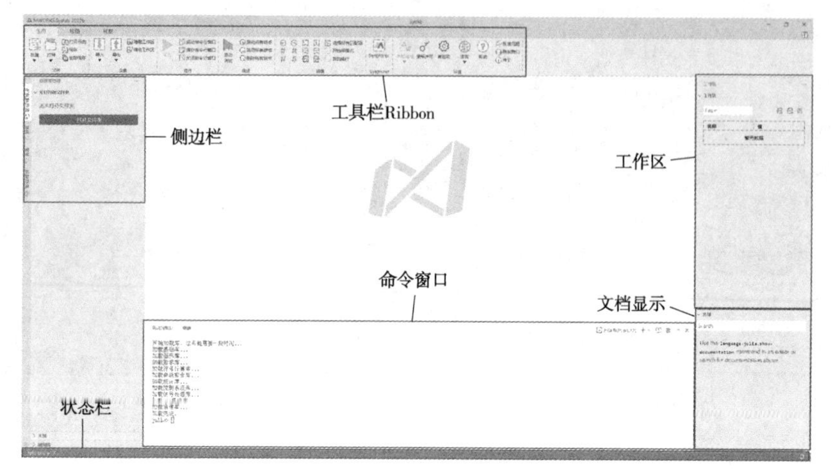

图 3-13　交互式编程环境

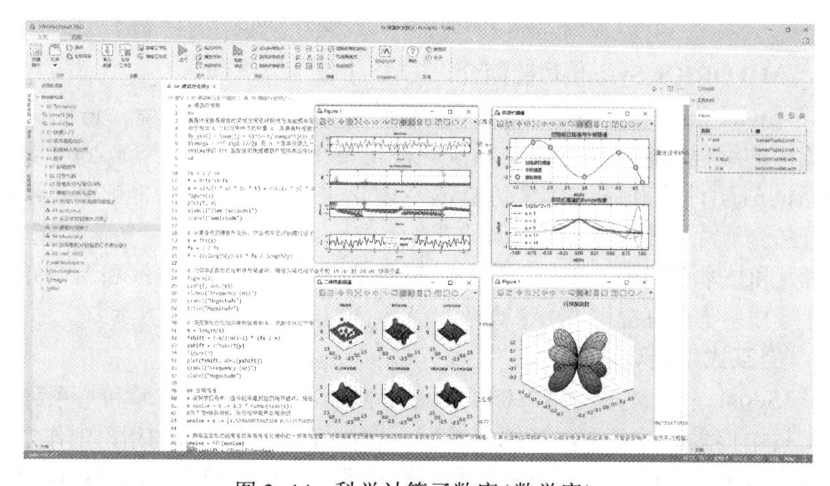

图 3-14　科学计算函数库(数学库)

置，以生成高质量的图形效果。通过 Syslab 的绘图功能，用户无需深入了解绘图的复杂细节，只需提供一些基本参数，就可以利用其内置的丰富二维和三维绘图函数快速生成所需的图形，如图 3-15 所示的 Syslab 可视化图形库。此外，Syslab 还支持数据可视化与图形界面的交互操作，用户可以直接在绘制的图形上使用各种工具进行数据分析，这进一步增强了 Syslab 在数据可视化方面的能力。这种直观、易用的可视化功能，使得用户可以更加专注于数据分析和结果解释，而不是绘图过程本身。

3.3.3.5　库开发与管理

MWORKS. Syslab 支持函数库的注册管理、依赖管理、安装卸载、版本切换，同时提供函数库开发规范，以支持用户自定义函数库的开发与测试，如图 3-16 所示。

3.3.4　编程基础

3.3.4.1　变量

(1) 变量赋值

与其他编程语言一样，Julia 也使用变量来存储从计算或外部源获得的值。在 Julia 语言中，变量赋值遵循动态类型语言的惯例，无需预先声明变量的数据类型，即可直接进行变量

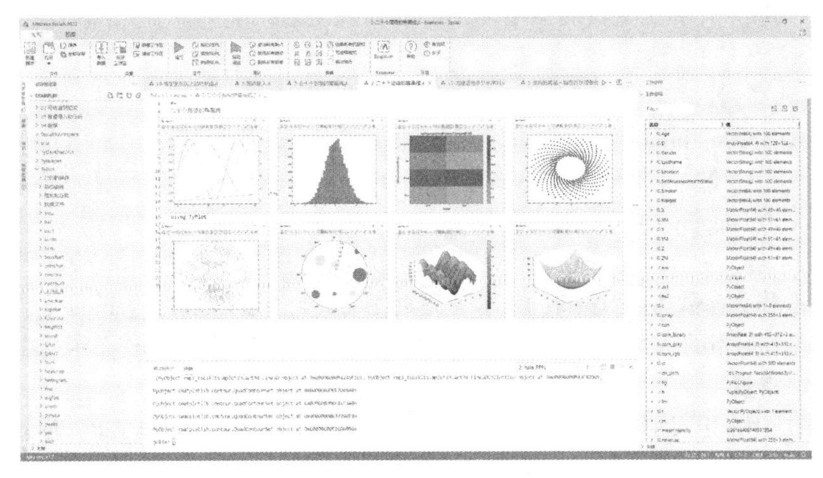

图 3-15 科学计算可视化(图形库)

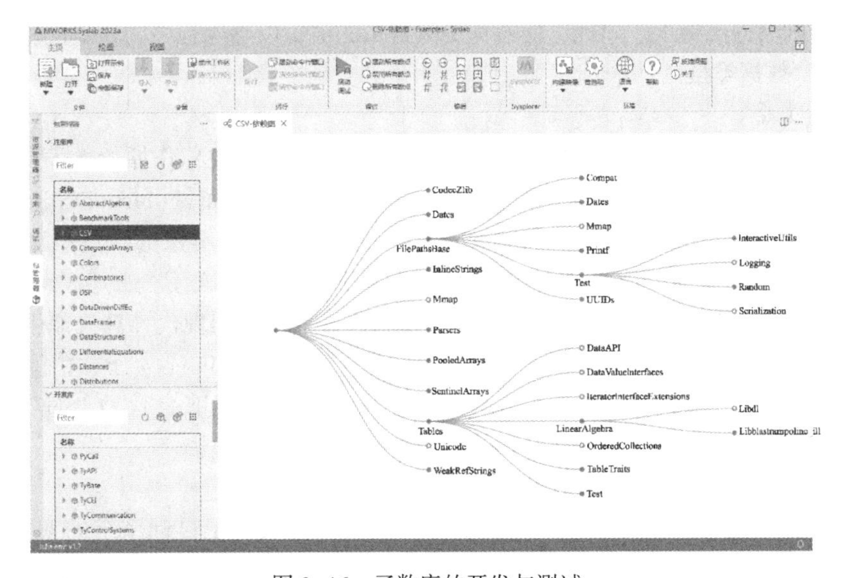

图 3-16 函数库的开发与测试

的创建和赋值操作。赋值的一般形式为 x=val，其中 x 代表变量名，而 val 代表被赋值的值。值得注意的是，Julia 不会在未明确声明的情况下自动创建变量；只有在显式赋值后，变量才会被定义。此外，通过输入变量名，可以查询并显示该变量当前存储的值。

(2) 变量命名

Julia 语言允许灵活的变量命名策略，其中变量名遵循英文大小写敏感规则，且不允许以数字开头。在命名变量和函数时，推荐使用下划线分隔，而类和模块的命名则建议采用首字母大写的驼峰式。修改或写入任何参数的函数以“!”符号结尾。Julia 还支持通过 LaTeX 语法输入 Unicode 字符。尽管 Julia 支持中文字符作为变量名，但出于编码和兼容性考虑，并不推荐这样做。同时，应避免将 Julia 的保留关键字用作变量名。在定义多个变量时，可以使用平行赋值的方式。

Julia 是一种强类型语言，因此有必要对变量的类型进行定义。如果没有明确定义变量的类型，那么 Julia 将尝试通过分配给变量的值来进行推断。当然，我们也可以使用 Julia 提供的 typeof( ) 函数来计算出变量的类型。

```
julia> typeof(_ab)
Int 64
julia> langname = "Julia"
"Julia"
julia> typeof(langname)
String
```

代码将_ab 作为参数传入 typeof( )中，它返回了 Int64，也就是说，_ab 的类型是 Int64。这里的 Int64 和 String 指的是类型。Int 有不同的大小，通常其默认值与操作系统的字长有关。

3.3.4.2 常量

常量声明是用来定义那些值不改变的变量，其基本格式是'const x = val'。尽管给常量赋予新的值不会影响它原有的值，但这种做法并不推荐，因为它可能导致程序中出现难以预测的问题。如果尝试给常量赋予与原值相同类型的新值，程序可能会发出警告；而如果新值的类型与原值不一致，则会抛出错误。因此，应避免更改常量的值，以确保程序的稳定性和可预测性。

3.3.4.3 数据类型

（1）数值类型

整数和浮点值是算术和计算的基础。这些数值的内置表示被称作原始数值类型(numeric primitive)，且整数和浮点数在代码中作为立即数时称作数值字面量(numeric literal)。例如，1 是个整型字面量，1.0 是个浮点型字面量，它们在内存中作为对象的二进制表示就是原始数值类型。Julia 提供了很丰富的原始数值类型，并基于它们定义了一整套算术操作，还提供按位运算符以及一些标准数学函数。这些函数能够直接映射到现代计算机原生支持的数值类型及运算上，因此 Julia 可以充分地利用运算资源。此外，Julia 还为任意精度算术提供了软件支持，对于无法使用原生硬件表示的数值类型，Julia 也能够高效地处理其数值运算。当然，这需要相对的牺牲一些性能。以下是 Julia 的原始数值类型：

（2）整数类型

在编程中，整数字面量以标准形式表示，其默认类型取决于目标系统的架构，即 32 位或 64 位。在 Julia 语言中，内置变量'Sys. WORD_SIZE'可以显示目标系统是 32 位还是 64 位架构。Julia 还定义了'Int'和'UInt'类型，它们分别代表系统有符号和无符号的原生整数类型的别名。对于超过 32 位表示范围的大整数，如果能够在 64 位系统中表示，那么无论目标系统是什么，都会使用 64 位来表示这些整数。无符号整数可以通过'0x'前缀和十六进制数'0-9a-f'来输入和输出，输入时也可以使用大写的'A-F'。无符号值的位数取决于使用的十六进制数字的数量。我们可以使用'typeof'函数来获取变量的数据类型，例如，'ans'变量存储了交互式会话中上一个表达式的运算结果，因此可以通过'typeof(ans)'来获取上一个运算结果的数据类型。对于整型等原始数值类型的最小和最大可表示的值，可以通过'typemin'和'typemax'函数获得，这两个函数返回的值的类型与所给参数的类型相同。整数类型见表 3-5。

表 3-5 整数类型

类型	是否带符号	比特数	最小值	最大值
Int8	√	8	-2^7	2^7-1
UInt8		8	0	2^8-1

续表

类型	是否带符号	比特数	最小值	最大值
Int16	√	16	-2^15	2^15-1
UInt16		16	0	2^16-1
Int32	√	32	-2^31	2^31-1
UInt32		32	0	2^32-1
Int64	√	64	-2^63	2^63-1
UInt64		64	0	2^64-1
Int128	√	128	-2^127	2^127-1
UInt128		128	0	2^128-1
Bool	N/A	8	false(0)	true(1)

(3) 浮点类型

在 Julia 语言中，浮点数字面量的表示遵循标准格式，并且可以在必要时使用科学记数法，即 E-表示法来表示非常大或非常小的数值。为了得到单精度浮点数(Float32)，可以在数字后面添加后缀'f'或'F'。例如,'1.0f0'表示的是单精度浮点数。浮点类型见表 3-6。

表 3-6 浮点类型

类型	精度	比特数
Float16	半(half)	16
Float32	单(single)	32
Float64	双(double)	64

Julia 支持十六进制浮点数字面量，但这种表示方法仅限于 Float64 类型的数值。十六进制浮点数使用'0x'前缀，随后是十六进制数，再以'p'为前缀，加上以 2 为底的指数。例如，'0x1.0p0'表示的是浮点数 1.0。此外，Julia 支持半精度浮点数(Float16)，但它们是通过 Float32 类型模拟实现的。这意味着虽然可以表示半精度浮点数，但其底层存储和计算使用的仍是单精度浮点数的格式。Julia 还允许使用下划线'_'作为数字分隔符，以提高数字的可读性。例如,'1_000.0'等同于'1000.0'。在浮点数中，存在正零和负零两个零值。尽管它们在数值上相等，但它们的二进制表示是不同的。可以通过'bitstring'函数来查看它们的二进制表示。

Julia 还定义了三种特殊的浮点数值，它们不对应实数轴上的任何点。这些特殊的浮点数值包括正无穷大、负无穷大和非数值(NaN)，三种特征的浮点数值见表 3-7。

表 3-7 三种特征的浮点数值

Float16	Float32	Float64	名称	描述
Inf16	Inf32	Inf	正无穷	一个大于所有有限浮点数的数
-Inf16	-Inf32	-Inf	负无穷	一个小于所有有限浮点数的数
NaN16	NaN32	NaN	不是数	一个不和任何浮点数(包括自己)相等的值

(4) 复数与分数

Julia 语言包含了预定义的复数和有理数类型，并且支持它们的各种标准数学运算和初等函数。由于也定义了复数与分数的类型转换与类型提升，因此对预定义数值类型(无论是原始的还是复合的)的任意组合进行的操作都会表现得如预期的一样。

在数学中，复数是实数和虚数的组合，通常表示为 $a+bi$ 的形式，其中 a 是实部，b 是虚部，而 i 是虚数单位，满足 $i^2=-1$。

在 Julia 语言中，复数的表示遵循类似的一般形式，即 $a+b$□im，其中 a 和 b 分别代表复数的实部和虚部，而 im 是 Julia 中用于表示虚数单位的全局常量。构建复数可以通过两种方法实现。第一种方法是直接使用 im 来构建，例如 1+2im 表示实部为 1，虚部为 2 的复数。第二种方法是通过 complex 函数来构建复数，该函数接受两个参数，分别代表实部和虚部。但当使用 $a+b$im 形式构建复数时，如果 b 是一个变量名而非数值，则会导致错误。此外，复数运算的结果始终为复数类型。在进行复数运算时，系数的优先级高于除法，因此 3/4im 等于 3/(4□im)，也等于-(3/4□im)。

```
julia>1+2im
1+2im

julia>a=1;b=2;complex(a,b)
1+2im
```

复数的初等函数使用见表 3-8。

表 3-8 复数的初等函数使用

关键字	描述	关键字	描述
real	取实部	angle	求以弧度为单位的相位角
imag	取虚部	sqrt	开根号
conj	求复共扼	cos	求余弦
abs	求绝对值	exp	指数运算
abs2	求取平方后的绝对值	sinh	双曲正弦函数运算

在 Julia 中，分数是通过使用双斜杠运算符“//”构建的，它用于表示整数之间的精确比值，从而创建分数类型。这种表示法的一般形式为 $a//b$，其中 a 是分子，b 是分母，且两者都必须是整型数值。Julia 会自动将分数标准化，即如果分子和分母有公因子，它们会被约简到最简形式，且确保分母为非负数。标准化后的分数的分子和分母可以通过 numerator 和 denominator 函数分别获取。

在进行分数运算时，“//”运算符具有高于其他运算符(除了虚数单位“im”)的优先级。使用 float()函数可以将分数转换为相应的浮点数类型，并且这种转换是精确的。在分子和分母都不为零的情况下，任意整数值 a 和 b 从分数到浮点数的转换遵循数值一致性原则。Julia 允许构建表示无穷大的分数值，但不接受构建非数值(NaN)的分数。

(5) 字符和字符串

Char 类型的值代表单个字符，一般用单引号来定义一个字符变量。它只是带有特殊文本表示法和适当算术行为的 32 位原始类型，不能转化为代表 Unicode 代码的数值。可以使用 Int 函数将 Char 转换为其对应的整数值，即 Unicode 代码；同时也可以使用 Char 函数将一个整数转换回 Char，但并非所有的整数值都是有效的 Unicode 代码，不过为了性能，Char 的转化不会检查每个值是否有效。如果你想检查每个转换的值是否为有效值，请使用 isvalid 函数：

字符串字面量由双引号或三重双引号分隔，许多的 Julia 对象包括字符串都可以用整数进行索引。第一个元素的索引由 firstindex(str)返回，最后一个由 lastindex(str)返回。关键字 begin 和 end 可以在索引操作中使用，它们分别表示给定维度上的第一个和最后一个索引。字符串索引就像 Julia 中的大多数索引一样，是从 1 开始的：对于任何 AbstractString firstindex 总是返回 1。也可以用范围索引来提取子字符串，注意到 str[*k*]和 str[*k*：*k*]输出的结果不一样：前者是 Char 类型的单个字符值，后者是碰巧只有单个字符的字符串值。在 Julia 里面两者大不相同。范围索引复制了原字符串的选定部分。此外，也可以用 SubString 类型创建字符串的 view，但是 Char 不等于 String。

- firstindex(str)给出可用来索引到 str 的最小(字节)索引(对字符串来说这总是 1，对于别的容器来说却不一定如此)。
- lastindex(str)给出可用来索引到 str 的最大(字节)索引。
- length(str)，str 中的字符个数。
- length(str，i，j)，str 中从 i 到 j 的有效字符索引个数。
- ncodeunits(str)，字符串中代码单元(码元)的数目。
- codeunit(str，i)给出在字符串 str 中索引为 i 的代码单元值。
- thisind(str，i)，给定一个字符串的任意索引，查找索引点所在的首个索引。
- nextind(str，i，n=1)查找在索引 i 之后第 n 个字符的开头。
- prevind(str，i，n=1)查找在索引 i 之前第 n 个字符的开始。

(6) 数组和矩阵

数组是对象的可索引集合，例如整数、浮点数和布尔值，它们被存储在多维网格中。Julia 中的数组可以包含任意类型的值。在 Julia 中本身就存在数组这个概念。

在大多数编程语言中，数组的下标都是从 0 开始的。但是在 Julia 中，数组的下标是从 1 开始的。

如下代码简单测试了数组的定义和访问。

```
julia>simple_array=[100,200,300,400,500] # 创建一个数组
5-element Array{Int64,1}:
100
200
300
400
500
julia>simple_array[2] # 访问数组
200
julia>simple_array[2:4]
3-element Array{Int64,1}:
200
300
400
```

可以通过代码第一行的形式创建一个数组。第一行代码创建了一个名为 simple_array 的

数组，该数组包含 5 个数。创建完成之后，REPL 会立即在屏幕上打印出这个数组的内部数据。使用下标来访问数组中的数据，这和其他编程语言相似。唯一不同的是 Julia 的数组下标是从 1 开始的。代码第八行行访问了数组中的第二个数据 200，可以输入 simple_array[2]，结果为 200。同样，可以输出数组中的一段数据，例如代码十行中使用“:”来说明输出哪些数据，simple_array[2：4]表示获取数组下标为 2、3 和 4 的值。

如下代码展示了如何通过随机数随机创建一个数组。

```
julia>rand_array=rand(1:1000,6)   #创建一个数组,数组内包含 1 到 100 的 6 个随机数
6-element Array{Int64,1}:
813
117
261
478
319
787
```

代码第一行使用 rand 函数创建了一个数组，该函数接收两个值，其中第一个值是范围，用“:”表示；第二个值是一个数。本例创建了一个具有 6 个元素的数组。

如下代码创建了一个具有不同类型元素的数组，但是一些元素会自动提升它的类型。

```
#数组中的元素类型是不同的
julia>another_simple_array=[100,250.20,500,672.42]
4-element Array{Float64,1}:
100.0
250.0
300.0
672.42
```

在这段代码中，使用 Float 和 Int 数数据来创建一个数组。在 Julia 中创建的数组会有具体类型，比如上例中的数组为 Float 类型。一般来说，Julia 会尝试使用 promote()函数来提升类型。如果不能提升，数组将会变成 Any 类型。

在 Julia 中，矩阵可以通过空格分隔元素、分号；分隔行来定义，例如 X=[1 1 2；3 5 8；13 21 34]创建了一个 3×3 矩阵。矩阵的形状可以使用 reshape()调整，如将 3×2 矩阵 A=[2 4；8 16；32 64]重塑为 2×3。通过 transpose()可对矩阵进行转置。矩阵加法要求维度匹配，例如 transpose(A)+B(2×3 矩阵)，而矩阵乘法需要满足线性代数的维度规则，否则会报错，如 transpose(A) * transpose(B)结果为 2×2 矩阵。Julia 还支持逐元素运算，通过在操作符前加“.”实现，例如 A. * B 表示逐元素相乘，A. ==B 返回布尔值矩阵，比较对应元素是否相等。Julia 提供了灵活的矩阵操作功能，适用于各种场景。

Julia 也能够方便的使用多维数组，例如，multiA=rand(3，3，3)创建了一个 3×3×3 的多维数组。多维数组的元素可以通过下标访问，例如 multiA[1，3，2]返回对应位置的值。通过 reshape()函数，可以将多维数组调整为二维形式，例如将 multiA 转为 9×3 的二维数组。此外，Julia 支持稀疏矩阵，用于高效存储和操作含有大量零值的矩阵。通过 spzeros()

可以创建一个稀疏矩阵，例如 sm=spzeros(5，5)创建了一个 5×5 的稀疏矩阵，初始时所有元素为零，随后可以为其赋值，如 sm[1，1]=10。

(7) 元组、字典与集合

在 Julia 语言中，元组(Tuple)是一种类似于数组的有序元素集合，它可以容纳任意类型的值，但与数组不同的是，元组的元素是不可变的。元组通过圆括号和逗号来构造，例如 (x, y)，其中 x 和 y 可以是任何类型的数据。元组在函数参数传递中非常有用，可以将多个值打包成一个元组传递给函数。函数调用时，可以使用圆括号和逗号来传递元组作为参数，例如 $f(x, y)$，其中 x 和 y 是元组中的元素。

```
julia>function f(a,b)   #定义函数
          a
      end
f(generic function with 1 method)


julia>y1=f(1,2)
1


julia>function f(;a,b)   #定义函数
          a
      end
f(generic function with 2 methods)


julia>input 1=(a=10,b=8)
(a=10,b=8)


julia>y2=f(;input1…)   #按照参数名传参,当使用键值对是用…
10
```

在 Julia 语言中，字典(Dict)是一种映射类型的容器，它存储键值对(key-value pairs)，其中键和值可以是任何类型，且键必须是唯一的。字典的元素是无序的，与数组不同，字典的索引可以是任何类型。字典的一般形式是 Dict(key1 => value1, key2 => value2, …)，其中 key 不一定非得是字符串。此外，数组可以通过 Dict 函数转换成字典。

```
julia>dic=Dict("aa" => 1,2 => 3,(2,5)=>6)
Dict{Any,Int64} with 3 entries:
2        =>  3
(2,5)    =>  6
"aa"     =>  1
```

集合(Set)包含同类型的、互不相等的元素，即集合中的元素是唯一的，且元素的顺序是无序的。可以使用 in 操作符来判断某个元素是否存在于集合中。issubset()函数用于判断一个集合是否是另一个集合的子集，或者一个元素是否属于某个集合。intersect()函数用于计算两个集合的交集，setdiff()函数用于计算两个集合的差集，而 union()函数则用于计算

两个集合的并集。这些操作提供了对集合进行基本数学运算的手段。

Julia 除了支持所有的基本数据类型，还支持抽象类型、复合类型、位类型和多元组类型等。复合类型也被称为记录、结构或对象。复合类型是变量名域的集合，它是 Julia 中最常用的自定义类型。位类型是具体类型，它的数据由位构成，整数和浮点数都是位类型。抽象类型不能被实例化，它组织了类型等级关系，方便用户编程。如编程时可针对任意整数类型，而无须指明是哪种具体的整数类型。

3.3.4.4 运算符

Julia 为它所有的基础数值类型，提供了整套的基础算术和位运算，也提供了一套高效、可移植的标准数学函数。

(1) 算术运算符

如表 3-9 所示的算术运算符支持所有的原始数值类型。

表 3-9 算术运算符

表达式	名称	描述
+x	一元加法运算符	全等操作
-x	一元减法运算符	将值变为其相反数
x + y	二元加法运算符	执行加法
x - y	二元减法运算符	执行减法
x * y	乘法运算符	执行乘法
x / y	除法运算符	执行除法
x ÷ y	整除	取 x / y 的整数部分(\div)
x \ \ y	反向除法	等价于 y / x
x ^ y	幂操作符	x 的 y 次幂
x % y	取余	等价于 rem(x, y)
! x	否定	将 true 和 false 互换

除了优先级比二元操作符高以外，直接放在标识符或括号前的数字，如 2x 或 2(x+y)还会被视为乘法。下面是一些算数运算的示例：

```
julia>a=10;b=20;a+b
30
```

代码定义了两个变量 a 和 b，它们的值分别为 10 和 20，然后进行 a+b 运算，结果为 30。

如下代码使用一元运算符来反转数字。

```
julia>-4
-4
  julia>-(-4)
4
```

有一个特殊的操作成员“!”，它可以与布尔类型(Bool)一起使用，用于执行否定操作。

```
julia>! (4>2)
false
```

在代码中，4>2 的结果为 true，通过“!”运算符将输出 false。

(2) 位运算符

如表 3-10 所示为一些不常用的运算符，用于执行按位运算。

表 3-10　不常用的运算符

表达式	名称	表达式	名称
~x	按位取反	x ● y	非或(nor)
x & y	按位与	x >>> y	逻辑右移
x ǀ y	按位或	x >> y	算术右移
x ⊻ y	按位异或(\xor)	x << y	逻辑/算术左移
x ● y	非与(\nand)		

二元运算和位运算的复合赋值操作符如表 3-11 所示。

表 3-11　复合赋值操作符

类型	列表		
复合赋值运算符	+=	-=	*=
	/=	\=	÷=
	%=	^=	&=
	ǀ=	⊻=	>>>=
	>>=	<<=	

复合赋值后会把变量重新绑定到左操作数上，所以变量的类型可能会改变。

```
julia>x=0x01;typeof(x)
UInt8

Julia>x*=2    #与 x=x*2 相同
2

julia>typeof(x)
Int64
```

(3) 向量化 dot 运算符

Julia 中，每个二元运算符都有一个 dot 运算符与之对应，例如^就有对应的 .^存在。这个对应的 .^被 Julia 自动地定义为逐元素地执行^运算。比如[1, 2, 3]^3 是非法的，因为数学上没有给(长宽不一样的)数组的立方下过定义。但是[1, 2, 3].^3 在 Julia 里是合法的，它会逐元素地执行^运算(或称向量化运算)，得到[1^3, 2^3, 3^3]。类似地，! 或√这样的一元运算符，也都有一个对应的 .√用于执行逐元素运算。

具体来说，a.^b 被解析为 dot 调用(^).(a, b)，这会执行 broadcast 操作：该操作能结合数组和标量、相同大小的数组(元素之间的运算)、甚至不同形状的数组(例如行、列向量结合生成矩阵)。更进一步，就像所有向量化的 dot 调用一样，这些 dot 运算符是融合的(fused)。例如，在计算表达式 2. * A. ^2. +sin. (A)时，Julia 只对 A 进行做一次循环，遍历 A 中的每个元素 a 并计算 2a^2+sin(a)。上述表达式也可以用@. 宏简写为@. 2A^2+sin(A)。

特别的，类似 f. (g. (x)) 的嵌套 dot 调用也是融合的，并且“相邻的”二元运算符表达式 x. +3. * x. ^2 可以等价转换为嵌套 dot 调用：(+). (x, (*). (3, (^). (x, 2)))。

除了 dot 运算符，我们还有 dot 复合赋值运算符，类似 a. +=b(或者@ . a+=b)会被解析成 a. =a. +b，这里的 . =是一个融合的 in-place 运算，更多信息请查看 dot 文档)。这个点语法，也能用在用户自定义的运算符上。例如，通过定义⊗(A, B)= kron(A, B)可以为 Kronecker 积(kron)提供一个方便的中缀语法 A⊗B，那么配合点语法[A, B]. ⊗[C, D]就等价于[A⊗C, B⊗D]。

(4) 比较运算符

如表 3-12 所示为比较运算符。

表 3-12　比较运算符

操作符	名称	操作符	名称
==	相等	<=, ≤	小于等于
! =, ≠	不等	>	大于
<	小于	>=, ≥	大于等于

整数的比较方式是标准的按位比较，而浮点数的比较方式则遵循 IEEE 754 标准。

- 有限数的大小顺序，和我们所熟知的相同。
- +0 等于但不大于-0。
- Inf 等于自身，并且大于除了 NaN 外的所有数。
- -Inf 等于自身，并且小于除了 NaN 外的所有数。
- NaN 不等于、不小于且不大于任何数值，包括它自己。

常用函数如表 3-13 所示。

表 3-13　常用函数

函数	测试是否满足如下性质	函数	测试是否满足如下性质
isequal(x, y)	x 与 y 是完全相同的	isinf(x)	x 是(正/负)无穷大
isfinite(x)	x 是有限大的数字	isnan(x)	x 是 NaN

但在 isequal 函数中认为 NaN 之间是相等的；isequal 也能用来区分带符号的零。

此外，对复数和有理数的完整支持是在这些原始数据类型之上建立起来的。多亏了 Julia 有一个很灵活的、用户可扩展的类型提升系统，所有的数值类型都无需显式转换就可以很自然地相互进行运算。

3.4　本章小结

本章主要讲述了 C++的相关知识，简单阐述了 C++语言的结构以及语法。由于对 ROS 系统进行项目开发时绝大多数文件由 C++语言开发，希望读者能够认真参考以及学习，ROS 文件的编写格式与传统的 C++项目的编写格式不同，具体细节请参考其他章节以及实验操作书籍等。

第四章　ROS 常用组件

在 ROS 中内置一些比较实用的工具，通过这些工具可以方便快捷地实现某个功能或调试程序，从而提高开发效率，本章主要介绍 ROS 中内置的如下组件和 Julia 中几个与 SLAM 相关的工具箱：

① TF 坐标变换实现不同类型的坐标系之间的转换。

② launch 启动一个文件同时启动节点管理器(master)和多个节点的途径。

③ rosbag 实现话题数据的录制和读取，方便后期调用。

④ rqt 工具箱集成了多款图形化的调试工具。

⑤ rviz 三维可视化平台，实现对外部信息的图形化显示，从而实现对机器人的监测与控制。

⑥ gazebo 创建仿真环境并实现带有物理属性的机器人仿真。

⑦ RobotOS.jl 工具箱使 Julia 代码能够与 ROS 系统进行交互。

⑧ Caesar.jl 多模态/非高斯工具包。

⑨ SLAM.jl 单目和双目视觉 SLAM 算法库。

4.1　TF 坐标转换

机器人系统上，有多个传感器，如激光雷达、摄像头等，有的传感器是可以感知机器人周边的物体方位(或者称之为：坐标，横向、纵向、高度的距离信息)的，以协助机器人定位障碍物，可以直接将物体相对该传感器的方位信息，等价于物体相对于机器人系统或机器人其他组件的方位信息吗？显示是不行的，这中间需要一个转换过程。更具体描述如下：

场景 1：雷达与小车

现有一移动式机器人底盘，在底盘上安装了一雷达，雷达相对于底盘的偏移量已知，现雷达检测到一障碍物信息，获取到坐标分别为(x，y，z)，该坐标是以雷达为参考系的，如何将这个坐标转换成以小车为参考系的坐标呢？

场景 2：机械臂夹取物体

现有一带机械臂的机器人(比如：PR2)需要夹取目标物，当前机器人头部摄像头可以探测到目标物的坐标(x，y，z)，不过该坐标是以摄像头为参考系的，而实际操作目标物的是机械臂的夹具，当前我们需要将该坐标转换成相对于机械臂夹具的坐标，这个过程如何实现？

当然，根据我们高中学习的知识，在明确了不同坐标系之间的相对关系后，就可以实现任何坐标点在不同坐标系之间的转换，但是该计算实现是较为常用的，且算法也有点复杂，因此在 ROS 中直接封装了相关的模块：坐标变换(TF)。也就是 TF 功能包。

TF(TransForm Frame)又称为坐标变换，在 ROS 中用于实现不同坐标系之间的点或向量的转换。在 ROS 中，是通过坐标系统标定物体的，确切地讲是通过右手坐标系来标定的。

4.1.1　机器人中的坐标系

一个机器人系统中通常会有多个三维参考坐标系，而且这些坐标系之间的相对关系随时间推移会变化。这里选取应用场景 1 为例，来说明这种关系和变化：

① 全局世界坐标系：通常为激光 SLAM 构建出来的栅格地图的坐标系 map。

② 机器人底盘坐标系：通常为机器人底盘的坐标系 base_footprint。

③ 机器人上各部件自己的坐标系：比如激光雷达、IMU 等传感器自己的坐标系 base_laser_link、imu_link。

这些坐标系之间的关系有些是静态的、有些是动态的。比如当机器人底盘移动的过程中，机器人底盘与世界的相对关系 map->base_footprint 就会随之变化；而安装在机器人底盘上的激光雷达、IMU 这些传感器与机器人底盘的相对关系 base_footprint->base_laser_link、base_footprint->imu_link 就不会随之变化。

如图 4-1 所示，map->base_footprint 会随着底盘的移动而变化，即动态坐标系关系。

如图 4-2 所示，base_footprint->base_laser_link、base_footprint->imu_link 不会随着底盘的移动而变化，即静态坐标系关系。

图 4-1　动态坐标系关系

图 4-2　静态坐标系关系

4.1.2　机器人坐标关系工具 TF

由于坐标及坐标转换在机器人系统中非常重要，特别是机器人在环境地图中自主定位和导航、机械手臂对物体进行复杂的抓取任务，都需要精确地知道机器人各部件之间的相对位置及机器人在工作环境中的相对位置。因此 ROS 专门提供了 TF 这个工具用于简化这些工作。

TF 可以让用户随时跟踪多个坐标系的关系，机器人各个坐标系之间的关系是通过一种树型数据结构来存储和维护的，即 tf tree。借助这个 tf tree，用户可以在任意时间将点、向量等数据的坐标在两个坐标系中完成坐标值变换。

如图 4-3 所示，为一个自主导航机器人的 tf tree 结构图，此结构图可由 rqt 相关工具生成(rqt_tf_tree 提供了一个 GUI 插件，用于可视化 ROS TF 框架树)，结构图圆圈中是坐标系的名称，箭头表示两个坐标系之间的关系，箭头上会显示该坐标关系的发布者、发布速率、时间戳等信息。

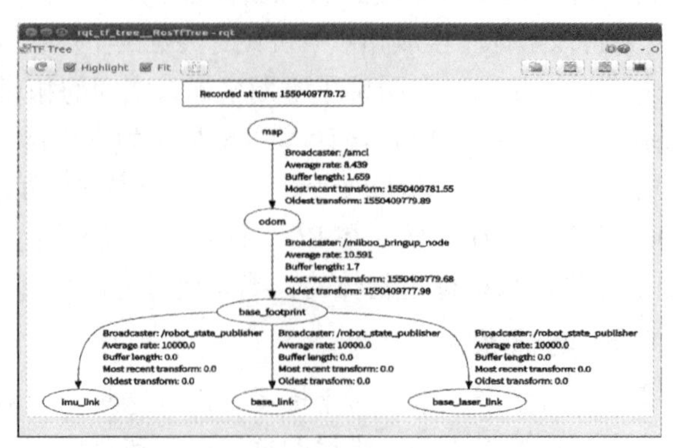

图 4-3　一个自主导航机器人的 tf tree 结构图

4.1.3 TF 命令行工具

在使用 TF 时，ROS 提供了相关命令行工具如下：

① view_frames：可视化坐标变换的完整树。

② tf_monitor：监视帧之间的转换。

③ tf_echo：将指定的变换打印到屏幕上

④ roswtf：使用 tfwtf 插件，分析当前的 tf 配置并尝试找出常见问题。

⑤ static_transform_publisher：是一个用于发送静态转换的命令行工具。

4.1.4 TF 工具的使用

TF 的使用可以分为两个部分：广播 tf 变换、监听 tf 变换。

(1) 广播 tf 变换

ROS 网络中的节点可以向系统广播坐标系之间的变换关系。比如负责机器人全局定位的 amcl 节点会广播 map->odom 的变换关系，负责机器人局部定位的轮式里程计计算节点会广播 odom->base_footprint 的变换关系，机器人底盘上安装的传感器与底盘的变换关系可以通过 urdf 机器人模型进行广播(urdf 将在后面实际机器人中进行讲解)。每个节点的广播都可以直接将变换关系插入 tf tree，不需要进行同步。通过多个节点广播坐标变换的关系，便可以实现 tf tree 的动态维护。

(2) 监听 tf 变换

ROS 网络中的节点可以从系统监听坐标系之间的变换关系，并从中查询所需要的坐标变换。比如要知道机器人底盘当前在栅格地图坐标系下的什么地方，就可以通过监听 map->base_footprint 来实现，比如要知道机器人底盘坐标系上的某个坐标点在世界坐标系下的坐标是多少，就可以通过监听 map->base_footprint，并通过 map->base_footprint 这个变换查询出变换后的坐标点取值。

关于广播 tf 变换和监听 tf 变换的具体程序实现，请直接参考 ROS 官方教程 http://wiki.ros.org/tf/Tutorials。

4.2 launch 启动文件

我们都知道在使用 ROS 时，启动一个节点可以使用 rosrun 启动一个节点！但是如果要实现机器人进行导航需要启动多个节点呢？是不是得一个个启动？造成操作复杂。

ROS 提供了一个同时启动节点管理器(master)和多个节点的途径，即使用启动文件(launch file)。事实上，在 ROS 功能包中，启动文件的使用是非常普遍的。任何包含两个或两个以上节点的系统都可以利用启动文件来指定和配置需要使用的节点。通常的命名方案是以 .launch 作为启动文件的后缀，启动文件是 XML 文件。一般把启动文件存储在取名为 launch 的目录中。

4.2.1 launch 启动文件基本组成元素

程序清单 4.1：

```
<launch>
<node pkg="turtlesim" type="turtlesim_node" name="my_turtle" output="screen"/>
```

```
<node pkg="turtlesim" type="turtle_teleop_key" name="my_key" output="screen"/>
</launch>
```

程序清单 4.1 是一个简单的 launch 文件，每个 XML 文件(launch 文件)都必须包含至少一个根元素<launch>和节点元素<node>。根元素由一对 launch 标签定义：<launch> …</launch>，节点元素都应该包含在这两个标签之内。

上述 launch 启动文件中，启动节点包含四个属性：pkg、type、name 和 output。其中 pkg 定义节点所在的功能包名称，type 定义节点的可执行文件名称，这两个属性等同于在终端中使用 rosrun 命令执行节点时的输入参数。name 属性用来定义节点运行的名称将覆盖节点中 init( )赋予节点的名称，这是三个最常用的属性。output="screen" 将节点的标准输出打印到终端屏幕默认输出为日志文档。在某些情况下我们还可能用到以下属性：

① respawn="true" 复位属性，该节点停止时会自动重启默认为 false。

② required="true" 必要节点，当该节点终止时 launch 文件中的其他节点也被终止。

③ ns="namespace" 命名空间为节点内的相对名称添加命名空间前缀。

④ args="arguments" 节点需要的输入参数。

实际应用中的 launch 文件往往会使用更加复杂的标签。

4.2.2 launch 启动文件的常用标签元素

目前我们只关注其中的标签元素除了上面介绍的<launch>和<node>，这里还出现了<arg>、<param>、<remap>和<include>这些常用的标签元素。

(1) <arg>

argument 是类似于 launch 文件中的局部变量，仅限于 launch 使用，是便于 launch 重构的。

(2) <param>

parameter 是 ROS 系统运行中的参数，存储在参数服务器。这个标签的作用就是把元素加载到参数服务器中。

ROS 还提供了<rosparam>这个标签，也是帮我们加载数据到参数服务器，是当参数较为复杂时，可以编写一个 yaml 文件，用此标签加载 yaml 来帮我们加载数据。

(3) <remap>

重映射机制。为功能包的接口名称取别名，以适应自己的项目。重映射是基于替换的思想，每个重映射包含一个原始名称和一个新名称。每当节点使用重映射中的原始名称时，ROS 客户端库就会将它默默地替换成其对应的新名称。例如，运行一个 turtlesime 的实例，如果想要把海龟的姿态数据发布到话题/tim 而不是/turtle1/pose，就可以使用如下命令：rosrun turtlesim turtlesim_node turtle1/pose：=tim 通过启动文件的方式，只需在启动文件内使用重映射(remap)元素即可：<remap from="turtle1/pose" to "tim"/>

(4) <include>

launch 文件可以嵌套，即可用<inlcude>标签包含另一个 launch 文件。如果想在启动文件中包含其他启动文件的内容(包括所有的节点和参数)，可以使用包含(include)元素<include file="$(find package-name)/launch-file-name">由于直接输入路径信息很繁琐且容易出错，大多数包含元素都使用查找(find)命令搜索功能包的位置来替代直接输入路径。

4.3 rosbag

当机器人在进行导航时，搭载在机器人上的传感器会获取周围的环境信息。这些信息有时会需要我们实时处理，有时只需要我们进行数据采集，工作结束后进行分析。例如：

机器人导航实现中，可能需要绘制导航所需的全局地图，地图绘制实现，有两种方式。方式1：可以控制机器人运动，将机器人传感器感知到的数据实时处理，生成地图信息。方式2：同样是控制机器人运动，将机器人传感器感知到的数据留存，事后，再重新读取数据，生成地图信息。两种方式比较，显然方式2使用上更为灵活方便。

在ROS中关于数据的留存以及读取实现，提供了专门的工具rosbag。rosbag是用于录制和回放ROS主题的一个工具集，其作用实现了数据的复用，方便调试、测试。rosbag本质也是ros的节点，当录制时，rosbag是一个订阅节点，可以订阅话题消息并将订阅到的数据写入磁盘文件；当重放时，rosbag是一个发布节点，可以读取磁盘文件，发布文件中的话题消息。rosbag命令可以记录、回放和操作包。指令列表如表4-1所示。

表4-1 指令列表

命令	作用
cheak	确定一个包是否可以在当前系统中进行，或者是否可以迁移
decompress	压缩一个或多个包文件
filter	解压一个或多个包文件
fix	在包文件中修复消息，以便在当前系统中播放
help	获取相关命令指示帮助信息
info	总结一个或多个包文件的内容
play	以一种时间同步的方式回放一个或多个包文件的内容
record	用指定主题的内容记录一个包文件
reindex	重新索引一个或多个包文件

4.3.1 rosbag基本操作指令

我们以控制小乌龟运动来分析rosbag录制数据功能。其具体步骤如下：

① 启动小乌龟运动的所有节点，启动成功后，可以看到可视化界面中的小乌龟，此时可以在终端中通过键盘控制小乌龟移动。

② 进入我们建立好的录制视频文件夹，利用rosbag record -a命令记录所有发布的消息。现在消息记录已经开始，我们可以在终端中控制小乌龟移动一段时间，然后在数据记录运行的终端中按下"Ctrl+C"即可终止数据记录。进入刚才创建的录制视频文件夹，文件夹会有一个以时间命名并且以.bag为后缀的文件，这就是成功生成的数据记录文件了。

③ rosbag也可以记录小乌龟运动中指定的话题，利用rostopic list -v命令来查看所有话题。利用rosbag record/topic_name1/topic_name2/topic_name3命令只记录特定的话题数据。

④ 上述所有录制的数据信息的名字为录制的数据包，名字为日期加时间，可以利用rosbag record -o filename.bag/topic_name1命令生成指定生成数据包的名字。

4.3.2 回放数据

数据记录完成后就可以使用该数据记录文件进行数据回放。rosbag 功能包提供了 info 命令可以查看数据记录文件的详细信息，具体命令为 rosbag info filename.bag。其中 info filename.bag 为录制数据信息名字。显示的信息包括，数据的大小、起始时间、结束时间、时间长短、话题和消息类型等信息。

打开 turtle_teleop_key 控制节点并重启 turtlesim_node 节点，使用 rosbag play <bagfile>命令回放所记录的话题数据。短暂的时间后数据开始回放，看到可视化界面中小乌龟的运动轨迹与之前数据记录过程中的状态完全相同。在终端中也可以看到回放时间信息。如果想改变消息的发布速率，可以用 rosbag play -r n <bagfile>命令，-r 后面的数字 n 对应播放速率。如果希望 rosbag 循环播放，可以用命令 rosbag play -l<bagfile># -l= =--loop。在上述播放命令执行期间，空格键可以暂停播放。

4.4 rqt 工具箱

本节之前，我们已经学习了一些常见的 ROS 实用工具，例如 TF 工具和 rosbag 等，这些工具能够大大提升对 ROS 项目开发的效率和便利性，但由于上述工具中需要涉及相关命令来启动和使用某些操作，使用较为复杂，对开发者不够方便。因此在 ROS 中提供了 rqt 工具箱，在调用工具时以图形化操作代替了命令操作，应用更便利，提高了操作效率，优化了用户体验。rqt 核心包提供了一些不需要 rosrun 就能运行的常用的插件，包括 rqt_console，rqt_graph，rqt_plot，rqt_logger_level 和 rqt_bag。

为了方便可视化调试和显示，ROS 提供了一套 Qt 架构的后台图形工具套件集合，这些工具的集合就是 rqt。rqt 可以方便地实现 ROS 可视化调试，并且在同一窗口中打开多个部件，提高开发效率，优化用户体验。rqt 工具箱组成有三大部分如下所示：

① rqt：核心实现，开发人员无需关注。

② rqt_common_plugins：rqt 中常用的工具套件。

③ rqt_robot_plugins：运行中和机器人交互的插件(比如：rviz)。

4.4.1 rqt 工具的使用

① 在运用 rqt 工具之前，需要下载 rqt 工具箱，一般只要你安装的是 desktop-full 版本就会自带 rqt 工具箱，如果需要下载，可使用相关命令进行下载。

② 启动 rqt 工具时，有两种命令可以使用，如下：

命令 1：rqt

命令 2：rosrun rqt_gui rqt_gui

在上述命令运行之前，首先运行 roscore。

③ 启动 rqt 工具后，如图 4-4 所示，可以通过 plugins 添加所需的插件，下文会介绍一些 rqt 常用的插件。

4.4.2 rqt_graph

rqt_graph 能够创建一个显示当前系统 ROS 程序运行情况的动态图形，ROS 分布式系统中不同进程需要进行数据之间的交互，计算图可以以点的网络形式表现数据交互过程。

图 4-5 为小乌龟运动的计算图，rqt_graph 可以在 rqt 中 plugins 进行添加插件，也可以使用 rqt_graph 命令启动。

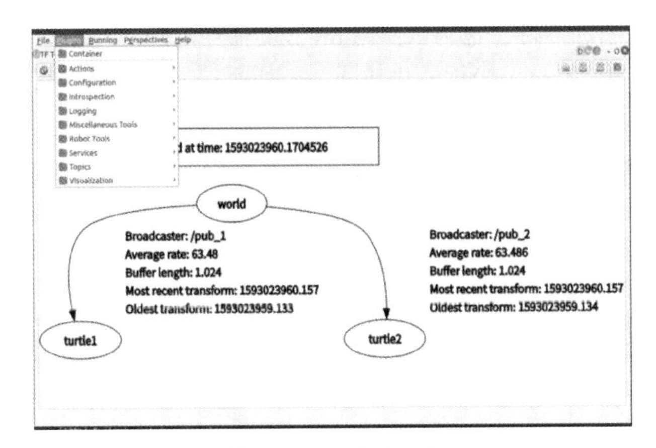

图 4-4　rqt 工具界面

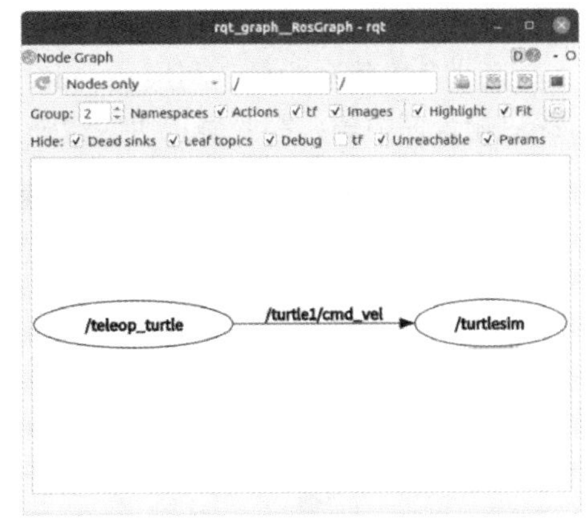

图 4-5　小乌龟运动的计算图

4.4.3　rqt_console

rqt_console 是一个用于查看 ROS 日志消息的 GUI 工具。通常日志的消息会显示在终端中。使用 rqt_console 的好处是，我们可以按照时间收集这些日志，以一个更有条理的方式查看日志，还可以对日志进行过滤和保存，甚至可以重新加载保存的文件对日志进行重放。

节点通过日志的方式输出它的状态、过程变换等信息。这些信息通常是编程时输出想在运行的时候看到的信息。

图 4-6 为 rqt_console 图形化界面，rqt_console 可以在 rqt 中 plugins 进行添加插件，也可以使用 rqt_console 命令启动。打开过后页面如下：

① 最上面的部分是日志显示的地方。

② 中间的框是按照日志等级不进行显示的过滤选项，选择了对应的日志信息就不会显示该等级的日志了。

③ 最下面是高级过滤条件的选项。

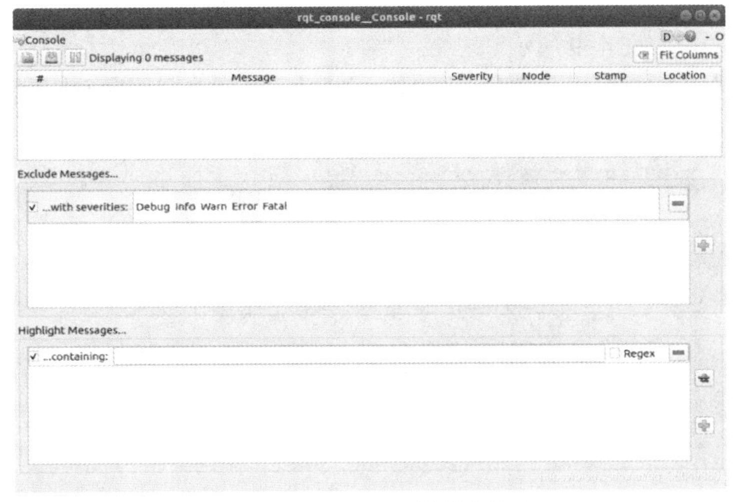

图 4-6　rqt_console 图形化界面

4.4.4　rqt_plot

rqt_plot 是一个二维数值曲线绘制工具，可以将需要显示的数据在 x、y 坐标系中使用曲线描绘。*rqt*_plot 可以在 rqt 中 plugins 进行添加插件，也可以使用 rqt_plot 命令启动。

以小乌龟运动为例，利用 rqt_plot 描绘乌龟 x、y 坐标变化如图 4-7 所示。同时也可以在 Topic 输入框中输入需要显示的话题消息。

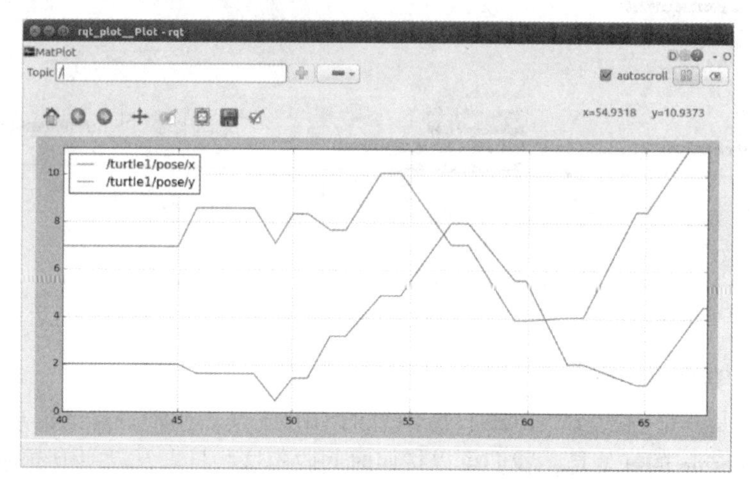

图 4-7 rqt_plot 描绘乌龟 x、y 坐标变化

4.4.5 rqt_bag

rqt_bag 是一个可以将消息进行可视化的 GUI 工具。ROS 日志信息中的 rosbag 是基于文本的，但是 rqt_bag 对于图像数据类的消息管理是非常有用的，因为 rqt_bag 多了可视化功能。

使用 rosbag 程序将 ROS 上的各种话题消息作为 bag 文件进行保存、回放和压缩。rqt_bag 是 rosbag 的 GUI 版本，和 rosbag 一样，它可以存储、回放和压缩话题消息。另外，由于它是一个 GUI 程序，所有的命令都是用按钮制作的，所以它很容易使用，并且用户可以用类似使用视频编辑器一样，在时间轴上来回查看摄像机图像。

rqt_bag 可以在 rqt 中 plugins 进行添加插件，也可以使用 rqt_bag 命令启动。rqt_bag 录制和回放界面如图 4-8、图 4-9 所示。

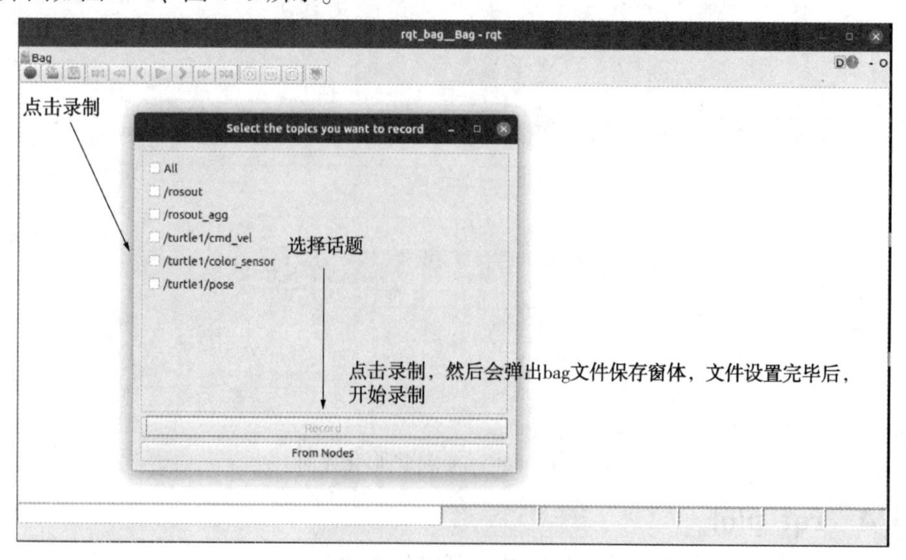

图 4-8 rqt_bag 录制界面

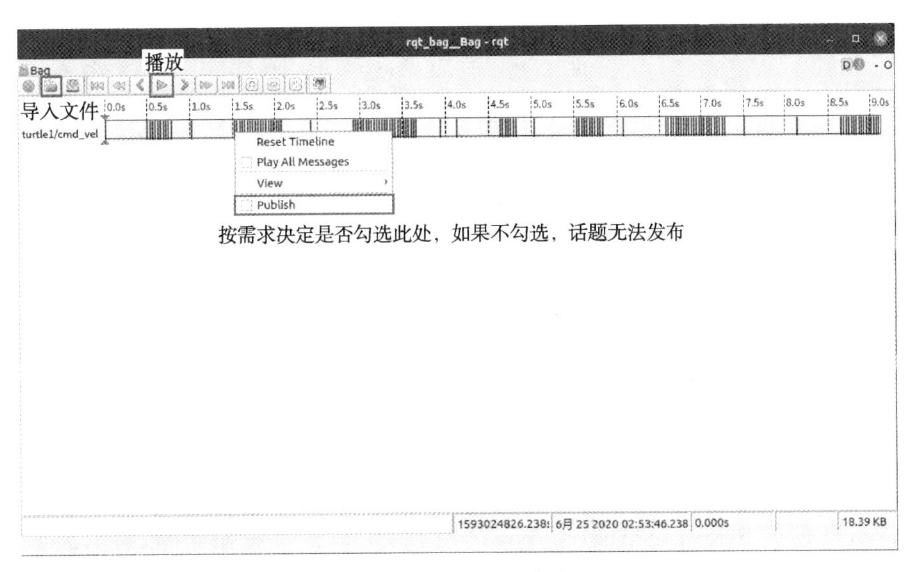

图 4-9　rqt_bag 回放界面

4.4.6　rqt_reconfigure

rqt_reconfigure 工具可以在不重启系统的情况下，动态配置 ROS 系统中的参数，但是该功能的使用需要在代码中设置参数的相关属性，从而支持动态配置。使用如下命令即可启动该工具。启动后的界面将显示当前系统中所有可动态配置的参数，在界面中使用输入框、滑动条或下拉框进行设置即可实现参数的动态配置。具体实际操作，可自行调试。

4.5　三维可视化平台 rviz

rviz 是 ROS 中一款三维可视化平台，一方面能够实现对外部信息的图形化显示，另一方面还可以通过 rviz 给对象发布控制信息，从而实现对机器人的监测与控制。rviz 是 ros 的一个可视化工具，用于可视化传感器的数据和状态信息。rviz 支持丰富的数据类型，通过加载不同的 Dispalys 类型来可视化，每一个 Dispaly 都有一个独特的名字。

4.5.1　数据类型介绍

rviz 常见的 display 类型如表 4-2 所示。

表 4-2　常见的 display 类型

类型	描　　述	消息类型
Axes	显示坐标系	—
Markers	绘制各种基本形状(箭头、立方体、球体、圆柱体、线带、线列表、立方体列表、点、文本、mesh 数据、三角形列表等)	visualization_msgs::Marker visualization_msgs::MarkerArray
Camera	打开一个新窗口显示摄像头图像	sensor_msgs/Image sensor_msgs/CameraInfo
Grid	显示网格	—
Image	打开一个新窗口显示图像信息	sensor_msgs/Image

续表

类型	描　述	消息类型
LaserScan	显示激光数据，选项：描述模式，累积等	sensor_msgs/LaserScan
	绘制为点或立方体	
Image	显示图像	sensor_msgs/Image
PointCloud	显示点云数据	sensor_msgs/PointCloud
Odomerty	显示里程计数据	nav_msgs/Odometry
PointCloud2	显示点云数据	sensor_msgs/PointCloud2
RobotModel	显示机器人模型	—
TF	显示 TF 树	—

4.5.2 rviz 整体界面

在下载完相应的 ROS 完整桌面后，rviz 已经下载完成，如果系统中没有 rviz 工具可自行下载，首先需要启动 roscore，然后启动 rviz，rviz 是 ROS 自带的图形化工具，可以很方便地让用户通过图形界面开发调试 ROS。操作界面也十分简洁。如图 4-10 所示，界面主要分为上侧菜单区、左侧显示内容设置区、中间显示区、右侧显示视角设置区、下侧 ROS 状态区。

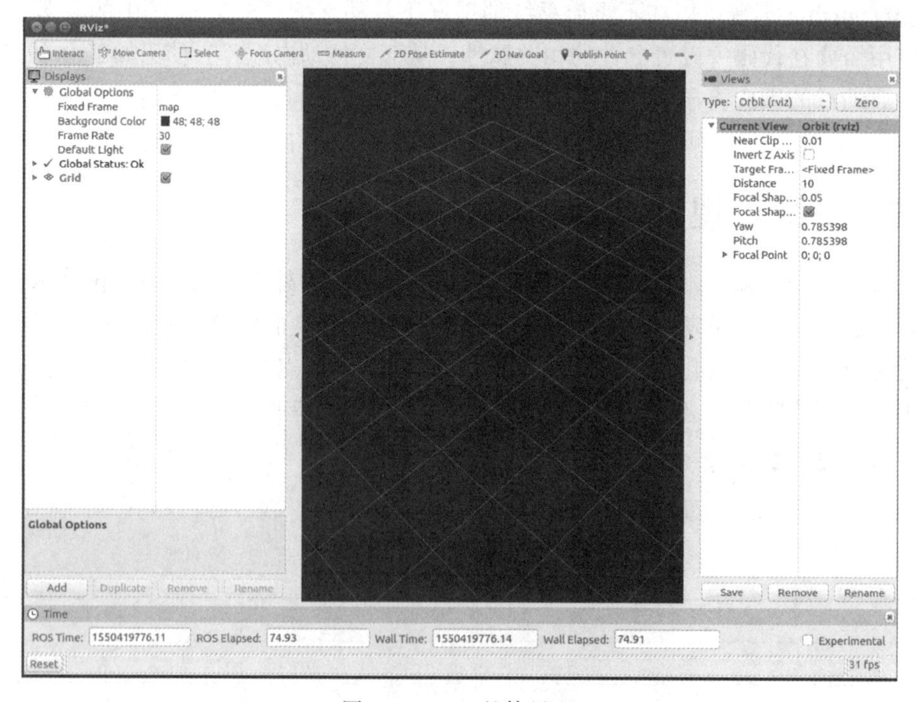

图 4-10　rviz 整体界面

4.5.3 rviz 添加显示内容

如图 4-11 所示，启动 rviz 界面后，首先要对 Global Options 进行设置，Global Options 里面的参数是一些全局显示相关的参数。其中的 Fixed Frame 参数是全局显示区域依托的坐标系，我们知道机器人中有很多坐标系，坐标系之间有各自的转换关系，有些是静态关系，有些是动态关系，不同的 Fixed Frame 参数有不同的显示效果，在导航机器人应用中，一般将

Fixed Frame 参数设置为 map，也就是以 map 坐标系作为全局坐标系。值得注意的是，在机器人的 tf tree 里面必须有 map 坐标系，否则该选项栏会包含 error。至于 Global Options 里面的其他参数可以不用管，默认就行了。

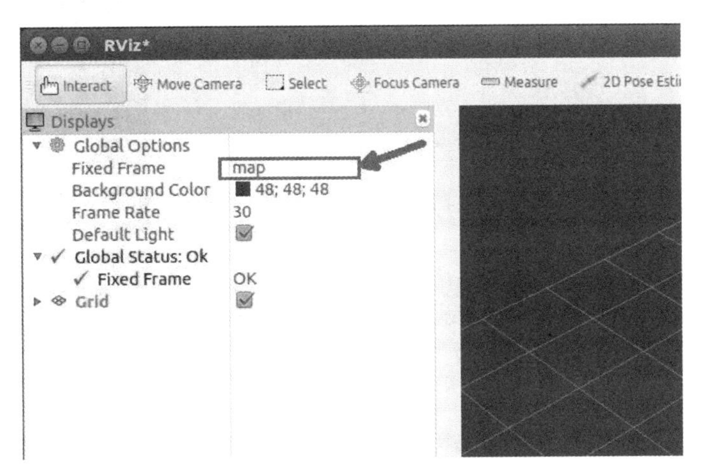

图 4-11　设置 Global Options

如图 4-12 所示，在机器人导航应用中，我们常常需要用 rviz 观察机器人建立的地图，在机器人发布了地图到主题的情况下，我们就可以通过 rviz 订阅地图相应主题(一般是/map 主题)来显示地图。订阅地图的/map 主题方法很简单，首先点击 rviz 界面左下角[add]按钮，然后在弹出的对话框中选择[By topic]，最后在列出的 topic 名字中找到我们要订阅的主题名字/map，最后点击[OK]就完成了对/map 主题的订阅。订阅成功后，会在 rviz 左侧栏中看到 map 项，并且中间显示区正常显示出地图。

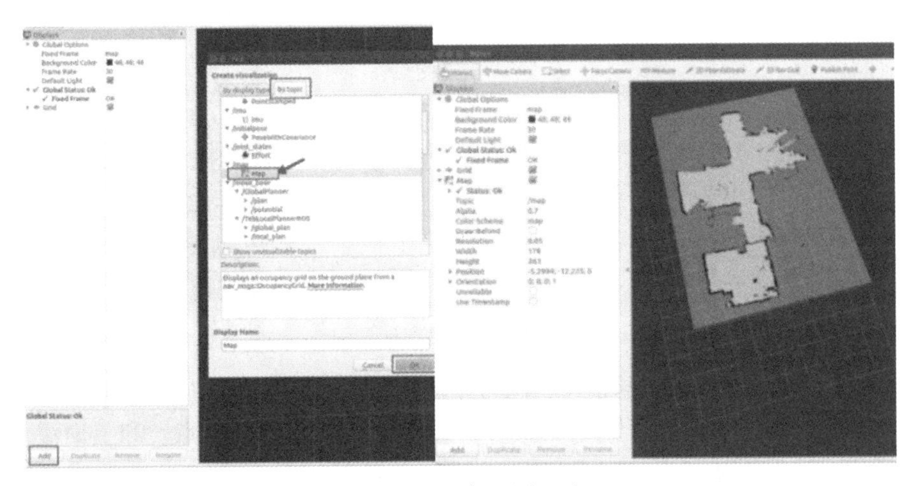

图 4-12　添加地图显示

如图 4-13 所示，在机器人导航应用中，除了观察地图外，我们常常还需要观察机器人在地图中的位置以及各个坐标系的关系是否工作正常，这个时候就需要通过 rviz 来显示 tf。和上面添加显示主题的方法类似，这里添加 tf 这个类型主题就可以了。说明一下，添加主题可以按主题类型查找，也可以按主题名称查找。上面添加地图主题就是按主题名称查找的，这里添加 tf 主题是按主题类型查找的。

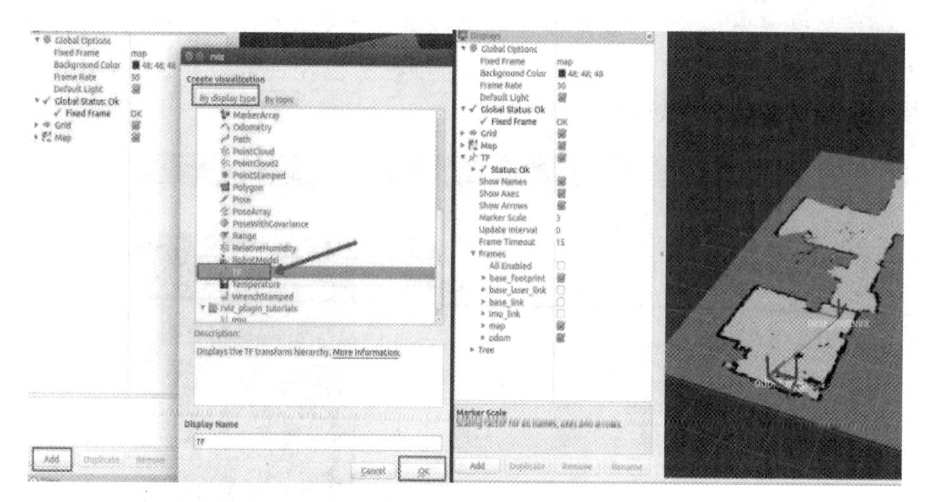

图 4-13　添加 tf 显示

如图 4-14 所示，我们可以通过 rviz 订阅里程计来观察机器人的运动轨迹(图中箭头连接起来的轨迹)。和上面添加显示主题的方法类似，这里添加/odom 这个主题就可以了。这里特别说明一点，我们需要去掉左侧栏中 Odometry 里面 Covariance 项后面的勾，也就是在 Odometry 显示中不启用 Covariance 信息。Covariance 是描述里程计误差的协方差矩阵，如果启用 Covariance 来描述 Odometry 将导致显示效果很难看，所以建议去掉。

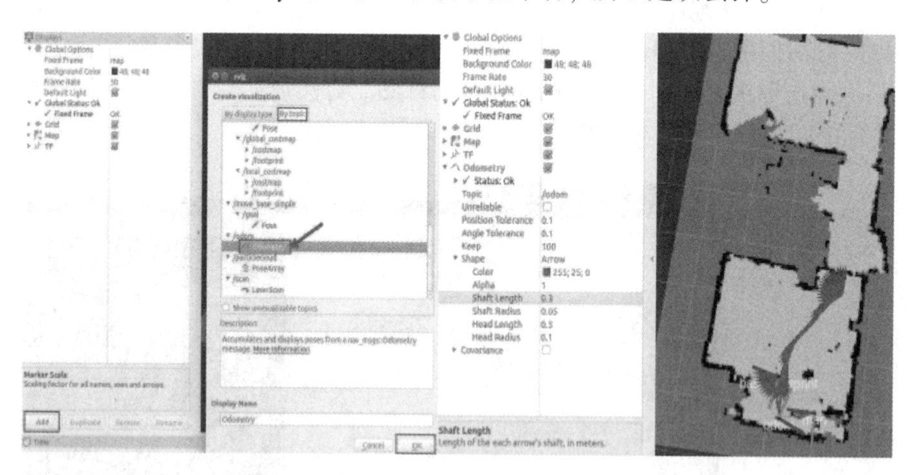

图 4-14　添加里程计显示

如图 4-15 所示，在机器人导航中，通常采用 AMCL 粒子滤波来实现机器人的全局定位(后文会涉及相关算法的理论)。通过 rviz 可以显示全局定位的粒子点。和上面添加显示主题的方法类似，这里添加/particlecloud 这个主题就可以了。

如图 4-16 所示，机器人 SLAM 和导航中用到的核心传感器激光雷达数据，我们可以通过 rviz 显示激光雷达数据(图中灰色点云组成的轮廓)。和上面添加显示主题的方法类似，这里添加/scan 这个主题就可以了。

如图 4-17 所示，rviz 还可以订阅摄像头发布的主题，这样在 rviz 上就可以实现远程视频监控了。和上面添加显示主题的方法类似，这里添加/usb_cam/image_raw 这个主题就可以了。

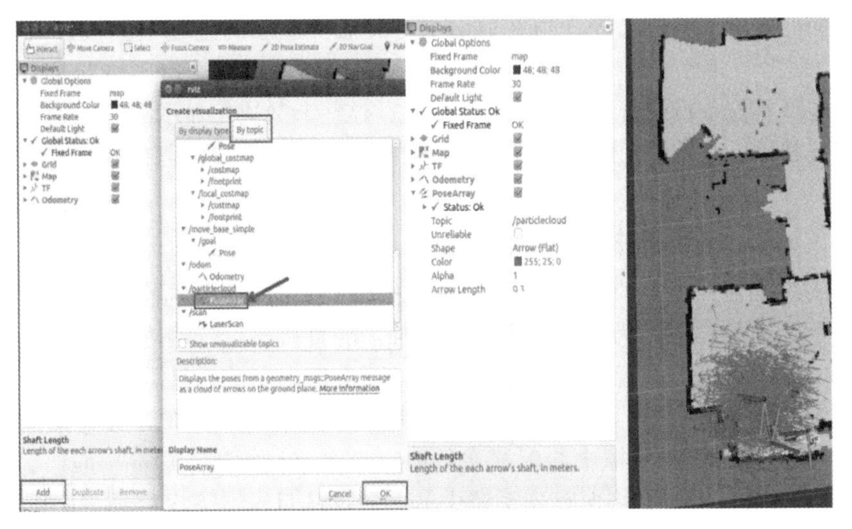

图 4-15 添加机器人位置粒子滤波点显示

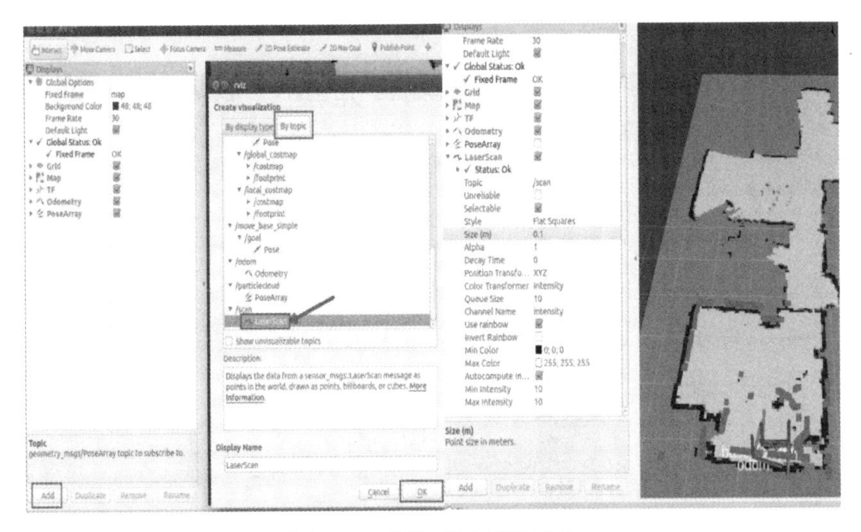

图 4-16 添加激光雷达显示

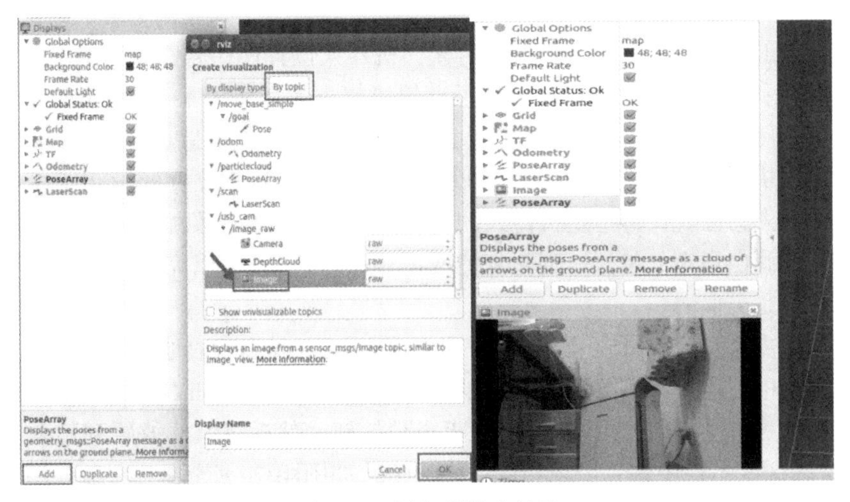

图 4-17 添加摄像头显示

通过上面的实例，我们已经知道在 rviz 中订阅需要显示的主题了，被订阅的主题会在 rviz 左侧栏中列出，并且主题的显示与否是相互独立的，可以通过勾选的方式决定是否显现该主题，主题项下拉条目中有很多参数可以设置，这些参数决定显示的风格等，可以根据需要进行设置。其他一些不常用的主题订阅实例没有给出，有需要可以在 rviz 中进行订阅显示就行了。

4.5.4 rviz 主界面中常用按钮

在上面的添加显示内容的实例中，我们在 rviz 中添加了很多主题显示项，并对各显示项的参数做了相应的设置。为了下次启动 rviz 时，能直接显示这些内容和风格，我们需要将当前的 rviz 显示风格以配置文件的方式保存，下次启动 rviz 后只需要载入这个配置文件就能进入相应的显示风格。很简单，点击 rviz 左上角[file]菜单，在下拉中选择[Save Config As]，在弹出来的对话框中给配置文件取一个名字(如取名为 my_cfg1)，然后 Save，my_cfg1.rviz 配置文件会被直接保存到系统中 rviz 的默认目录。下次启动 rviz 后，通过点击 rviz 左上角[file]菜单，在下拉中选择[Open Config]，打开相应的配置文件就行了。如图 4-18 所示。

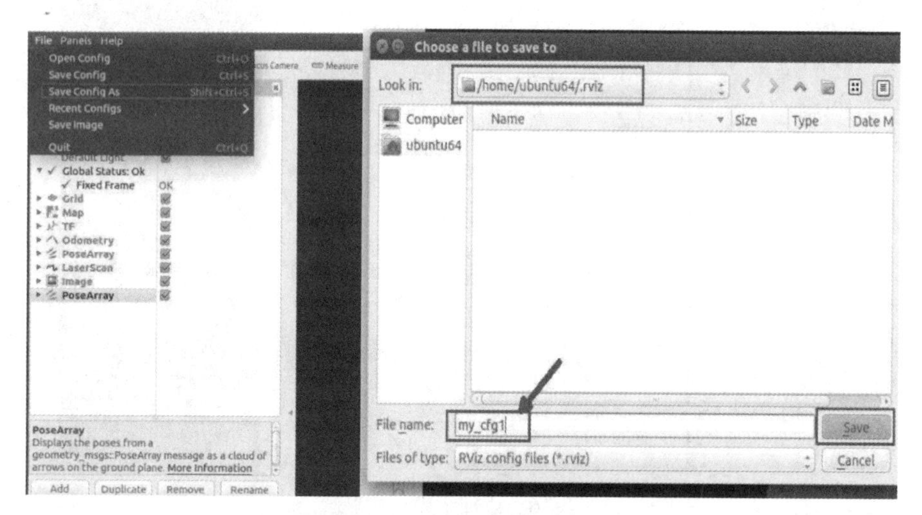

图 4-18 rviz 显示配置保存

在机器人导航中，当机器人刚启动的时候，机器人位置往往需要人为给定一个大概的估计位置，这样有利于 AMCL 粒子滤波中粒子点的快速收敛。如图 4-19 所示，点击[2D Pose Estimate]按钮，然后在地图中找到机器人大致的位置后再次点击鼠标左键并保持按下状态，拖动鼠标来指定机器人的朝向，最后松手就完成对机器人初始位置的设定了。其实就是两步，先指定机器人的位置，再指定机器人的朝向。我们可以在地图中指定导航目标点，让机器人自动导航到我们指定的位置。通过[2D Nav Goal]按钮就可以完成。操作步骤和机器人初始位置的设定是类似的。

有时候我们需要知道地图中某个位置的坐标值，比如我们获取地图中各个位置的坐标值并填入巡逻轨迹中，让机器人按照指定巡逻路线巡逻。通过[Publish Point]按钮就可以知道地图中的任意位置的坐标值，点击[Publish Point]按钮，然后将鼠标放置到想要获取坐标值的位置，rviz 底部显示栏中就会出现相应的坐标值，如图 4-20 所示。

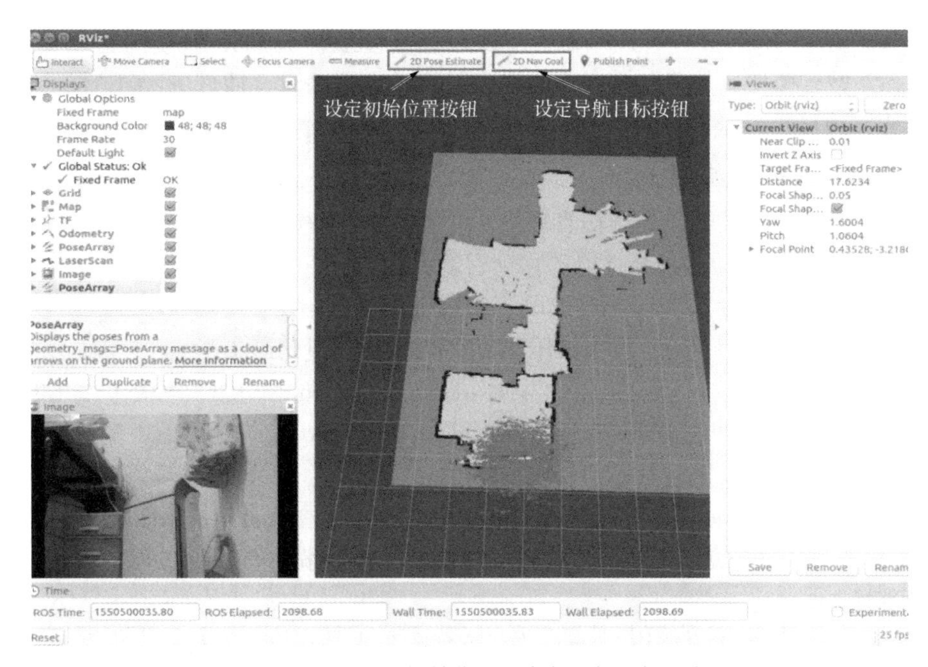

图 4-19 机器人初始位置设定与导航目标设定

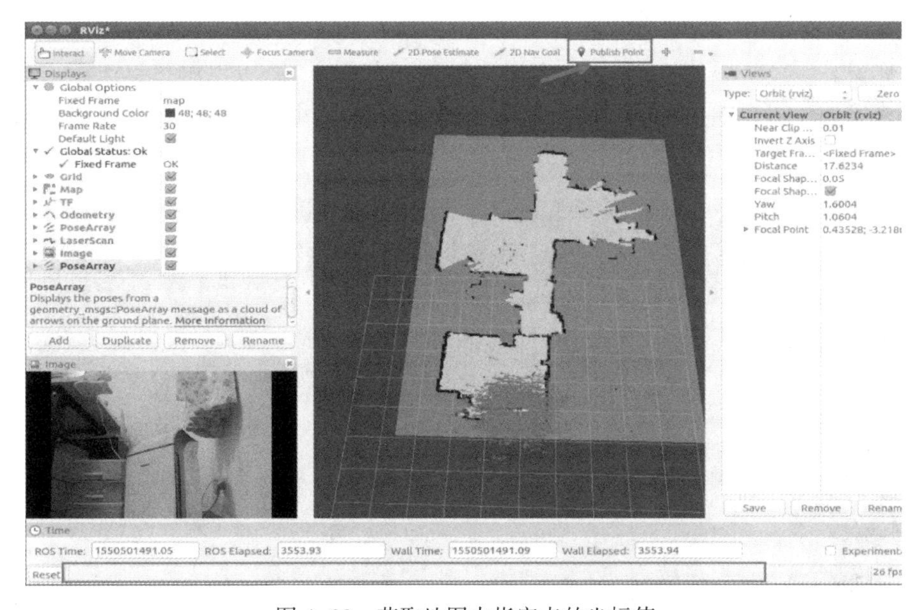

图 4-20 获取地图中指定点的坐标值

4.6 Gazebo 仿真环境

在研究机器人相关算法和工作时，需要在实体机器人上进行验证，但由于有的机器人制作昂贵，那怎么验证你所验证算法的好坏或者怎么验证自己所设计机器人的性能？ROS 中提供了 Gazebo 仿真环境平台来解决上述问题！

Gazebo 是一个功能强大的三维物理仿真平台，具备强大的物理引擎、高质量的图形渲染、方便的编程与图形接口，最重要的还有其具备开源免费的特性。虽然 Gazebo 中的机器人模型与 rviz 使用的模型相同，但是需要在模型中加入机器人和周围环境的物理属性，例如质量、摩擦系数、弹性系数等。机器人的传感器信息也可以通过插件的形式加入仿真环境、以可视化的方式显示。

4.6.1 Gazebo 的特点

Gazebo 是一个优秀的开源物理仿真环境，它具备如下特点：

① 动力学仿真：支持多种高性能的物理引擎，如 ODE、Bullet、SimBody、DART 等。

② 三维可视化环境：支持显示逼真的三维环境，包括光线、纹理、影子。

③ 传感器仿真：支持传感器数据的仿真，同时可以仿真传感器噪声。

④ 可扩展插件：用户可以定制化开发插件以扩展 Gazebo 的功能，满足个性化的需求。

⑤ 多种机器人模型：官方提供 PR2、Pioneer2 DX、TurtleBot 等机器人模型，当然也可以使用自己创建的机器人模型。

⑥ TCP/IP 传输：Gazebo 的后台仿真处理和前台图形显示可以通过网络通信实现远程仿真。

⑦ 云仿真：Gazebo 仿真可以在 Amazon、Softlayer 等云端运行，也可以在自己搭建的云服务器上运行。

⑧ 终端工具：用户可以使用 Gazebo 提供的命令行工具在终端实现仿真控制。

Gazebo 的社区维护非常积极，版本变化较大，但是在兼容性方面依然保证得较好。

4.6.2 Gazebo 界面介绍

如果你安装了完整版的 ROS，Gazebo 应该已经安装好了，可以跳过这一步。如果你的 Gazebo 还未安装，可以通过相关命令在终端中进行安装。可以直接在终端中输入 gazebo 命令打开 Gazebo。Gazebo 主界面如图 4-21 所示。

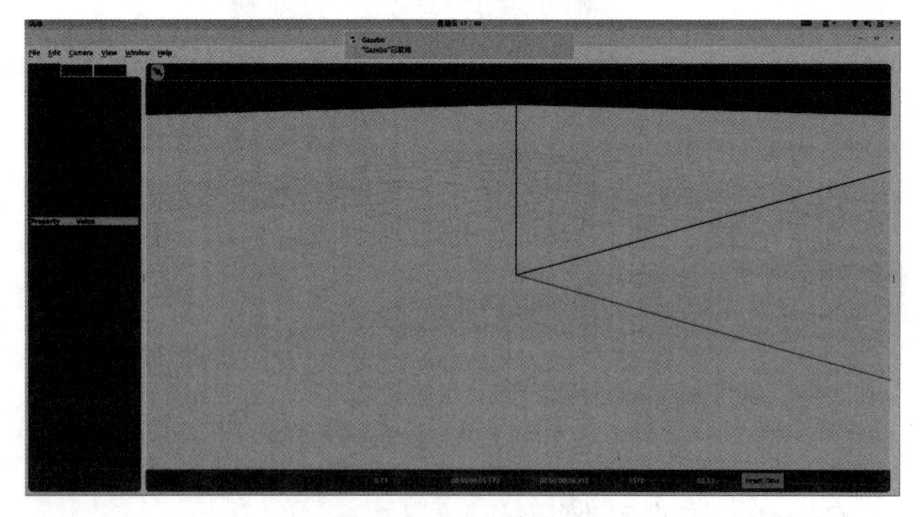

图 4-21 Gazebo 主界面

Gazebo 主界面主要包含以下几个部分：

① 3D 视图区；

② 工具栏；

③ 左、右面板；

④ 菜单栏。

4.6.2.1 3D视图区

3D视图区是模拟器的主要部分，是仿真模型显示的地方，你可以在这里操作仿真对象，使其与环境进行交互，其区域为三维坐标系部分。

4.6.2.2 工具栏

Gazebo界面有两个工具栏，一个位于场景上方，另一个位于下方。

上部工作栏是Gazebo的主工具栏，它包含一些最常用的与模拟器交互的选项，例如：选择，移动，旋转和缩放对象等按钮；创造一些简单的形状（如立方体，球体，圆柱体）；复制/粘贴模型选项。上部工作栏选项如下：

① 选择模式（select mode）：在场景中导航。

② 翻译模式（translate mode）：选择要移动的模型。

③ 旋转模式（rotate mode）：选择要旋转的模型。

④ 缩放模式（scale mode）：选择要缩放的模型。

⑤ 撤消/重做（undo/redo）：撤消/重做场景中的操作。

⑥ 简单形状（simple shape）：将简单形状插入场景中。

⑦ 灯光（lights）：为场景添加灯光。

⑧ 复制/粘贴（copy/paste）：在场景中复制/粘贴模型。

⑨ Align：将模型彼此对齐。

⑩ Snap：将一个模型与另一个模型对齐。

⑪ 更改视图（change view）：从各个角度查看场景。

底部工具栏显示有关模拟的数据，如模拟时间及其与实际时间的关系，具体如下：

① 模拟时间是指模拟运行时模拟器中时间流逝的速度。模拟时间可以比实时更慢或更快，具体取决于运行模拟所需的计算量。

② 实时是指模拟器运行时在现实生活中经过的实际时间。模拟时间和实时之间的关系称为“实时因子”（RTF）。它是模拟时间与实时的比率。RTF衡量模拟运行与实时相比的速度或速率。

③ Gazebo的时间状况每迭代一次，计算一次。你可以在底部工具栏的右侧看到迭代次数。每次迭代都会将模拟推进固定的秒数，称为步长。默认情况下，步长为1 ms。你可以按暂停按钮暂停模拟，并使用步骤按钮逐步执行几个步骤。

4.6.2.3 左、右面板

（1）左面板

启动Gazebo时，默认情况下界面会出现左侧面板。面板左上方有三个选项卡：

① WORLD：“世界”选项卡，显示当前在场景中的模型，并允许你查看和修改模型参数，例如它们的姿势。你还可以通过展开“GUI”选项并调整相机姿势来更改摄像机视角。

② INSERT：“插入”选项卡，向模拟添加新对象（模型）。要查看模型列表，你可能需要单击箭头以展开文件夹。在要插入的模型上单击（和释放），然后在场景中再次单击以添加它。

③ LAYER：“图层”选项卡可组织和显示模拟中可用的不同可视化组（如果有）。图层可以包含一个或多个模型。打开或关闭图层将显示或隐藏该图层中的模型。这是一个可选功能，因此在大多数情况下此选项卡将为空。要了解有关图层的更多信息，请查看（http://gazebosim. org/tutorials? tut=visual_layers&cat=build_robot)。

（2）右面板

默认情况下 Gazeb 界面隐藏右侧面板。单击并拖动栏以将其打开。右侧面板可用于与所选模型(joint)的移动部件进行交互。如果未在场景中选择任何模型，则面板不会显示任何信息。

4.6.2.4 菜单栏

像大多数应用程序一样，Gazebo 顶部有一个应用程序菜单。某些菜单选项会显示在工具栏中。在场景中，右键单击上下文菜单选项，可查看各种菜单。某些 Linux 桌面会隐藏应用程序菜单。如果没有看到菜单，请将光标移动到应用程序窗口的顶部，然后会出现菜单。

4.6.3 构建仿真环境

在仿真之前需要构建一个仿真环境。Gazebo 中有两种创建仿真环境的方法。

（1）直接插入模型

在 Gazebo 左侧的模型列表中，有一个 insert 选项罗列了所有可使用的模型。选择需要使用的模型，放置在主显示区中，就可以在仿真环境中添加机器人和外部物体等仿真实例，如图 4-22 所示。

模型的加载需要链接国外网站，为了保证模型顺利加载，可以提前将模型文件下载并放置到本地路径“~/. gazebo/models”下，模型文件的下载地址为“https://bitbucket. org/osrf/gazebo_models/downloads/”。

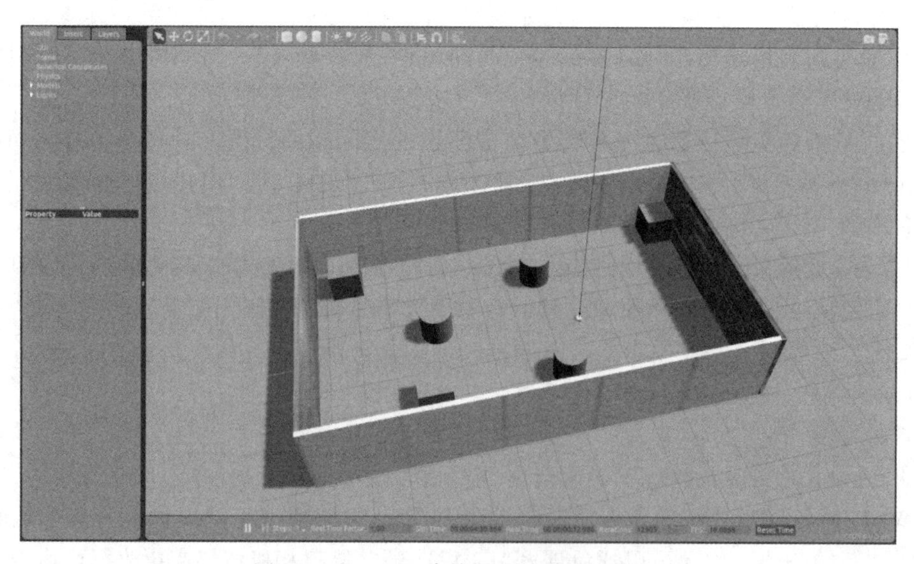

图 4-22 Gazebo 直接插入简单模型实例

（2）Building Editor

第二种方法是使用 Gazebo 提供的 Building Editor 工具手动绘制地图。在 Gazebo 菜单栏中选择 Edit——>Building Editor，选择左侧的绘制选项，然后在上侧窗口中使用鼠标绘制，下侧窗口中即可实时显示绘制的仿真环境。模型创建完成后就可以加载机器人模型并进行仿真了。

4.7　RobotOS. jl 软件包

RobotOS. jl 软件包使 Julia 代码能够与 ROS 系统进行交互。它通过为 ROS 类型生成原生 Julia 类型来实现这一点，类似于 C++或 Python 的方式来实现这一功能。同时，它利用 PyCall 包来包装 rospy，以实现主题、服务和参数之间的通信。

4.7.1　安装 RobotOS. jl 软件包

RobotOS. jl 软件包安装命令如下：

```
Pkg. add("RobotOS")
using RobotOS
```

运行 Pkg. test("RobotOS")需要一些准备工作。请确保在运行 Julia 之前，ROS master 已启动，并通过运行 test/echonode. py 文件启动辅助节点。

4.7.2　使用 RobotOS. jl 软件包

4.7.2.1　类型生成

使用@ rosimport 宏可以将 ROS 类型引入程序，该宏需要指定包和一个或多个类型。有效的语法示例如下：

```
@ rosimport std_msgs. msg. Header
@ rosimport nav_msgs. srv:GetPlan
@ rosimport geometry_msgs. msg:PoseStamped,Vector3
```

该宏将导入所请求类型的 Python 模块及其依赖项，但尚未创建原生 Julia 类型，因为需要先解决模块间的依赖关系。在最后一次调用@ rosimport 后，通过以下命令启动类型生成：

```
rostypegen()
```

新类型将被放置在 Main 中的新模块里，分别对应所请求的包。例如，std_msgs/Header 将对应 std_msgs. msg. Header。在调用 rostypegen()后，可以像常规模块一样与之交互，使用 using 和 import 将生成的类型名称引入本地命名空间：

```
using . nav_msgs. msg
import geometry_msgs. msg:Pose,Vector3
p=Path()
v=Vector3(1. 1,2. 2,3. 3)
```

如果 ROS 类型名称与内置 Julia 类型名称冲突(例如，std_msgs/Float64 或 std_msgs/String)，生成的 Julia 类型名称将附加"Msg"后缀以消除歧义，例如 std_msgs. msg. Float64Msg 和 std_msgs. msg. StringMsg。

此外，rostypereset()函数可重置类型生成过程，对于 REPL 中的开发非常有用。调用后，需要重新进行@ rosimport，以生成相同或不同的类型，之前生成的模块将在再次调用 rostypegen()后被覆盖。请注意，一旦定义名称就无法清除，因此如果未重新生成模块，首次生成的版本将保留。

4.7.2.2　RobotOS API

RobotOS. jl 提供的 API 函数与 rospy 中的 API 函数直接匹配，几乎没有差异。以下是一些常用函数：

init_node(name:: String; kwargs…)：初始化节点，必填参数。

is_shutdown()：检查 ROS 是否处于关闭状态。

spin()：等待回调，直到关闭发生。

日志函数(如 logdebug，loginfo，logwarn，logerr，logfatal)的使用与 rospy 一致。

接下来我们将探讨如何使用这些 API 函数来执行一些基本的 ROS 操作。这些操作包括发布消息、订阅主题、使用服务以及与参数服务器交互。

(1)发布消息

RobotOS. jl 发布消息与 rospy 相同，只需使用 publish 方法和 Publisher 对象。例如：

```
using . geometry_msgs. msg
pub=Publisher{PointStamped}("topic",queue_size=10) #或者…
# pub=Publisher("topic",PointStamped,queue_size=10)
msg=PointStamped()
msg. header. stamp=now()
msg. point. x=1. 1
publish(pub,msg)
```

将 Publisher 构造函数中的关键字参数直接传递给 rospy，因此它接受的任何参数都是有效的。

(2)订阅主题

使用 RobotOS. jl 创建 Subscriber 时，可以设置可选的 callback_args 参数，作为回调被调用时转发。注意，参数必须作为元组传递，即使只有一个参数。关键字参数同样会被直接转发。示例如下：

```
using . sensor_msgs. msg
cb1(msg::Imu,a::String)=println(a,":",msg. linear_acceleration. x)
cb2(msg::Imu)=println(msg. angular_velocity. z)
sub1=Subscriber{Imu}("topic",cb1,("accel",),queue_size=10) #或者…
# sub1=Subscriber("topic",Imu,cb1,("accel",),queue_size=10)
sub2=Subscriber{Imu}("topic",cb2,queue_size=10)
spin()
```

(3)使用服务

RobotOS. jl 对 ROS 服务完全支持，包括自动请求和响应类型生成。在@ rosimport 调用中，使用纯服务类型名称。调用 rostypegen()后，生成的 . srv 子模块将包含三种类型：普通类型、请求类型和响应类型。例如，@ rosimport nav_msgs. srv. GetPlan 将生成 GetPlan、GetPlanRequest 和 GetPlanResponse。要向其他节点提供服务，可以创建一个 Service{GetPlan}对象；要调用该服务，可以使用 ServiceProxy{GetPlan}对象。构造和使用这些对象的语法与 rospy 完全一致。例如，如果 myproxy 是一个 ServiceProxy 对象，可以通过 myproxy(my_request)进行调用。

(4)参数服务器

get_param、set_param、has_param 和 delete_param 在 RobotOS 模块中实现，语法与 rospy 相同。

(5)消息常量

消息常量可以使用 getproperty 语法访问。例如，对于 v_msgs/Marker. msg，可以使用如下代码：

```
import . v_msgs. msg:Marker
Marker. SPHERE==getproperty(Marker,:SPHERE)==2  # true
```

(6) ROS 集成实例

以下示例展示了如何以 5Hz 的频率发布随机的 geometry_msgs/Point 消息，同时监听传入的 geometry_msgs/Pose2D 消息，并将其重新发布为点。

```
#! /usr/bin/env julia

using RobotOS
@rosimport geometry_msgs. msg:Point,Pose2D

#生成 ROS 消息类型
rostypegen()

#导入 geometry_msgs 中的 Point 和 Pose2D 消息类型
using . geometry_msgs. msg

#回调函数,当接收到 Pose2D 消息时调用
function callback(msg::Pose2D,pub_obj::Publisher{Point})
    #创建一个 Point 消息,设置 x 和 y 为 Pose2D 中的 x 和 y,z 设置为 0.0
    pt_msg=Point(msg. x,msg. y,0.0)
    #发布 Point 消息
    publish(pub_obj,pt_msg)
end

#主循环函数,用于定期发布随机点
function loop(pub_obj)
    #设置循环频率为 5Hz
    loop_rate=Rate(5.0)
    while ! is_shutdown()  #检查 ROS 是否关闭
        #生成一个随机的 Point 消息
        npt=Point(rand(),rand(),0.0)
        #发布随机点消息
        publish(pub_obj,npt)
        #根据设置的频率休眠
        rossleep(loop_rate)
    end
end

#主函数
function main()
```

```
    #初始化 ROS 节点,名称为"rosjl_example"
    init_node("rosjl_example")
    #创建一个 Point 消息的发布者,主题为"pts",队列大小为 10
    pub=Publisher{Point}("pts",queue_size=10)
    #创建一个 Pose2D 消息的订阅者,主题为"pose",回调函数为 callback
    sub=Subscriber{Pose2D}("pose",callback,(pub,),queue_size=10)
    #启动主循环
    loop(pub)
end

#如果不是在交互模式下运行,则调用主函数
if ! isinteractive()
    main()
end
```

4.8 Caesar.jl 多模态机器人定位与建图工具包

Caesar.jl 是一个专为机器人定位与建图(SLAM)任务设计的多模态/非高斯工具包。它旨在降低传感器/数据融合任务的门槛，专注于映射、定位、校准、合成、规划和数字孪生等关键领域。该项目由 NavAbility 和 WhereWhen.ai Technologies Inc. 共同管理和支持，致力于推动社区的发展。

Caesar.jl 的核心技术基于因子图(Factor Graph)求解器，结合了多种先进的 Julia 包，如 RoME.jl、IncrementalInference.jl、ApproxManifoldProducts.jl 等。这些包共同构成了一个强大的生态系统，支持多模态数据的融合与处理。项目的技术栈还包括分布式因子图(DistributedFactorGraphs.jl)、功能状态机(FunctionalStateMachine.jl)等，确保了系统的高效性和可扩展性。

4.8.1 安装 Caesar.jl

Caesar.jl 工具包安装命令如下：

```
using Pkg
Pkg.add("Caesar")
```

4.8.2 快速启动示例

以下是一个简单的示例，展示如何使用 Caesar.jl 进行基本的定位和地图构建：

```
using Caesar
#初始化一个空的因子图
fg=initfg()
#添加一个变量节点
addVariable!(fg,:x0,Pose2)
#添加一个先验因子
addFactor!(fg,[:x0],PriorPose2(MvNormal(zeros(3),Matrix(Diagonal([0.1;0.1;
```

```
0.01].^2)))))
    #进行推理
    solveTree!(fg)
    #获取结果
    @show getPPE(fg,:x0).suggested
```

4.9　SLAM.jl算法库

SLAM.jl是一个基于Julia语言构建的单目和双目视觉同步定位与地图构建(SLAM)算法库。该算法实现了关键帧子集上的束调整(Bundle Adjustment)和局部地图匹配(Local Map Matching)，用于有效地重新跟踪丢失的地图点(Mappoint)回到当前帧。这使得SLAM.jl在处理动态环境和复杂场景时表现出色。

4.9.1　安装SLAM.jl

要安装SLAM.jl库，请在Julia的REPL中运行以下命令：

```
]addhttps://github.com/pxl-th/SLAM.jl.git
```

4.9.2　快速启动示例

以下是一个基本的使用示例，演示如何创建相机对象、设置相机的内外参数，并调用SLAM.jl来处理图像序列：

```
using SLAM
camera=Camera(…)  #创建相机对象,根据实际情况为Camera(…)提供相机的内参和外参
params=Params(;stereo=false,…)  #设置SLAM参数,可以根据需要修改这些参数
manager=SlamManager(camera,params)  #实例化SLAM管理器
#在单独的线程中运行SLAM管理器
manager_thread=Threads.@spawn run!(manager)
#准备图像和时间戳数据
images=Matrix{Gray{Float64}}[…]  #图像序列
timestamps=Float64[…]            #对应的时间戳
#将图像和时间戳逐一添加到管理器
for(time,image)in zip(timestamps,images)
    add_image!(manager,image,time)
    sleep(1e-2)  #模拟处理时间
end
manager.exit_required=true  #请求SLAM管理器退出
wait(manager_thread)  #等待SLAM管理器线程完成
```

4.9.3　在KITTY数据集中运行SLAM算法

以下示例展示如何使用KITTY数据集中的mode.00序列来运行SLAM算法。

(1)首先，从REPL启动以下命令：

```
include("./example/kitty/main.jl")
```

（2）启动 SLAM

```
#设置要处理的帧数
n_frames=100
#启动 SLAM 管理器和可视化器
slam_manager,visualizer=main(n_frames)
```

（3）回放保存的结果

```
#回放已保存的结果
replay(n_frames)
```

（4）结果

最终映射如图 4-23 所示，展示了在双目模式下，从 KITTY 数据集中获取的 mode. 00 序列的处理结果。

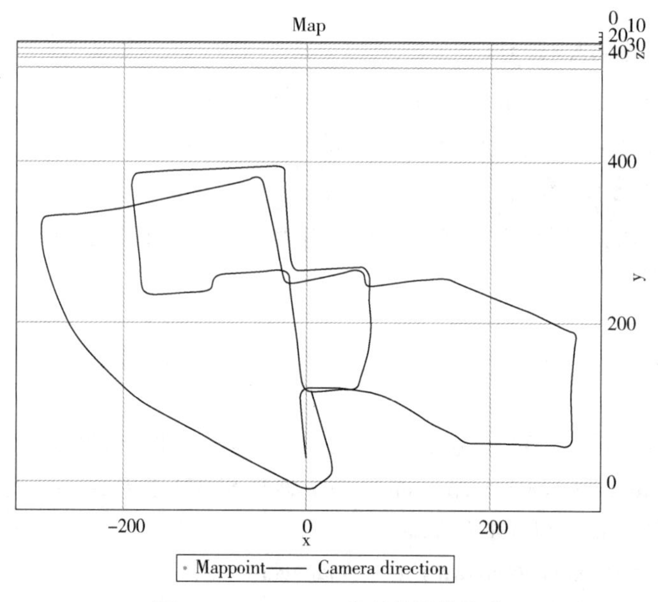

图 4-23　mode. 00 序列的最终轨迹

4.10　本章小结

本章介绍了 ROS 中的常用组件，通过学习这些组件工具，应该了解了以下问题。

① 什么是 TF 坐标转换？什么是静态坐标和动态坐标？又该如何使用 TF 广播、监听系统中的坐标变换？

② 如果我们希望一次性启动并配置多个 ROS 节点应该使用什么方法？launch 文件的组成？

③ rosbag 的具体组成？

④ rqt 工具箱为我们提供了哪些可视化工具？

⑤ rviz 是什么？它可以实现哪些功能？

⑥ Gazebo 作用、特点和界面的组成是什么？

到目前为止，我们学习了关于 ROS 系统的一些相关理论知识，还没有真正地了解什么是 SLAM 技术以及 SLAM 的相关算法理论知识，第五章开始我们开始真正地接触机器人工作的相关理论知识。

第五章　机器人 SLAM 技术

本书主要讲解了机器人的 SLAM 导航系统，SLAM 导航主要包括 SLAM 和路径规划两部分。本章主要阐述了 SLAM 技术的基本理论、相关数学知识以及相关滤波算法，并使用 Julia 语言构建相关实例帮助读者快速理解相关理论。

5.1　SLAM 概述

5.1.1　SLAM 简介

SLAM(Simultaneous Localization and Mapping)，也称为 CML(Concurrent Mapping and Localization)，即时定位与地图构建，或并发建图与定位。问题可以描述为：将一个机器人放入未知环境中的未知位置，是否有办法让机器人一边移动一边逐步描绘出此环境完全的地图，所谓完全的地图(a consistent map)是指不受障碍行进到房间可进入的每个角落。SLAM 问题也可以描述为：机器人在未知环境中从一个未知位置开始移动，在移动过程中根据位置和地图进行自身定位，同时在自身定位的基础上建造增量式地图，实现机器人的自主定位和导航。

SLAM 主要解决的是机器人在未知环境内，利用自身搭载的传感器来获取周围环境数据信息，通过数据信息来估计机器人自身位姿，通过位姿估计来递增生成环境地图。

SLAM 技术的相关使用领域如下：

(1) 机器人定位导航领域

SLAM 可以辅助机器人执行路径规划、自主探索、导航等任务。国内的扫地机器人、生活服务机器人以及图书馆引导机器人都可以利用 SLAM 算法让扫地机高效绘制室内地图，智能分析和规划扫地环境，从而成功让自己步入智能导航的阵列。国内思岚科技(SLAMTEC)为这方面技术的主要提供商，其主要业务就是研究服务机器人自主定位导航的解决方案。目前思岚科技已经让关键的二维激光雷达部件售价降至百元，这在一定程度上进一步拓展了 SLAM 技术的应用前景。常见的智能扫地机器人如图 5-1 所示。

(2) VR/AR 方面

辅助增强视觉效果，SLAM 技术能够构建视觉效果更为真实的地图，从而针对当前视角渲染虚拟物体的叠加效果，使之更真实没有违和感，VR/AR 视觉如图 5-2 所示。VR/AR 代表性产品中微软 Hololens、谷歌 ProjectTango 以及 MagicLeap 都应用了 SLAM 作为视觉增强手段。

(3) 无人机领域

SLAM 可以快速构建局部 3D 地图，并与地理信息系统(GIS)、视觉对象识别技术相结合，可以辅助无人机识别路障并自动避障规划路径。无人机的自主导航工作，就应用到了 SLAM 技术，如图 5-3 所示。

(4) 无人驾驶领域

SLAM 技术可以提供视觉里程计功能，并与 GPS 等其他定位方式相融合，从而满足无人驾驶精准定位的需求。例如，应用了基于激光雷达、视觉等技术的无人驾驶车如图 5-4 所示。

图 5-1 智能扫地机器人

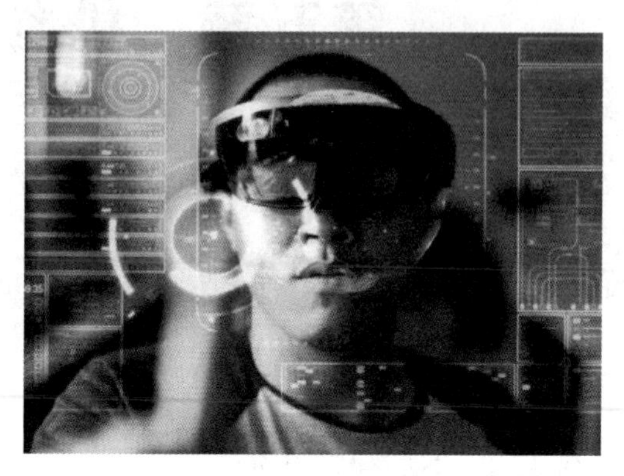

图 5-2 VR/AR 视觉

图 5-3 无人机自主导航工作

图 5-4 无人驾驶车

5.1.2 SLAM 的发展

SLAM 的相关概念最早由 Cheeseman 等于 1986 年的 IEEE 机器人与自动化会议提出，旨在将基于估计理论的方法引入机器人的建图问题与定位问题中。经过 30 多年的发展，尤其是近年来兴起的基于视觉传感器以及基于优化方法的 SLAM 算法，使得 SLAM 及相关技术日渐成为机器人、图像处理、深度学习、运动恢复结构(Structure From Motion，SFM)、增强现实等领域的研究热点。

最初，机器人定位问题和机器人建图问题是被看成两个独立的问题来研究，机器人定位问题，是在已知全局地图的条件下，通过机器人传感器测量环境，利用测量信息与地图之间存在的关系求解机器人在地图中的位置。定位问题的关键是必须事先给定环境地图，比如分拣仓库中地面粘贴的二维码路标，就是人为提供给机器人的环境地图路标信息，机器人只需要识别二维码并进行简单推算就能求解出当前所处的位姿。机器人建图问题，是在已知机器人全局位姿的条件下，通过机器人传感器测量环境，利用测量地图路标时的机器人位姿和测量距离及方位信息，求解出观测到的地图路标点坐标值。建图问题的关键是必须事先给定机器人观测时刻的全局位姿，比如装载了 GPS 定位的测绘飞机，飞机由 GPS 提供全局定位信息，测量设备基于 GPS 定位信息完成对地形的测绘。很显然，这种建立在环境先验基础之上的定位和建图具有很大的局限性。将机器人放置到未知环境(比如火星探测车、地下岩洞作业等场景)，前面这种上帝视角般的先验信息将不复存在，机器人将陷入一种进退两难的局面，即所谓的“先有鸡还是先有蛋”的问题。如果没有全局地图信息机器人位姿将无法求解；没有机器人位姿，地图又将如何求解呢?

为了解决上述问题，机器人利用运动信息来估计机器人任意时刻的位姿，通过传感器数据来减少运动信息带来的误差。同时，传感器的噪声和电机的控制精度也是 SLAM 系统的误差范围，对此研究也是非常重要的。

典型 SLAM 系统通常由环境感知器辅以位姿传感器作为系统输入，前端部分利用传感器信息进行帧间运动估计与局部路标描绘，后端部分利用前端结果进行最大后验(Maximum A Posterior，MAP)估计，从而估计系统的状态及不确定性，输出位姿轨迹以及全局地图。回环检测(Loop Closure)通过检测当前场景与历史场景的相似性，判断当前位置是否在之前访问过，从而纠正位姿轨迹的偏移。SLAM 典型结构如图 5-5 所示。

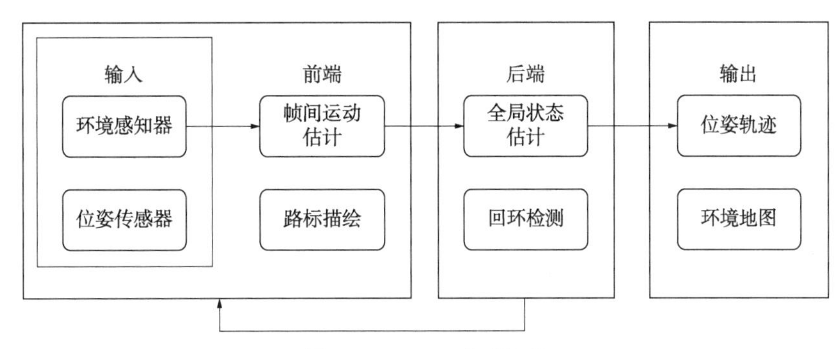

图 5-5 SLAM 典型结构

后端算法能够实现全局状态估计，是 SLAM 算法的核心。以扩展卡尔曼滤波(Extended Kalman Filter，EKF)等为代表的滤波法后端基于马尔可夫模型，利用临近帧数据对系统状态进行预测-更新，从而实现全局状态估计。粒子滤波法后端基于蒙特卡罗方法，将系统状态的概率密度函数表示为采样点(粒子)的集合，并在状态后验分布中进行随机采样与均值统计，根据统计结果对概率密度函数进行近似。优化法后端构造了以误差为目标函数，以系统状态为函数变量的优化函数，求得使误差取得极小值时的最优解，即为系统状态的最优估计。

早期 SLAM 后端多以滤波法为主，但滤波法往往使用临近帧数据，难以利用历史帧数据，这将更容易产生累积误差；系统的马尔可夫假设也使得在回环发生时，当前帧难以与历史帧进行数据关联；此外，典型的滤波方法存在线性化误差，且随着时间的推移难以维护庞大的协方差矩阵。粒子滤波法在一些特定的 SLAM 算法中有着较好的效果，但其需要用大量的样本数量才能很好地近似状态的概率密度，而大量的样本数量会造成算法的复杂度急剧增加；此外，对样本进行重采样的过程可能导致粒子退化从而影响估计结果。

典型的优化法后端将位姿与路标构成图的节点，并利用光束平差法(Bundle Adjustment，BA)等进行局部优化；同时，将局部优化得到的位姿关键帧作为位姿图的节点进行全局优化。优化法后端能够利用所有时刻的数据进行全状态估计，便于将回环检测加入优化框架，并且将局部估计与全局估计分离。优化法在保证精确性的同时兼顾了效率性，因此在长时间、大地图情景下优化法的效果明显优于其他方法，故优化法尤其是图优化法逐渐成为

SLAM 的主流后端方法。

SLAM 按照传感器分为两类：一种是基于激光雷达的激光 SLAM(Lidar SLAM)和基于视觉的 VSLAM(Visual SLAM)。

5.1.2.1 激光 SLAM

激光 SLAM 采用 2D 或 3D 激光雷达(也叫单线或多线激光雷达)，2D 激光雷达一般用于室内机器人上(如扫地机器人)，而 3D 激光雷达一般使用于无人驾驶领域。激光雷达的出现和普及使得测量更快更准，信息更丰富。激光雷达采集到的物体信息呈现出一系列分散的、具有准确角度和距离信息的点，被称为点云。通常，激光 SLAM 系统通过对不同时刻两片点云的匹配与比对，计算激光雷达相对运动的距离和姿态的改变，也就完成了对机器人自身的定位。

以激光雷达(Light Detection And Ranging，LiDAR)作为环境感知器的 SLAM 算法称为激光雷达 SLAM。激光雷达测量本机与环境边界的距离从而形成一系列空间点，通过帧间点集的扫描匹配进行位姿推算，并建立环境的点云地图。激光雷达的距离测量较为准确、误差模型较为简单，加之测量所得的点集能够直观地反映环境信息，所以激光 SLAM 是一种发展时间长且较为成熟的 SLAM 解决方案。

早期激光雷达 SLAM 的关注点集中于前端的扫描匹配。例如 Grisetti 等提出的 Gmapping 算法利用梯度下降法进行前端扫描匹配，并利用 RB 粒子滤波(Rao-Blackwellized Particle Filter)对匹配进行优化；再如 Kohlbrecher 等提出的 Hector SLAM 利用高斯牛顿法进行扫描匹配，无需里程计信息即可得到精度较高的结果。为了提高大范围、长距离场景下的准确性，近年来的激光 SLAM 研究逐渐关注基于优化的后端算法，例如 Hess 等发表的 Cartographer 在局部范围内利用 Ceres Solver 求解非线性最小二乘实现扫描匹配，并通过子图的构建以及帧与子图的匹配实现了回环检测及全局优化。

基于多线激光雷达的三维激光雷达 SLAM 可以构造三维点云地图，不仅在帧间匹配上拥有更多的匹配手段以及更好的鲁棒性，而且可以与物理模型、图像等信息进行融合，故拥有较高的定位精度以及较大的发展潜力。例如 Zhang 等提出的 LOAM 基于特征点进行扫描匹配并利用非线性优化的方法进行运动估计，以及结合了视觉里程计进行改进的 VLOAM；Deschaud 等提出的 IMLS-SLAM 利用隐式滑动最小二乘(Implicit Moving Least Square，IMLS)将环境中的点集聚类为表面，并实现了扫描到模型(Scan-to-model)的扫描匹配。有关激光 SLAM 可参考危双丰等的综述。

激光雷达测距比较准确，误差模型简单，在强光直射以外的环境中运行稳定，点云的处理也比较容易。同时，点云信息本身包含直接的几何关系，使得机器人的路径规划和导航变得直观。激光 SLAM 理论研究也相对成熟，落地产品更丰富。

5.1.2.2 视觉 SLAM

眼睛是人类获取外界信息的主要来源。视觉 SLAM 也具有类似特点，它可以从环境中获取海量的、富于冗余的纹理信息，拥有超强的场景辨识能力。早期的视觉 SLAM 基于滤波理论，其非线性的误差模型和巨大的计算量成为它实用落地的障碍。近年来，随着具有稀疏性的非线性优化理论(Bundle Adjustment)以及相机技术、计算性能的进步，实时运行的视觉 SLAM 已经不再是梦想。

视觉 SLAM 的优点是它所利用的丰富纹理信息。例如两块尺寸相同内容却不同的广告牌，基于点云的激光 SLAM 算法无法区别它们，而视觉则可以轻易分辨。这带来了重定位、场景分类上无可比拟的巨大优势。同时，视觉信息可以较为容易地被用来跟踪和预测场景中的动态目标，如行人、车辆等，对于在复杂动态场景中的应用这是至关重要的。

通过对比我们发现，激光 SLAM 和视觉 SLAM 有各自的优点，单独使用都有其局限性，而融合使用则可能具有巨大的取长补短的潜力。例如，视觉在纹理丰富的动态环境中稳定工作，并能为激光 SLAM 提供非常准确的点云匹配，而激光雷达提供的精确方向和距离信息在正确匹配的点云上会发挥更大的威力。而在光照严重不足或纹理缺失的环境中，激光 SLAM 的定位工作使得视觉可以借助不多的信息进行场景记录。

以各类视觉传感器作为环境感知器的 SLAM 算法称为视觉 SLAM。视觉传感器结构轻便、成本低廉，并且可以获得丰富的形状、颜色、纹理、语义等辅助信息，因此视觉 SLAM 具有很大的发展潜力，也是当前的研究热点。根据图像帧间运动推算原理的不同，视觉 SLAM 主要分为特征法与直接法。

特征法前端对图像中的点、边缘、区域等特征进行提取并将其作为路标，由特征构成的路标在相机运动过程中保持可追踪且全局位置不变。利用计算机视觉方法对帧间图像进行特征提取与匹配后，根据对极几何约束，通过最小化重投影误差（Reprojection Error）来推算帧间运动。特征法 SLAM 往往采用具有可复验性、可区别性、鲁棒性与效率性的特征点，例如 SURF、FAST、ORB 等。Klein 等构造了帧间特征跟踪与全局优化建图的并行结构，并提出了基于 FAST 特征的 PTAM。Mur-Artal 等提出了基于 ORB 特征的前端与基于图优化的后端、适用于单双目与 RGB-D 相机的 ORB-SLAM2。

直接法前端基于强度不变假设（Intensity Coherence Assumption），即同一个空间点投射到连续临近图像中的像素点，图像强度近似不变。利用计算机视觉方法对帧间的局部或全部像素点的光度误差（Photometric Error）进行计算，并将光度误差进行最小化估计，从而推算帧间运动。Engel 等提出了基于单目相机、生成半稠密地图的 LSD-SLAM，和基于 RGB-D 相机、生成稠密地图的 RGB-D SLAM。Forster 等提出的 SVO 结合了特征法与直接法，通过提取角点并对角点局部的光度误差进行最小化估计从而实现位姿跟踪，同时生成稀疏的环境地图。

近年来，SLAM 导航技术已取得了很大的进展，它将赋予机器人和其他智能体前所未有的行动能力，而激光 SLAM 与视觉 SLAM 必将在相互竞争和融合中发展，使机器人从实验室和展厅中走出来，做到真正地服务于人类。

根据无人平台不同的运行环境与任务类型，SLAM 可以构建不同种类的二维或三维地图。依据 IEEE 标准 1873—2015，二维地图分为几何地图（Geometric Map）、网格地图（Grid Map）与拓扑地图（Topological Map）。几何地图将环境描述为稀疏的点、线等路标；网格地图将环境均等地划分为网格，并标记每个网格被占用的概率，从而区分可通过区域与障碍物区域。几何地图与网格地图统称为度量地图（Metric Map），度量地图定量地描述了环境中物体间的位置关系。拓扑地图将环境表示为包含节点和边的图（Graph），其中节点表示环境中的地点，节点间的边表示地点间的联系。拓扑地图舍去了环境的度量信息，只保留了与任务相关的地点以及地点间的连通性。二维地图的三种表示如图 5-6 所示。

三维度量地图分为稀疏与稠密两种。稀疏地图一般对应特征法前端，以特征点等作为环境路标。稠密地图一般对应直接法前端与三维激光雷达前端，以点云描述环境，或者将点云

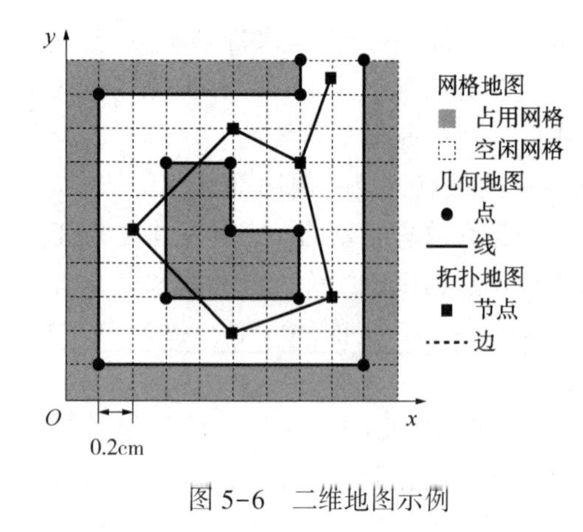

图 5-6 二维地图示例

聚类为边界、表面或三维物体。Salas-Moreno 等提出的 SLAM++以及 Dame 等将稠密地图与图像信息结合，构建了包含实物建模的度量地图。

经过 30 余年的发展，SLAM 相关技术日渐成熟，基于激光与视觉的 SLAM 也已初步应用于自动驾驶汽车与 MAV 等无人平台。目前的 SLAM 算法在短时、短距、特定场景中已经达到了较高的精度，但为了在无人平台中进行更广泛的应用，当前的 SLAM 研究需要解决一系列问题。例如，如何构造一种通用、兼容的 SLAM 算法与实现框架，如何更有效地利用多传感器冗余数据实现 SLAM，如何在嵌入式环境中高效可靠地运行 SLAM 算法，以及如何解决高动态环境下的 SLAM 算法稳定性等。当这些问题得以解决之后，将迎来 SLAM 技术得以广泛应用、机器人执行任务更加自主化的时代。

5.2 SLAM 基本理论

SLAM 是一个多学科的复杂问题，涉及了多个技术。SLAM 的基本理论也有多种，为了进一步地阐述 SLAM 基本理论，整理了相关的知识如图 5-7 所示。本章节主要介绍了 SLAM 技术的相关数学知识，如有某些知识不够全面，请读者自行参考《概率机器人》等书籍。

结合前文，如图 5-7 所示为 SLAM 技术相关方向，可以分为传感器、地图、使用场景以及概率图模型等。SLAM 使用的传感器一般包括激光雷达和视觉传感器，激光雷达主要有单线激光雷达和多线激光雷达，多线激光雷达目前主要以无人驾驶领域为主要应用，在该领域通过激光雷达可以扫描到周围环境的信息，运用相关算法对比上一帧及下一帧环境的变化，

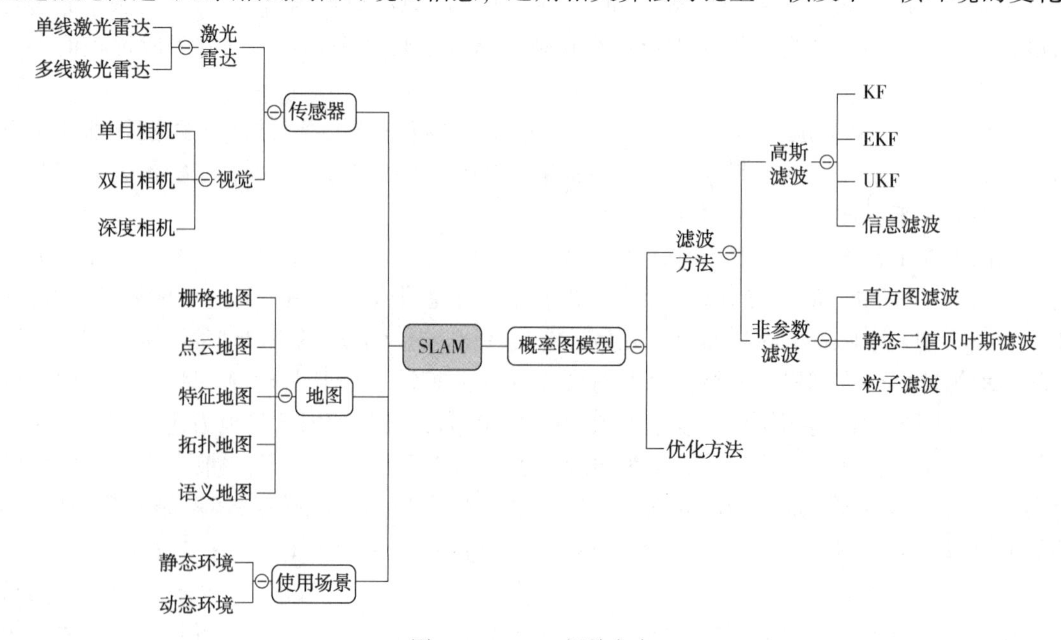

图 5-7 SLAM 相关方向

能较为容易地检测出周围环境的车辆及行人。相较于多线激光雷达，单线激光雷达在角频率及灵敏度上反应更快捷，其扫描速度快、分辨率强、可靠性高。所以，在测试周围障碍物的距离和精度上都更加精准；视觉传感器一般主要指的是相机，根据测量距离相机一般分为单目相机、双目相机和深度相机(RGB-D 相机)。SLAM 技术的使用一般包括静态场景和动态场景，静态场景指的是机器人所建地图场景中只有机器人在移动，其他物体是静止的。动态场景指的是机器人运动场景中会出现动态的人或物。由前文可知，SLAM 是一个状态估计问题，根据求解不同可以分为滤波方法和优化方法两种。在滤波方法中主要分为高斯滤波和非参数滤波两种，在高斯滤波中主要包括卡尔曼滤波(KF)、扩展卡尔曼滤波(EKF)、无迹卡尔曼滤波(UKF)和信息滤波，在非参数滤波中主要包括直方图滤波、静态二值贝叶斯滤波和粒子滤波。在优化方法中主要有以图优化为代表的非线性优化方法。本章主要介绍滤波方法中的卡尔曼滤波和粒子滤波两种。

接下来简单阐述一下滤波方法和优化方法：

(1) 滤波方法

SLAM 中滤波方法的主要优点在于在当时计算资源受限、待估计量比较简单的情况下，EKF 为代表的滤波方法比较有效，经常用在激光 SLAM 中。其缺点在于存储量和状态量是平方增长关系，因为存储的是协方差矩阵，因此不适合大型场景。而现在基于视觉的 SLAM 方案，路标点(特征点)数据很大，滤波方法根本吃不消，所以此时滤波的方法效率非常低。

(2) 优化方法

优化方法简单地累积获取到的信息，然后利用之前所有时刻累积到的全局性信息离线计算机器人的轨迹和路标点，这样就可以处理大规模地图了。优化方法的计算信息存储在各个待估计变量之间的约束中，利用这些约束条件构建目标函数并进行优化求解。这其实是一个最小二乘问题，实际中往往是非线性最小二乘问题。

滤波方法和优化方法其实就是最大似然和最小二乘的区别。滤波方法是增量式的算法，能实时在线更新机器人位姿和地图路标点。而优化方法是非增量式的算法，要计算机器人位姿和地图路标点，每次都要在历史信息中推算一遍，因此不能做到实时。相比于滤波方法中计算复杂度的困境，优化方法的困境在于存储。由于优化方法在每次计算时都是考虑所有历史累积信息，这些信息全部载入内存中，对内存容量提出了巨大的要求。

5.3　SLAM 中的概率理论

5.3.1　概率机器人学

机器人学(robotics)是与机器人设计、制造和应用相关的科学。又称为机器人技术或机器人工程学，主要研究机器人的控制与被处理物体之间的相互关系。全世界已有近百万台机器人在运行，机器人技术已成为一个很有发展前景的行业，机器人对国民经济和人民生活的各个方面已产生重要影响。

机器人为了完成某些特定的任务，必须能接纳客观世界中存在的大量的不确定因素。导致机器人的不确定性的因素如下：

① 环境因素：机器人所处的物理环境是不确定的。比如机器人所处的环境时刻在改变。

② 传感器因素：传感器自身存在精度的问题；传感器在测量过程中受不确定性的噪声

因素干扰。

③ 机器人自身因素：机器人模型本身具有不确定性，如机器人中的马达存在控制噪音等不确定因素。

④ 模型因素：模型是真实物理世界的简化，简化导致的不确定性。

⑤ 计算因素：机器人为了节约计算时间成本而牺牲精度也会引起不确定性。

概率机器人学的主要思想就是用概率理论的运算去明确地表示这种不确定性。换言之就是利用数学概率的知识去计算机器人在空间的位置。为了方便大家理解如何去计算机器人不确定性，选取一个具体的实例进行解释。

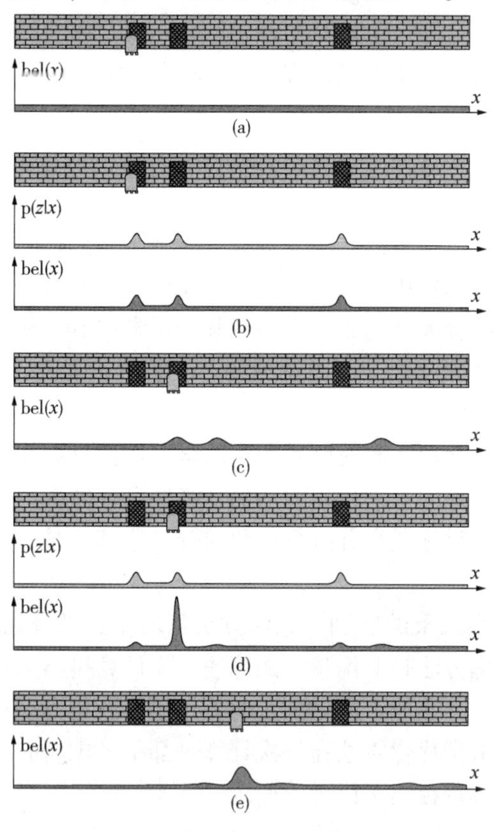

图 5-8 机器人在走廊上的不确定性计算过程

以机器人定位为例，机器人定位，就是相对外部的参考系来估计机器人坐标的问题。给定了环境地图，机器人需要参照传感器数据，定位自己在地图上的相对位置。机器人行走在走廊上如图 5-8 所示，走廊中有三个相同的门，机器人的任务就是要通过检测和运动找到自己在哪。这种特定的定位问题被称为全局定位(Global Localization)。在全局定位中，机器人被放置在已知的环境中的某处，然后从头开始确定自己的位置。概率范式通过在整个位置空间上的一个概率密度函数来表示机器人的瞬时置信度(Belief)，也就是利用概率知识来计算机器人所处的位置。如图 5-8(a)所示，在所有位置具有相同的分布。现在假定机器人进行了第一次传感器测量并知道它自己在门附近。概率技术利用这个信息来更新置信度。图 5-8(b)给出了“后验”置信度。在靠近门的位置概率较大，而靠近墙处概率较小。注意这种分布具有三个尖峰，分别对应环境中三个完全相同的门。因此，机器人却并不知道自己在哪。相反，现在它有三个不同的假设，而这些假设根据给定的传感器数据看起来同样合理。这里也会发现机器人给不靠近门的位置也分配了正的概率。这是检测时固有不确定性的自然结果：机器人在看到门这件事情上会犯错，但这会是一个非常小的非零概率。有能力保持低概率假设对于实现鲁棒性[所谓“鲁棒性”，也是指控制系统在一定(结构，大小)的参数摄动下，维持其他某些性能的特性。]是不可或缺的。

现在假定机器人是移动的。图 5-8(c)给出了运动对机器人置信度的影响。置信度已经沿运动的方向移动。它更平坦，这反映了由机器人运动引入的不确定性。图 5-8(d)给出了观察另一扇门后的置信度。这个观察动作使这里的算法将大概率放在了一扇门附近的位置上，机器人现在相当确信自己在哪了。最后，图 5-8(e)给出了机器人继续沿着走廊运动的置信度。

上述利用了一个简单的例子介绍了利用概率知识来解决机器人在空间中的定位不确定性，其中出现了置信度、后验等名词，后续会有所解释。下文会进一步介绍 SLAM 中相关概率理论。

5.3.2 递归状态估计理论

概率机器人技术的核心就是由传感器数据来估计状态的思路。状态估计解决的是从不能直接观测但可以推断的传感器数据中估计数量的问题。在许多机器人应用中，如果仅知道一定的数量，去确定做什么相对来说是比较容易的。例如，如果机器人的确定位置和所有附近的障碍都已知，那么去移动一个运动机器人相对来说是很容易的。不幸的是，这些变量不是能够直接测量的。相反，一个机器人必须依赖它的传感器来收集这些信息。传感器仅携带这些数量的部分信息，并且其测量会被干扰破坏。状态估计旨在从数据中找回状态变量。概率状态估计算法在可能的状态空间上计算置信度分布。在本书的介绍中，已经遇到了概率状态估计的一个实例：移动机器人定位。

5.3.2.1 有关概率的基本概念

在学习递归状态估计理论之前，首先回顾一下相关的概率论知识点：

(1) 随机变量

在概率机器人建模时，如传感器测量、控制、机器人的状态及其环境这些都作为随机变量。随机变量分为离散随机变量和连续随机变量。

(2) 概率

令 X 为一个随机变量，x 表示 X 的某一个特定值，那么 $p(X=x)$，一般可简写成 $p(x)$，$p(x)$代表随机变量 X 具有 x 值的概率。

(3) 概率密度函数

连续随机变量都拥有概率密度函数，普通概率密度函数都是具有均值 μ 和方差 σ^2 的一维正态分布。正态分布的概率密度函数为 $p(x)=(2\pi\sigma^2)^{-\frac{1}{2}}e^{-\frac{1}{2}\frac{(x-\mu)^2}{\sigma^2}}$。

多元正态分布的密度函数为 $p(x)=\det(2\pi\varepsilon)^{-\frac{1}{2}}e^{-\frac{1}{2}(x-\mu)^{\mathrm{T}}\varepsilon^{-1}(x-\mu)}$，其中 μ 为均值矢量，ε 为半正定对称矩阵，称为协方差矩阵，上标 T 是向量转置符号。此概率密度函数中指数的参数 x 是二次的，二次函数的参数是 μ 和 ε。如果 x 为标量，且 $\varepsilon=\sigma^2$，则两个定义是等效的。

(4) 联合分布

两个随机变量 X 和 Y 的联合分布，随机变量 X 取值为 x 并且 Y 取值 y 为这一事件的概率，可写成 $p(x,y)=p(X=x,Y=y)$；如果 X 和 Y 相互独立，那么 $p(x,y)=p(x)p(y)$。

(5) 条件概率

在 $Y=y$ 事件发生下的 $X=x$ 的概率为 $p(x|y)=p(X=x|Y=y)$，如果 $p(y)>0$，则可写成 $p(x|y)=\frac{p(x,y)}{p(y)}$；如果 X 和 Y 相互独立，则可写成 $p(x,y)=\frac{p(x)p(y)}{p(y)}=p(x)$。

(6) 全概率定理

从条件概率和概率测量公理得出的一个有趣事实经常被称为全概率定理。离散情况全概率公式为 $p(x)=\sum_{y}p(x|y)p(y)$，连续情况全概率公式为 $p(x)=\int p(x|y)p(y)\mathrm{d}y$。

(7) 贝叶斯准则

离散：$p(x|y)=\frac{p(y|x)p(x)}{p(y)}=\frac{p(y|x)p(x)}{\sum_{x'}p(y|x')p(x')}$

连续：$p(x|y)=\frac{p(y|x)p(x)}{p(y)}=\frac{p(y|x)p(x)}{\int p(y|x')p(x')\mathrm{d}x'}$

归一化：$p(y)^{-1}$通常写成归一化变量η，那么贝叶斯公式可以表示为$p(x|y)=\eta p(y|x)p(x)$。

(8) 期望

随机变量X的期望值为：对于离散，期望为$E(X)=\sum_{x}xp(x)$；对于连续，期望为$E(X)=\int xp(x)\mathrm{d}x$。期望是随机变量的线性函数，具体来说，对于任意数值a和b，有$E[aX+b]=aE(x)+b$。X的协方差可由期望求出，公式为

$$Cov[X]=E[X-E[X]]^2=E[X^2]-E[X]^2$$

5.3.2.2 机器人环境交互

环境(Environment)或世界(World)是拥有内部状态的动态系统。机器人可以利用传感器获得其环境的相关信息。但是，传感器是有噪声的，通常有很多信号不能直接检测。因此，机器人保持着关于其环境状态的一个内部置信度。机器人也可以通过执行机构影响其环境。这种影响经常是不可预测的。因此，每一个控制行为都会影响环境的状态，并对机器人状态的内部置信度有影响。接下来将会对这种交互进行更正式的描述。

(1) 状态

环境特征以状态来表征。状态用x表示，时间t的状态表示为x_t的典型状态变量如下：

① 机器人位姿。

② 器人执行机构配置的变量。

③ 机器人速度和角速度。

④ 环境中周围物体的位置和特征。

⑤ 移动的物体和人的位置和速度。

⑥ 有很多可以影响机器人运行的其他状态变量。

假设一个状态x_t，可以最好地预测未来，则称其为完整的。本书中的时间将是离散的，即所有事件将在离散时间步长$t=0$，1，2……上发生。如果机器人操作起始于某一确定的时间点，则将该时刻表示为$t=0$。

(2) 环境交互

在机器人及其环境之间存在两种基本的交互类型：机器人通过执行机构影响环境的状态，同时它通过传感器收集有关状态的信息。

环境传感器测量。感知是一个过程，通过这个过程机器人利用传感器获得环境状态的信息，例如激光雷达和摄像头感知环境信息，这种感知交互的结果叫作测量，用z_t表示机器人在时间t的测量数据。用$z_{t1:t2}=z_{t1}$，z_{t+1}，……，z_{t2}表示从时间t_1到t_2获得的所有测量的集合，其中$t_1\leqslant t_2$。

控制动作改变世界的状态。它们通过积极地对机器人环境施加作用力来实现。控制动作

(Control Action)的实例包括机器人运动和物体的操纵。即使机器人自身不执行动作，状态通常还是会改变。控制数据用 u_t 表示，变量 u_t 总是与时间间隔$(t-1, t]$内状态的变化有关。对 $t_1 \leqslant t_2$ 的控制数据顺序用 $u_{t1:t2}=u_{t1}, u_{t+1}, \cdots\cdots, u_{t2}$表示。

(3) 概率生成法则

状态和测量的演变由概率法则支配。通常，状态 x_t 是随机地由状态 x_{t-1}产生的。且某时刻状态 x_t 是以所有过去的状态、测量和控制为条件的，故表征状态演变的概率法则可表示为 $p(x_t|x_{0:t-1}, z_{1:t-1}, u_{1:t})$。如果状态 x 是完整的，则它是所有以前时刻发生的所有状态的充分总结。x_{t-1}是直到 $t-1$ 时刻所有控制和测量的充分总结，则有 $p(x_t|x_{0:t-1}, z_{1:t-1}, u_{1:t})=p(x_t|x_{t-1}, u_t)$。该表达的特性就是条件独立，这一思想贯穿本书。即如果知道了第三组变量(条件独立)的值，则该变量就是独立于其他变量的。

读者可能也想为产生测量值的过程建立模型。再次重申，如果 x_t 是完整的，就有了很重要的条件独立 $p(z_t|x_{0:t-1}, z_{1:t-1}, u_{1:t})=p(z_t|x_t)$，换句话说，用状态 x_t 足以预测(有潜在噪声的)测量 z_t。如果 x_t 是完整的，则任何其他变量的信息，如过去的测量、控制抑或过去的状态，是与之无关的。

综上所述，概率 $p(x_t|x_{t-1}, u_t)$是状态转移概率。它指出环境状态作为机器人控制 u_t 的函数如何随着时间变化。概率 $p(z_t|x_t)$叫作测量概率，测量由 z_t 环境状态 x_t 产生。

上述两概率一起描述了机器人及其环境组成的动态随机系统。可用动态贝叶斯网络展现由这些概率定义的状态和测量的演变。时刻 t 的状态随机依赖 $t-1$ 时刻的状态和控制 u_t。测量 z_t 随机地依赖时刻 t 的状态，这样的时间生成模型也成为隐马尔可夫模型或动态贝叶斯网络，如图 5-9 所示。

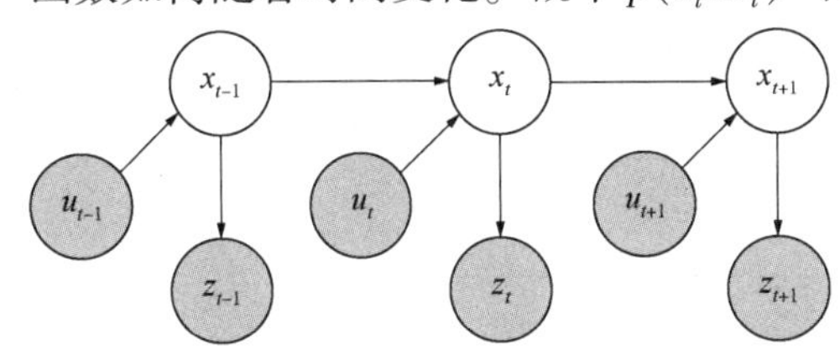

图 5-9 表征控制、状态和测量演变特征的动态贝叶斯网络

(4) 置信分布

置信度反映了机器人有关环境状态的内部信息。通俗点讲，机器人的状态并不能直接测量，一般都从数据中进行推测，因此要从位姿的内部置信度辨别出真正的状态。置信度则表示该推测是正确的可能性。概率机器人通过条件概率分布表示置信度，这里用 $bel(x_t)$表示状态变量 x_t 的置信度，其为下式后验概率的缩写：

$$bel(x_t)=p(x_t|z_{1:t}, u_{1:t})$$

这个后验是时刻 t 下状态 x_t 的概率分布，以所有过去测量 $z_{1:t}$和所有过去控制 $u_{1:t}$为条件。默认置信度 $bel(x_t)$是在综合了测量 z_t 后得到的。根据图 5-9 动态贝叶斯网络可知，在刚刚执行完控制 u_t 之后，综合 z_t 之前计算后验是有用的。这样的后验可以表示$\overline{bel}(x_t)=p(x_t|z_{1:t-1}, u_{1:t})$，在概率滤波的框架下，该概率经常被称为预测。该术语反映了一个事实：$\overline{bel}(x_t)$是基于以前状态的后验，在综合时刻 t 的测量之前，预测了 t 时刻的状态。由$\overline{bel}(x_t)$计算 $bel(x_t)$称为修正或测量更新。

(5) 概率术语

先验概率：先验概率(Prior Probability)是指根据以往经验和分析得到的概率，如全概率公式，它往往作为“由因求果”问题中的“因”出现的概率。

后验概率：后验概率是指在得到“结果”的信息后重新修正的概率，是“执果寻因”问题中的“果”。

似然概率：统计学中，似然函数是一种关于统计模型参数的函数。

可以利用贝叶斯公式来进一步阐述这三种概率的形式，在贝叶斯公式中 $p(x|y)=\frac{p(y|x)p(x)}{p(y)}$，式中：

① $p(x|y)$ 是后验概率，一般是我们求解的目标。

② $p(y|x)$ 是条件概率，又叫似然概率，一般是通过历史数据统计得到。一般不把它叫作先验概率，但从定义上也符合先验定义。

③ $p(x)$ 是先验概率，一般都是人主观给出的。贝叶斯中的先验概率一般特指它。

④ $p(y)$ 其实也是先验概率，只是在贝叶斯的很多应用中不重要(因为只要最大后验不求绝对值)，需要时往往用全概率公式计算得到。

5.3.3 贝叶斯滤波

大多数计算置信度的通用算法都是由贝叶斯滤波(Bayes Filter)算法给出的。该算法根据测量和控制数据计算置信度分布 $bel(\,)$。图 5-10 以伪算法形式描述了基本的贝叶斯滤波。贝叶斯滤波是递归的，也就是说，时刻 t 的置信度 $bel(x_t)$ 由时刻 $t-1$ 的置信度 $bel(x_{t-1})$ 来计算。其输入是时刻 $t-1$ 的置信度，和最近的控制作用 u_t 及最近的一次测量 z_t。其输出就是时刻 t 的置信度 $bel(x_t)$。伪代码仅给出了贝叶斯滤波算法的一次迭代：更新规则，该更新规则递归应用，由前面计算的置信度 $bel(x_{t-1})$ 计算下一个置信度 $bel(x_t)$。

1: **Algorithm Bayes_filter**($bel(x_{t-1}), u_t, z_t$):
2:     *for all* x_t *do*
3:         $\overline{bel}(x_t) = \int p(x_t \mid u_t, x_{t-1})\, bel(x_{t-1})\, \mathrm{d}x_{t-1}$
4:         $bel(x_t) = \eta\, p(z_t \mid x_t)\, \overline{bel}(x_t)$
5:     *endfor*
6:     *return* $bel(x_t)$

图 5-10 基本的贝叶斯滤波算法

贝叶斯滤波算法具有两个基本的步骤。在第 3 行，它处理控制 u_t。通过基于状态 x_{t-1} 的置信度和控制 u_t 来计算状态 x_t 的置信度。具体来说，机器人分配给状态 x_t 的置信度 $bel(x_t)$ 通过两个分布(分配给 x_{t-1} 的置信度和由控制 u_t 引起的 x_{t-1} 到 x_t 的转移概率)的积分(求和)得到。这种更新步骤叫作控制更新(Controlupdate) 或者预报(Prediction)。

贝叶斯滤波的第二个步骤叫作测量更新(Measurement Update)。在第 4 行，贝叶斯滤波算法用已经观测到的测量 z_t 的概率乘以置信度 $\overline{bel}(x_t)$。对每一个假想的后验状态 x_t 都这样做。在真实推导基本滤波方程时这会更明显，乘积结果通常不再是一个概率。它的总和可能不为 1。因此，结果需要通过归一化常数 η 行归一化。这样导出最后的置信度 $bel(x_t)$ 在算法的第 6 行返回。为了递归地计算后验置信度，算法需要一个时刻 $t=0$ 的初始置信度 $bel(x_0)$ 作为边界条件。

贝叶斯滤波算法仅能对非常简单的估计问题用这里所叙述的形式实现，具体来说，我们必须以闭式的形式执行第 3 行的积分和第 4 行的乘法，或者必须限制在有限的状态空间，因此第 3 行的积分就成为一个(有限)求和。

5.3.4 粒子滤波算法

粒子滤波(Particle Filter) 是贝叶斯滤波的另一种非参数实现。粒子滤波以有限个参数来近似后验。但是，这些参数生成的方式不同，它们填充的状态空间也不同。粒子滤波的主要思想是用一系列从后验得到的随机状态采样表示后验 $bel(x_t)$。图 5-11 给出了该思想应用于一种高斯分布的情况。与用一个参数形式表示分布(即用指数函数定义正态分布的密度)不同，粒子滤波用一系列来自该分布的样本来表示一个分布。这样的表示法是近似的，但它是非参数的，因此可以表示比高斯分布更广泛的分布空间。基于样本表示法的另一个优点就是其建模随机变量的非线性变换的能力，如图 5-11 所示。

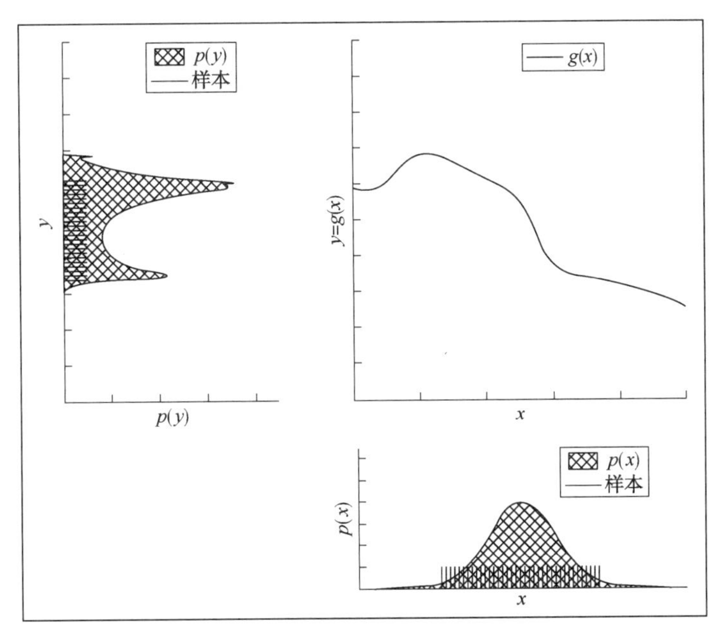

图 5-11 粒子滤波所用的“粒子”表示法(右下图显示由高斯随机变量 X 得到的样本。这些样本都经过右上图所示的非线性函数变换。结果样本按照随机变量 Y 分布)

粒子滤波中，后验分布的样本叫作粒子，有：$\mathcal{X}_t:=x_t^{[1]}, x_t^{[2]}, \cdots, x_t^{[M]}$。

每一个粒子 $x_t^{[M]}(1\leqslant m\leqslant M)$ 是状态在时刻 t 的一个具体的实例。换句话说，一个粒子就是根据真实世界状态在时刻的一种可能假设。这里 M 代表粒子集$\mathcal{X}_t$ 的粒子数量。实际上，粒子数 M 通常很大。一些实现中 M 是 t 或其他与置信度 $bel(x_t)$ 相关的其他数量的函数。

粒子滤波的直观感觉就是用一系列粒子$\mathcal{X}_t$ 来近似置信度 $bel(x_t)$。理想情况下，状态假设 x_t 包含在粒子集$\mathcal{X}_t$ 中的可能性与其贝叶斯滤波的后验 $bel(x_t)$ 比例：$x_t^{[m]}\sim p(x_t|z_{1:t}, u_{1:t})$。根据 $x_t^{[m]}\sim p(x_t|z_{1:t}, u_{1:t})$ 的结果，状态空间的一个子区域被样本填充得越密集，真实状态落入该区域的可能性越大。正如下面将要讨论的，对于标准粒子滤波算法，只有当 $M\rightarrow\infty$ 时属性式 $x_t^{[m]}\sim p(x_t|z_{1:t}, u_{1:t})$ 才保持渐近性。对于有限的 M，粒子来自稍微不同的分布。实际上，只要粒子数量不是太少，这个不同是可以忽略。

像到目前为止所讨论的所有其他贝叶斯滤波算法一样，粒子滤波算法由上一个时间步长

的置信度 $bel(x_{t-1})$递归地构建置信度 $bel(x_t)$。因为置信度由粒子集表示，这就意味着粒子滤波可由粒子集$\mathcal{X}_{t-1}$递归地构建粒子集$\mathcal{X}_{t-1}$。

粒子滤波算法的基本变种见如图 5-12 所示的程序。该算法的输入是粒子集$\mathcal{X}_{t-1}$和最新的控制 u_t 及最新的测量 z_t。算法首先构造一个暂时的粒子集$\bar{\mathcal{X}}$，表示置信度$\overline{bel}(x_t)$。这通过系统地处理输入粒子集$\mathcal{X}_{t-1}$中的每个粒子对 $x_{t-1}^{[m]}$完成。随后，它将这些粒子转换为粒子集$\mathcal{X}_t$，用它近似后验分布 $bel(x_t)$。详细说明如下：

① 第 4 行基于粒子 $x_{t-1}^{[m]}$和控制 u_t 产生时刻 t 的假想状态 $x_t^{[m]}$。所得样本用 m 标注，表示它是由$\mathcal{X}_{t-1}$中的第 m 个粒子产生的。这一步包括从状态转移分布 $p(x_t|u_t, x_{t-1})$中采样。为了实现这一步，必须能从这个分布中采样。有 M 步迭代后得到的粒子集就是$\overline{bel}(x_t)$的滤波表示。

② 第 5 行为每个粒子 $x_t^{[m]}$ 计算所谓的重要性因子，用 $w_t^{[m]}$ 表示。重要因子用于将测量 z_t 合并到粒子集中。因此，重要性是测量 z_t 在粒子 $x_t^{[m]}$ 下的概率，用 $w_t^{[m]}=p(z_t|x_t^{[m]})$给定。如果将 $w_t^{[m]}$ 解释为粒子的权值，则加权的粒子集(近似)表示贝叶斯滤波的后验 $bel(x_t)$。

③ 粒子滤波算法的真实“技巧”见程序的第 8~11 行。这里实现了所谓的重采样或者重要性采样。算法由从暂时集$\mathcal{X}_t$ 中抽取替换 M 个粒子。抽取每个粒子的概率由其权值给定。重采样将 M 个粒子的粒子集变换成同样大小的粒子集。通过将重要性权重合并到再采样过程，粒子的分布发生变化：在采样前，它们按$\overline{bel}(x_t)$分布；在重采样后，它们(近似)按照后验 $bel(x_t)=\eta p(z_t|x_t^{[m]})\overline{bel}(x_t)$分布。事实上，得到的样本集通常有许多重复，因为粒子是替换得到的。更重要的是，不包含在$\mathcal{X}_t$ 中的粒子往往就是具有较低权重的粒子。

```
1:   Algorithm Particle_filter(X_{t-1}, u_t, z_t):
2:       X̄_t = X_t = ∅
3:       for m = 1 to M do
4:           sample x_t^[m] ~ p(x_t | u_t, x_{t-1}^[m])
5:           w_t^[m] = p(z_t | x_t^[m])
6:           X̄_t = X̄_t + ⟨x_t^[m], w_t^[m]⟩
7:       endfor
8:       for m = 1 to M do
9:           draw i with probability ∝ w_t^[i]
10:          add x_t^[i] to X_t
11:      endfor
12:      return X_t
```

图 5-12　粒子滤波算法伪代码

以下示例实现了一个基于 JuLia 语言的简单的粒子滤波器，用于估计一个动态系统的状态。该粒子滤波器的实现假设系统的状态转移和测量模型都是线性的，并且噪声是高斯分布的。代码演示了粒子滤波的基本步骤，包括状态预测、重要性采样和重采样。

```
using Random
using Plots
using Statistics  #导入 Statistics 库以使用 mean 函数
```

```
#粒子滤波器的基本参数
mutable struct MyParticleFilter
    num_particles::Int
    particles::Vector{Float64}   #粒子的状态
    weights::Vector{Float64}     #粒子的权重
end

function MyParticleFilter(num_particles::Int,initial_state::Float64)
    particles=fill(initial_state,num_particles)
    weights=fill(1.0/num_particles,num_particles)   #初始化权重
    return MyParticleFilter(num_particles,particles,weights)
end

#状态转移函数(假设为简单的线性模型加噪声)
function predict_state(particle::Float64,control_input::Float64,noise_std::Float64)
    return particle+control_input+randn() * noise_std
end

#计算重要性因子
function compute_importance_weights(particles::Vector{Float64},measurement::Float64,
measurement_std::Float64)
    weights=zeros(Float64,length(particles))
    for(i,particle)in enumerate(particles)
        #计算测量概率密度(假设为高斯分布)
        weights[i]=exp(-0.5 * ((measurement-particle)^2)/(measurement_std^2))/
(measurement_std * sqrt(2π))
    end
    return weights./sum(weights)   #归一化权重
end

#重采样
function resample(particles::Vector{Float64},weights::Vector{Float64})
    num_particles=length(particles)
    cumulative_weights=cumsum(weights)
    resampled_particles=Vector{Float64}(undef,num_particles)

    for i in 1:num_particles
        #根据权重进行重采样
        rand_num=rand()
```

```
            resampled_particles[i] = particles[findfirst(x -> x >= rand_num, cumulative_weights)]
        end

        return resampled_particles
    end

    #粒子滤波主循环
    function particle_filter(num_steps::Int, num_particles::Int, initial_state::Float64,
        control_input::Float64, measurement_std::Float64, noise_std::Float64)

        pf = MyParticleFilter(num_particles, initial_state)
        states = [ ]
        for step in 1:num_steps
            #预测步骤
            pf.particles .= map(particle -> predict_state(particle, control_input, noise_std), pf.particles)

            #生成测量(模拟真实测量)
            true_state = initial_state + step * control_input
            measurement = true_state + randn() * measurement_std

            #计算重要性权重
            pf.weights = compute_importance_weights(pf.particles, measurement, measurement_std)

            #重采样
            pf.particles = resample(pf.particles, pf.weights)

            #保存当前状态(可选)
            push!(states, mean(pf.particles))
        end

        return states
    end

    #参数设置
    num_steps = 50
    num_particles = 100
    initial_state = 0.0
```

```
control_input = 1.0
measurement_std = 0.5
noise_std = 0.2

#运行粒子滤波
estimated_states = particle_filter(num_steps, num_particles, initial_state, control_input, measurement_std, noise_std)

#绘制结果
plot(1:num_steps, estimated_states, label = "Estimated State", xlabel = "Time Step", ylabel = "State", title = "Particle Filter State Estimation")
```

代码中的粒子滤波器结构体 MyParticleFilter 存储了粒子的状态和权重。predict_state 函数模拟了状态的转移，compute_importance_weights 函数计算了重要性权重，而 resample 函数执行了重采样过程。particle_filter 函数是粒子滤波器的主循环，它在每个时间步执行上述步骤，并估计系统的状态。运行结果如图 5-13 所示。

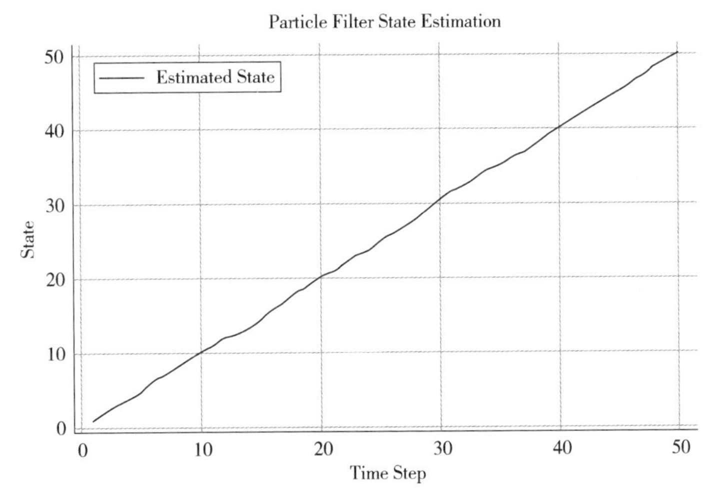

图 5-13　粒子滤波器运行结果

5.3.5　卡尔曼滤波算法及其变体

卡尔曼滤波结合了系统的动态模型和传感器测量数据，通过递归地更新估计状态来提供对系统状态的最优估计。它通过最小化状态估计的均方误差来优化估计结果，因此被称为最优滤波器。

卡尔曼滤波的核心思想是：假定观测的系统是线性的，噪声都满足高斯分布。这一刻系统的状态(最优估计)是这一刻的预测值和这一刻的测量值的加权平均，当得到最优估计之后，再将这一刻的最优估计和估计值进行对比，如果相差比较小，则说明估计比较准确，下次计算就加大估计值的权值，否则说明估计值不准确，下次计算就加大测量值的权值。重复以上过程。

经典的 Kalman Filter 算法分为两个步骤，预测(Predict)和更新(Update)，基本等同于求先验和求似然，并且针对线性系统。在线性高斯系统中卡尔曼滤波器构成了该系统中的最大后验概率估计。由于高斯系统分布经过线性变换后仍服从高斯分布，所以整个过程中没有进行任何的近似，卡尔曼滤波器构成了线性系统的无偏估计。

以下是一个自定义的卡尔曼滤波器的预测步骤和更新步骤实现：

```
#定义卡尔曼滤波器结构体
mutable struct KalmanFilter
    x::Matrix{Float64}          #状态向量
    P::Matrix{Float64}          #估计误差协方差矩阵
    F::Matrix{Float64}          #状态转移矩阵
    H::Matrix{Float64}          #观测矩阵
    Q::Matrix{Float64}          #过程噪声协方差
    R::Matrix{Float64}          #测量噪声协方差
end

#预测步骤
function predict(kf::KalmanFilter)
    kf.x=kf.F * kf.x
    kf.P=kf.F * kf.P * kf.F + kf.Q
end

#更新步骤
function update(kf::KalmanFilter,measurement::Vector{Float64})
    measurement=reshape(measurement,:,1)  #转换为列矩阵
    y=measurement-(kf.H * kf.x)  #观测残差
    S=kf.H * kf.P * kf.H' + kf.R  #残差协方差
    K=kf.P * kf.H' * inv(S)  #卡尔曼增益
    kf.x +=K * y
    kf.P=(I-K * kf.H) * kf.P
end
```

SLAM 中的运动方程和观测方程通常是非线性函数，尤其是视觉 SLAM 中的相机模型，需要使用相机内参模型及李代数表示的位姿，更不可能是一个线性系统。一个高斯分布，经过非线性变换后，往往不再是高斯分布，所以在非线性系统中，我们必须取一定的近似，将一个非线性高斯近似分布成高斯分布。

把卡尔曼滤波器的结果拓展到非线性系统中，称为扩展卡尔曼滤波器。通常的做法是，在某个点附近考虑运动方程及观测方程的一阶泰勒展开，只保留一阶项，即线性的部分，然后按照线性系统进行推导。令 $k-1$ 时刻的均值与协方差矩阵为 $\hat{x}_{k-1}$，$\hat{P}_{k-1}$。在 k 时刻，运动方程和观测方程在 $\hat{x}_{k-1}$，$\hat{P}_{k-1}$处进行线性化(相当于一阶泰勒展开)，有

$$\mathbf{x}_k \approx f(\hat{\mathbf{x}}_{k-1}, \mathbf{u}_k)+\left.\frac{\partial f}{\partial \mathbf{x}_{k-1}}\right|_{\hat{\mathbf{x}}_{k-1}}(\mathbf{x}_{k-1}-\hat{\mathbf{x}}_{k-1})+\mathbf{w}_k$$

记这里的偏导数为

$$\mathbf{F}=\left.\frac{\partial f}{\partial \mathbf{x}_{k-1}}\right|_{\hat{\mathbf{x}}_{k-1}}$$

同样，对于观测方程，亦有

$$\mathbf{z}_k \approx h(\check{\mathbf{x}}_k)+\left.\frac{\partial h}{\partial \mathbf{x}_k}\right|_{\check{\mathbf{x}}_k}(\mathbf{x}_k-\check{\mathbf{x}}_k)+\mathbf{n}_k$$

记这里的偏导数为

$$\mathbf{H}=\left.\frac{\partial h}{\partial \mathbf{x}_k}\right|_{\tilde{\mathbf{x}}_k}$$

那么，在预测步骤中，根据运动方程有

$$P(\mathbf{x}_k \mid \mathbf{x}_0,\ \mathbf{u}_{1:k},\ \mathbf{z}_{0:k-1})=N(f(\hat{\mathbf{x}}_{k-1},\ \mathbf{u}_k),\ \mathbf{F}\hat{\mathbf{P}}_{k-1}\mathbf{F}^{\mathrm{T}}+\mathbf{R}_k)$$

这些推导和卡尔曼滤波是十分相似的。为方便表述，记这里的先验和协方差的均值为

$$\check{\mathbf{x}}_k=f(\hat{\mathbf{x}}_{k-1},\ \mathbf{u}_k),\ \check{\mathbf{P}}_k=\mathbf{F}\hat{\mathbf{P}}_{k-1}\mathbf{F}^{\mathrm{T}}+\mathbf{R}_k.$$

然后，考虑在观测中有

$$P(\mathbf{z_k} \mid \mathbf{x}_k)=N(h(\check{\mathbf{x}}_k)+\mathbf{H}(\mathbf{x}_k-\check{\mathbf{x}}_k),\ \mathbf{Q}_k).$$

最后，根据最开始的贝叶斯展开式，可以推导出 x_k 的后验概率形式。略去中间的推导过程，只介绍其结果，读者可以仿照卡尔曼滤波器的方式，推导 EKF 的预测与更新方程。简而言之，先定义一个卡尔曼增益 K_k：

$$\mathbf{K}_k=\check{P}_k\mathbf{H}^{\mathrm{T}}(\mathbf{H}\check{\mathbf{P}}_{\mathbf{k}}\mathbf{H}^{\mathrm{T}}+\mathbf{Q}_k)^{-1}$$

在卡尔曼增益的基础上，后验概率的形式为

$$\hat{\mathbf{x}}_k=\check{\mathbf{x}}_k+\mathbf{K}_k(\mathbf{z}_k-h(\check{\mathbf{x}}_k)),\ \hat{\mathbf{P}}_k=(\mathbf{I}-\mathbf{K}_k\mathbf{H})\check{\mathbf{P}}_k$$

卡尔曼滤波器给出了在线性化之后状态变量分布的变化过程。在线性系统和高斯噪声下，卡尔曼滤波器给出了无偏最优估计；而在 SLAM 这种非线性的情况下，它给出了单次线性近似下的最大后验估计。

5.4　典型的 SLAM 算法概述

SLAM 中经典算法分类如图 5-14 所示。本节将对图 5-14 中所涉及的 SLAM 算法进行简要的概述。

5.4.1　运动模型和测量模型

实现描述 SLAM 中的滤波算法还缺少两个组件：运动模型和测量模型。

5.4.1.1　运动模型

运动模型(Motion Models)由状态转换概率 $p(x_t \mid u_t,\ x_{t-1})$ 构成，其在贝叶斯滤波预测中具有重要的作用。

(1) 运动学构型

运动学就是指描述控制行为对机器人构型产生影响的微积分。一个刚性机器人的构型(Configuration)由六个量组成：三个三维直角坐标和相对外部坐标系的三个欧拉角。本书的内容大多限制在平面环境内，用三个变量来描述，简称位姿。

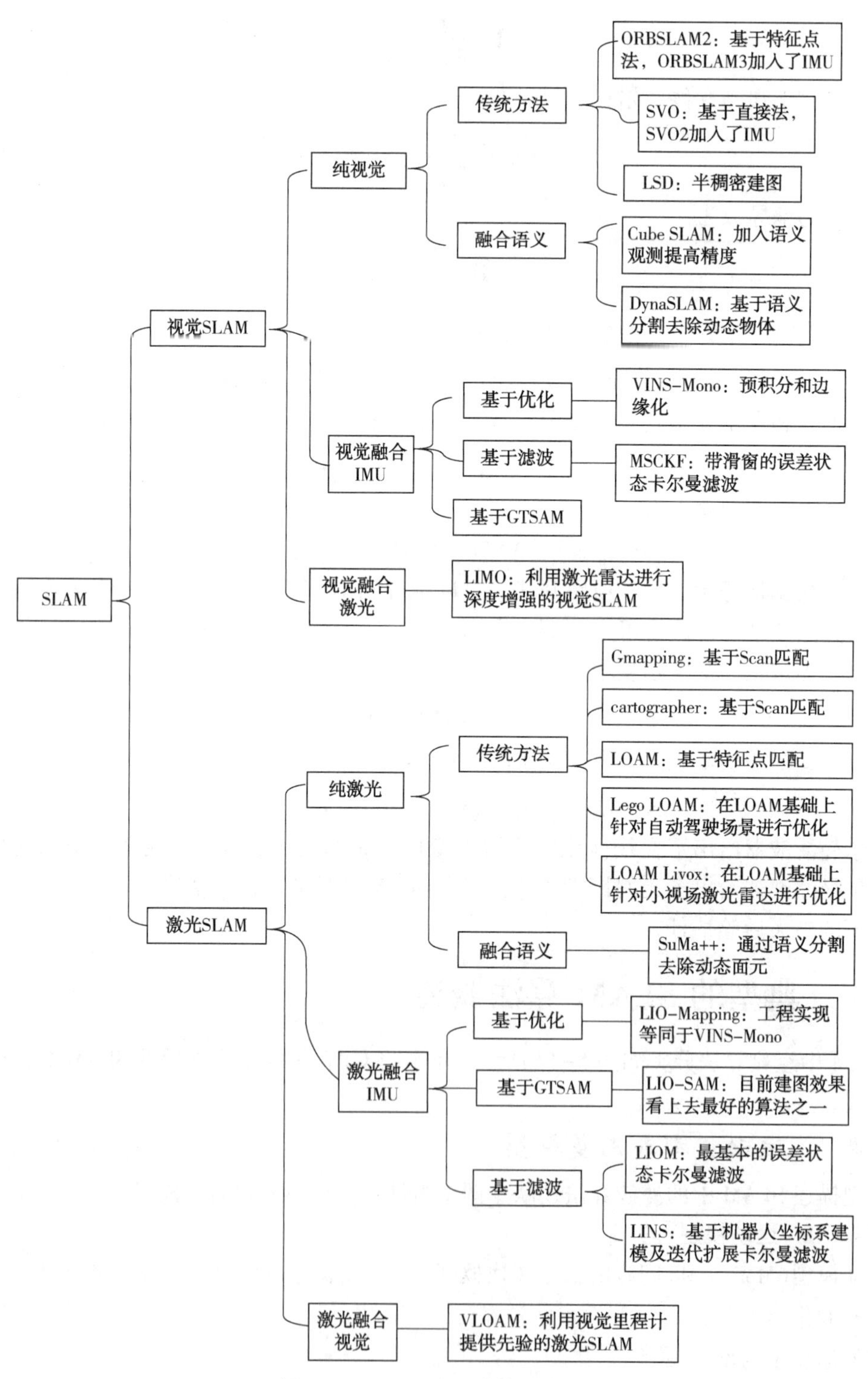

图 5-14 SLAM 中经典算法分类

如图 5-15 所示，一个平面移动机器人的位姿包括其相对外部坐标系的二维平面坐标及其方位角，表示如下：

$$\begin{pmatrix} x \\ y \\ \theta \end{pmatrix}$$

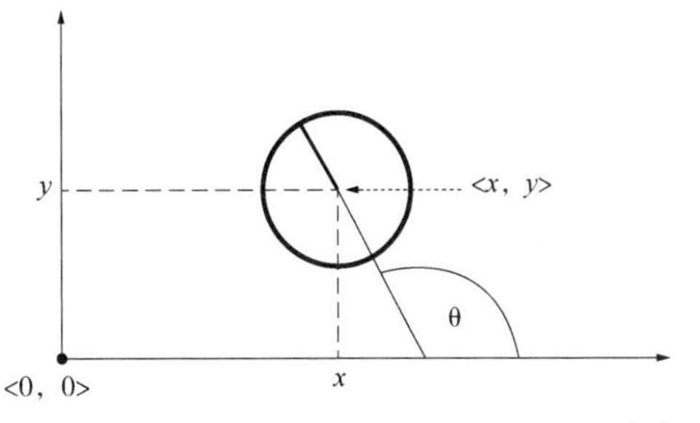

图 5-15 在一个全局坐标系统中的机器人位姿

没有方向的位姿称为位置，位置通常用二维向量来表示，指的是一个对象的 x-y 坐标：

$$\begin{pmatrix} x \\ y \end{pmatrix}$$

（2）概率运动学

概率运动学模型(Probability Kinematics Model)或者运动模型(Motion Model)在移动机器人中起着状态变换模型的作用，也就是大家常见的条件密度 $p(x_t | u_t,\ x_{t-1})$，这里的 x_t 和 x_{t-1} 都是机器人的位姿，u_t 是运动控制，这个模型描述了对执行控制后，机器人取得的运动学状态的后验分布。

常见的运动模型有：速度运动模型和里程计运动模型。

速度运动模型假定运动数据 u_t 指定了机器人电动机的速度指令。通常是在没有编码器的情况下使用，而里程计模型通常是在系统配置了编码器的情况下使用。

里程计模型假设机器人具有测距信息，一般使用里程计进行测距。里程计信息只有在运动完成后才能获得，因此里程计模型不能用于规划，但可以用于定位。理论上来说，里程计模型更像是一个感知模型，而不是动作模型。但是这将需要增加状态的维度(包括作为状态的速度)。为了减少状态维数，我们将其视为动作模型。

（3）速度运动模型

速度运动模型(Velocity Motion Model)认为可以通过两个速度即一个旋转的和一个平移的速度，来控制机器人。v_t 表示 t 时刻的平移速度，w_t 表示 t 时刻的旋转速度。所以 t 时刻的速度 $u_t = \begin{pmatrix} v_t \\ \omega_t \end{pmatrix}$，我们定义逆时针方向 ω 为正，向前运动 v 为正。

（4）里程计运动模型

目前所讨论过的速度运动模型都是利用机器人的速度去计算位姿的后验。或者有人可能想用里程计测量为基础去计算机器人随时间的运动。里程计运动模型用距离测量代替控制。实际经验表明，里程计虽然仍存在误差，但通常比速度更精确。两种都存在漂移和打滑，但是速度还受到实际运动控制器与它(粗糙的)数学模型之间的不匹配的影响。

技术上，里程计信息就是传感器测量，而不是控制。为了建立作为测量的里程计模型，产生的贝叶斯滤波必须包括作为状态变量的实际速度 这样就增加了状态空间的维数。为了保持状态空间比较小，通常把里程计数据认为是控制信号。这里将里程计测量当作控制处理。产生的模型是当今许多最好的概率机器人系统的核心。

这里定义控制信息的形式。在时间 t，机器人确切的位姿由随机变量 x_t 建模。机器人的里程计估计该位姿；但是，由于漂移和打滑，在机器人的内部里程计使用的坐标和物理世界坐标之间不存在固定的坐标变换。事实上，知道了这个变换将解决机器人定位的问题！

里程计模型使用相对运动信息，该信息由机器人内部里程计测量。更具体地，在时间间隔$(t-1, t]$内，机器人从位姿x_{t-1}前进到位姿x_t。里程计反馈了从$\bar{x}_{t-1}=(\bar{x}\ \bar{y}\ \bar{\theta})$到$\bar{x}_t=(\bar{x}'\bar{y}'\bar{\theta}')$的相对前进。这里“-”代表其是嵌在机器人内部的坐标，该坐标系与全局世界坐标的关系是未知的。在状态估计中利用这个信息的关键就是$\bar{x}_{t-1}$和$\bar{x}_t$之间的相对差（基于对术语“差异”的合适定义）是真实位姿x_{t-1}和x_t之间差异的一个很好的估计器。因此，u_t运动信息也由下式给定：

$$u_t=\begin{pmatrix}\bar{x}_{t-1}\\ \bar{x}_t\end{pmatrix}$$

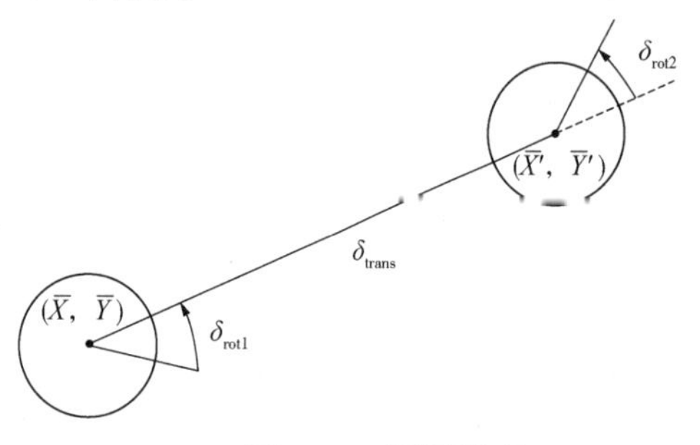

图 5-16　测距模型

为了提取相对距离，u_t被转变成三个步骤的序列：旋转、直线运动（平移）和另一个旋转。图 5-16 给出了这样的分解：初始旋转δ_{rot1}、平移δ_{trans}和第二次旋转δ_{rot2}。

具体的运动模型请参考《概率机器人》等相关书籍。

5.4.1.2　测量模型

环境测量模型（Environment Measurement Models）是概率机器人中仅次于运动模型的第二个特定领域模型。测量模型描述在客观世界中生成传感器测量的过程。目前机器人研究中使用了很多不同的传感器，如：触觉传感器、距离传感器、成像传感器等。而模型的特性取决于传感器：成像传感器最好通过投影几何学来建立模型，而声呐传感器最好通过描述声波和声波在环境表面上的反射来建立模型。

在概率机器人领域中，概率机器人为传感器测量的噪声建立模型。测量模型的定义为一个条件概率分布$p(z_t|x_t, m)$，这里x_t是机器人的位姿，z_t是t时刻的测量，m是环境地图。我们在这一节中主要讨论的是测距传感器，但是基本原理可以适用于任何类型的传感器。测量模型的具体详细组成请参考其他书籍。

5.4.2　ORBSLAM3 算法概述

ORBSLAM3 是 2020 年开源的视觉惯性 SLAM 框架，定位精度优于其他视觉惯性 SLAM 系统，并且包含了单目、双目、RGB-D、单目+IMU、双目+IMU 和 RGB-D+IMU 六种模式。ORBSLAM 算法系列（包括 ORBSLAM1、ORBSLAM2 和 ORBSLAM3）设计了一套命名规则，整体代码可读性好，包含了许多算法原理细节，而不是直接调用 OpenCV，比如 ORB 特征、对极几何和 PnP 等，很值得学习。

ORBSLAM3 算法以 System 类充当整个系统的枢纽，其整体架构如图 5-17 所示。

在 System 类构造的同时，开启了跟踪、局部建图、回环检测和 Atlas 地图四个线程，各线程之间通过指针互相指向的方式进行内存共享，便于系统进行管理。其中 Atlas 地图代表的是一系列不连续的地图，而且可以把它们应用到所有的建图过程中：场景重识别、相机重定位、回环检测和精确的地图融合。

（1）追踪线程（模块）

处理传感器信息并实时计算当前帧在激活地图中的姿态，最小化匹配特征点的重投影误差。同时该模块也决定了是否将当前帧作为关键帧。在视觉-惯性模式下，通过在优化中加

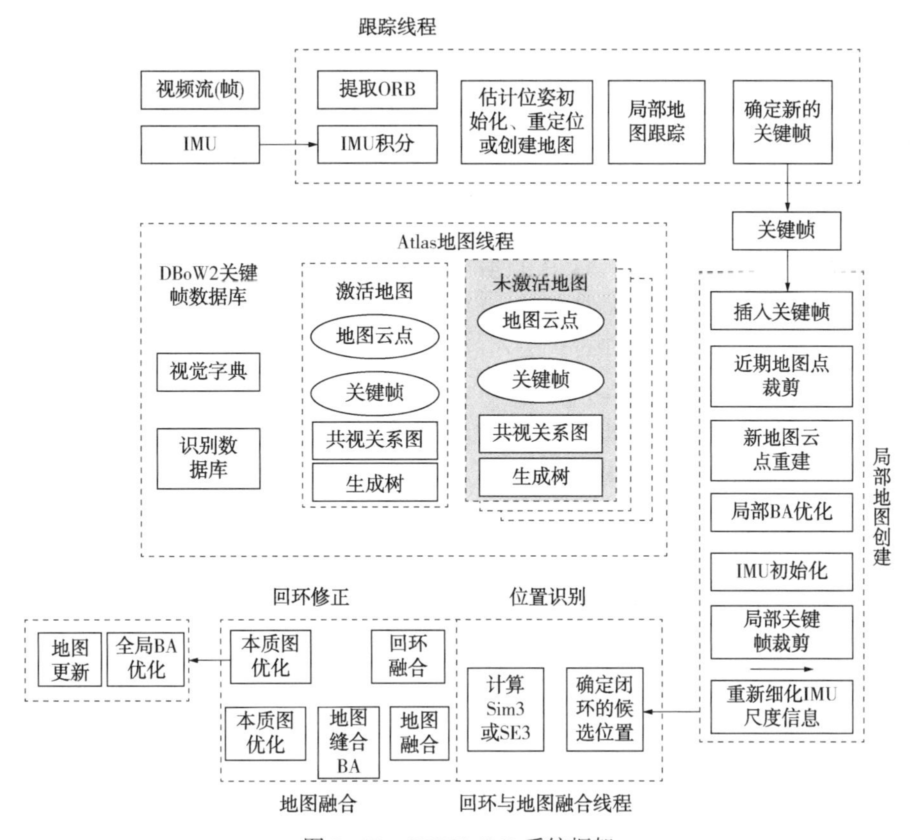

图 5-17 ORBSLAM3 系统框架

入惯性残差来估计刚体速度和 IMU 偏差。当追踪丢失时，追踪线程会尝试在 Atlas 地图可视化模块中重定位当前帧。若重定位成功，恢复追踪，并在需要的时候切换激活地图。若一段时间后仍未激活成功，该激活地图会被存储为未激活地图，并重新初始化一个新的激活地图。

(2) 局部建图线程(模块)

加入关键帧和地图点到当前激活地图，删除冗余帧，并通过对当前帧的附近关键帧操作，利用视觉 BA 或视觉-惯性 BA 技术来优化地图。此外，在惯性模式下，局部建图线程会利用最大后验估计(MAP)技术来初始化和优化 IMU 参数，并通过引入 IMU 来约束和修正特征缺失带来的偏差，得到尺度信息，在一定程度上解决了过度依赖特征点问题。

(3) 闭环和地图融合线程(模块)

每当加入一个新的关键帧时，该线程在激活地图和整个 Atlas 地图中检测公共区域。如果该公共区域属于激活地图，它就会执行回环校正；如果该公共区域属于其他地图，就会把它们融合为一个地图，并把这个融合地图作为新的激活地图。在回环校正以后，一个独立线程就会进行全局 BA，进一步优化地图，同时并不影响实时性能。

(4) Atlas 地图线程(模块)

该模块是一个由一系列离散地图组成的混合地图。它会维护一个激活地图，用于跟踪线程对当前帧的定位，同时局部地图构建线程会利用新的关键帧信息持续对该地图优化和更新。在 Atlas 中的其他地图被称为未激活地图。该系统基于词袋模型对关键帧信息建立数据库，用于重定位、回环检测和地图融合。在跟踪过程中，如果跟丢了，可以利用当前帧查询 Atlas DBoW2 数据库。这个查询可以利用所有先验信息，在所有地图中找相似的关键帧。一旦有了候选关键帧，地图和匹配的地图点就可以进行重定位，极大提升性能，增大鲁棒性。

ORBSLAM3 的最大优势在于，它允许在 BA 中匹配并使用执行三种数据关联的先前观测值。

短期的数据关联：在最新的几秒中 0 匹配地图元素。就像是 VO 中做的一样，丢掉那些已经看不到的帧，这会导致有累计的漂移。

中期的数据关联：匹配相机累计误差小的地图，这也可以用在 BA 中，当系统在已经建好的地图中运行的时候可以达到零漂移。

长期的数据关联：利用场景重识别来匹配当前的观测和先前的观测，不用管累计误差而且即使跟踪失败也可以实现，长期的匹配可以利用位姿图优化重新设置漂移，为了更准确也可以利用 BA。这是 SLAM 在大场景中精度保证的关键。

在该项目中，除了上述所说的三个数据关联方式外，进一步地提出了多地图数据融合——这允许我们匹配和使用来自以前的地图会话的 BA 地图元素，实现 SLAM 系统的真正目标：构建一个地图，以便以后可以使用，以提供准确的定位。

5.4.3 SVO2 算法概述

SVO2(Semi-Direct Monocular Visual Odometry)是苏黎世大学 Scaramuzza 教授的实验室，在 2016 年发表的一种视觉里程计算法，它的名称是半直接法视觉里程计，通俗点说，就是结合了特征点法和直接法的视觉里程计，其算法已经在 github 上面开源(https://github.com/uzh-rpg/rpg_svo)。目前该算法是一种基于概率的深度估计算法，具有较好的鲁棒性，不仅在低纹理、重复纹理场景中能够实现很好的跟踪，而且可以扩展到广角相机、多相机等系统中。

该算法包括相机跟踪线程和地图构建线程，首先对图像提取 FAST 特征点，但不计算特征点的描述子，利用直接法估计一个相机的初始位姿，同时仅对 FAST 特征点进行计算，速度极快，比较适用于无人机、智能手机等计算资源有限的平台。

该方法的整体框图如图 5-18 所示，包括以下两个部分：

(1) 运动估计

首先通过稀疏图像对齐估计一个粗略的相机位姿。每新到一个图像帧，将上一帧图像的特征点重投影回三维空间，然后再投影到新的图像帧上，优化投影点和原特征点之间的光度误差来计算一个两帧间的相对相机位姿。然后将地图中的三维投影点投影到当前图像上，最小化投影点与参考帧之间的光度误差来优化投影点的位置，以便得到更精确的特征位置。最后，对投影点和优化后的投影点之间的位置差异进行最小化来对相机姿态和三维点位置进行优化。

(2) 地图构建

地图构建线程采用深度滤波器来实现三维点深度的计算，与传统三角法来确定三维点的深度不同。该方法中所涉及的图像帧分为关键帧和普通图像帧(非关键帧)。当地图构建线程接收到关键帧时，就会将图像上的特征点初始化为种子点，其深度初始化为该帧的平均深度，并且赋予其深度一个较大的不确定性。当地图构建线程接收到非关键帧时，就利用图像对还没有收敛的种子点进行更新，更新其深度和不确定性并判断该种子点是否收敛或者发散，当一个种子点收敛时，就加入地图中，否则将其删除点。

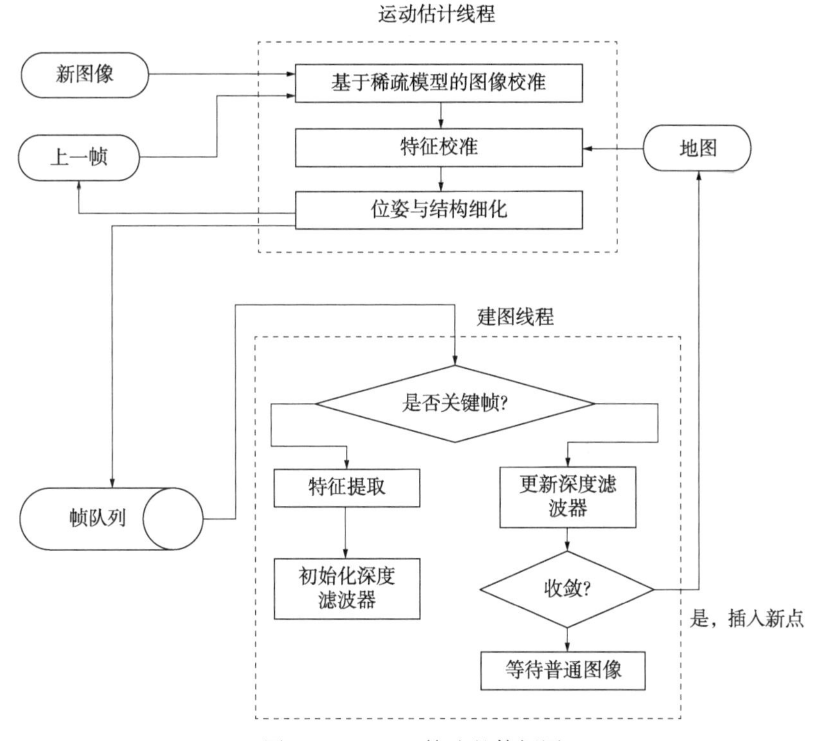

图 5-18 SVO2 算法整体框图

5.4.4 LSD-SLAM 算法概述

LSD-SLAM 是一个单目大尺度半稠密定位及建图的方法，之所以是稠密版是因为深度地图只选用图像中具有较大梯度的图像点，其算法主要在 2013 年和 2014 年的两篇论文中提出。该算法包括以下三个核心模块，如图 5-19 所示。

5.4.4.1 图像帧的位姿跟踪

跟踪部分主要任务是估计连续的图像对应的相机的位姿，它根据当前关键帧估计当前图像对应的相机位姿。相机位姿的初始值使用上一帧图像对应的相机位姿。该部分使用直接法估计图像帧位姿的算法简述如下：

设当前最近的关键帧 $\boldsymbol{K}_i=(\boldsymbol{I}_i, \boldsymbol{D}_i, \boldsymbol{V}_i)$，李代数 ξ_{ji} 表示新的图像帧 $\boldsymbol{I}_j$ 与图像关键帧 $\boldsymbol{I}_i$ 对应的相机的位姿变化(SE3)。ξ_{ji} 通过最小化方差归一化的光度误差来求解：

$$E_p(\xi_{ji})=\sum_{p\in\Omega_{D_i}}\left\|\frac{r_p^2(p, \xi_{ji})}{\sigma^2_{r_p(p,\xi_{ji})}}\right\|_\delta$$

$$\text{with}\quad r_p(p, \xi_{ji}):=\boldsymbol{I}_i(p)-\boldsymbol{I}_j(\omega(p, D_i(p), \xi_{ji}))$$

$$\sigma^2_{r_p(p,\xi_{ji})}:=2\sigma_I^2+\left(\frac{\partial r_p(p, \xi_{ji})}{\partial D_i(p)}\right)^2 V_i(p) \tag{5-1}$$

式中，$r_p(*)$ 为光度误差；$r_p^2(*)$ 为光度残差；$\sigma^2_{r_p}$ 为光度误差的方差；σ_I^2 为图像的高斯噪声；p 为在关键帧 $\boldsymbol{I}_i$ 观测到的有深度信息($p\in\Omega_{D_i}$)的归一化图像点；$\omega(p, D_i(p), \xi_{ji})$ 为一

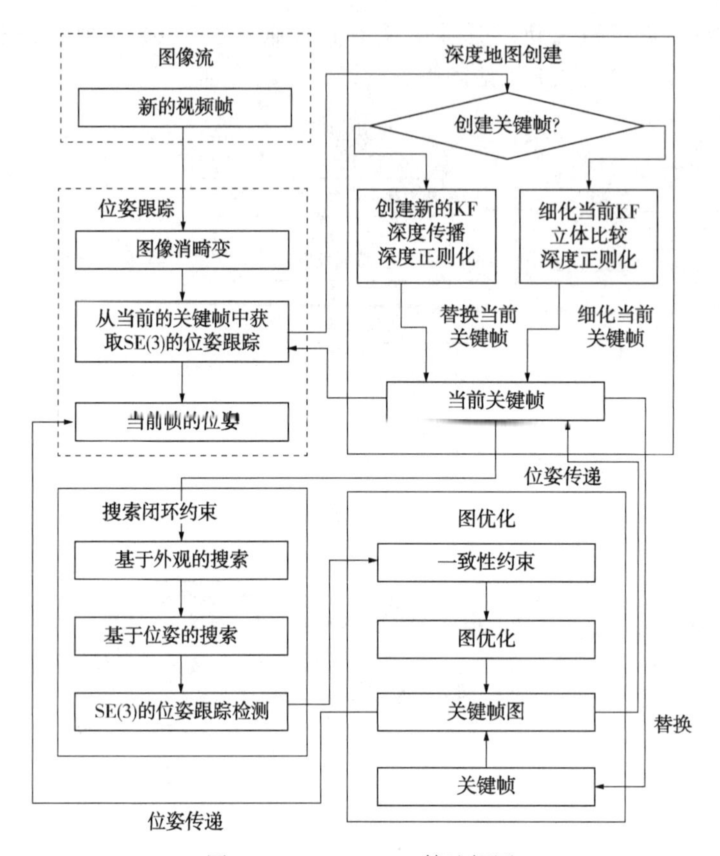

图 5-19 LSD-SLAM 算法框图

个投影映射，表示将 p 先通过 ξ_{ji} 从 i 坐标系转换到 j 坐标系，再通过相机内参矩阵投影至图像，得到相应的像素坐标，D：$\Omega\rightarrow\Re$ 表示每个像素坐标对应一个逆深度；V：$\Omega\rightarrow\Re$ 表示每个像素坐标对应逆深度的方差；$\|*\|_{\delta}$ 是 Huber 范函数，如下表述：

$$\|r^2\|_{\delta}:=\begin{cases}\dfrac{r^2}{2\delta} & if\ |r|\leqslant\delta\\ |\delta|-\dfrac{\delta}{2} & otherwise\end{cases} \tag{5-2}$$

5.4.4.2 深度估计

LSD-SLAM 构建的是半稠密逆深度地图，只对有明显梯度的像素位置进行深度估计，用逆深度 D 表示，并且假设逆深度服从高斯分布。一旦一个图像帧被选为关键帧，则用其跟踪的参考帧的深度图对其进行深度图构建，之后跟踪到该新建关键帧的图像帧都会用来对其深度图进行更新。

(1) 关键帧的选择

首先根据估计得到的相机位姿的变化，判断是否使用该帧图像创建关键帧，当相机与当前使用的关键帧对应的时刻相机的距离大于一定阈值时，则使用该帧图像创建新的关键帧，并得到新的深度地图。如果距离过短，则将该帧图像的深度估计结果进行卡尔曼融合到当前使用的关键帧上。距离函数定义为：

$$dist(\xi_{ji}):=\xi_{ji}^{T}W\xi_{ji} \tag{5-3}$$

式中，W 是一个对角矩阵包含的权重。

（2）深度地图的构建

假设当前帧成为新的关键帧，则将前一个关键帧的深度图投影到当前帧来初始化新关键帧的深度图。将前一个关键帧的深度图传播到新关键帧的深度图时，主要考虑逆深度误差的传播。假设两帧之间的旋转很小，新关键帧的逆深度就可以近似为：

$$d_1(d_0)=(d_0^{-1}-t_z)^{-1} \tag{5-4}$$

这里 t_z 是相机沿着光轴方向的位移，在实际求逆深度的时候，是考虑旋转的，把参考关键帧上的点通过 SE3 变换到当前新的关键帧上来，然后求逆深度。逆深度的方差：

$$\sigma_{d_1}^2=J_{d_1}\sigma_{d_0}^2J_{d_1}^T+\sigma_p^2=\left(\frac{d_1}{d_0}\right)^4\sigma_{d_0}^2+\sigma_p^2 \tag{5-5}$$

式中，σ_p^2 为预测不确定性。

传播完深度图和逆深度之后，无论是否新建关键帧，都需要进行深度估计，并进行深度正则化（Regularization），筛除离群点（Outlier Removed）。

5.4.4.3　搜寻闭环约束，进行地图优化

这个部分完成两个任务：位姿优化及点云地图优化功能。此处的位姿优化与第一部分图像位姿跟踪不同，跟踪部分是每帧图像的位姿估计，使用 6 自由度的变换矩阵 SE(3)来评估，用于评估深度，而位姿跟踪是基于关键帧之间的位姿估计，使用相似矩阵 sim(3)来评估。当关键帧成为参考帧，其对应的深度图不再被优化时，则将该帧的深度图融合到全局地图。对于回环检测和尺度估计而言，使用直接图像匹配法对相近的两个关键帧进行相似变换矩阵评估。

在关键帧的附近保留 10 个相近的关键帧以及一些外观较为相像的帧作为候选帧，用于检测回环。如式(5-6)所示，使用帧与帧之间的双向跟踪的方法检测回环，采用马氏距离进行双向评估，检测回环的正确性：

$$e(\xi_{j_ki},\ \xi_{ij_k}):=(\xi_{j_ki}\circ\xi_{ij_k})^T\left(\sum_{j_ki}+Adj_{j_ki}\sum_{ij_k}Adj_{j_ki}^T\right)^{-1}(\xi_{j_ki}\circ\xi_{ij_k}) \tag{5-6}$$

式中，Adj_{j_ki}为伴随矩阵。当上式足够小时，就可以认为检测到回环，并到达回环，就将这一帧插入全局地图中。

最后采用式(5-7)执行图优化，如 g2o 中的 pose graph optimization，边为连接关系，节点为关键帧，即全局位姿图优化约束方程如下：

$$E(\xi_{W_1}\xi_{W_2}\cdots\xi_{W_n})=\sum_{(\xi_{ji},\ \sum)\in\varepsilon}(\xi_{ji}\circ\xi_{W_i}^{-1}\circ\xi_{W_j})^T\sum_{ji}^{-1}(\xi_{ji}\circ\xi_{W_i}^{-1}\circ\xi_{W_j}) \tag{5-7}$$

5.4.5　Dyna-SLAM 算法概述

大部分视觉定位与建图（SLAM）算法都假设环境中的物体是静态或者低运动的，这种假设影响了视觉 SLAM 系统在实际场景中的适用性。当环境中存在动态物体时，例如走动的人，反复开关的门窗等，都会给系统带来错误的观测数据，降低系统的精度和鲁棒性。因此，为了提高系统在动态环境下的性能，需要对动态区域进行检测与处理。

2018 年发表在 ROBOTICS AND AUTOMATION LETTERS 并开源的 Dyna-SLAM 是一种基于视觉里程计（Visual Odometry，简称 VO）和环境地图（Map）的同时定位与建图（Simultaneous Localization and Mapping，简称 SLAM）算法实现。该算法建立在 ORB-SLAM2 基础上，通过

多视角几何、深度学习或两者结合来检测移动物体，具有动态物体检测和背景修复的能力，对于动态场景具有非常高的稳健性。

该算法的框图如图 5-20 所示。

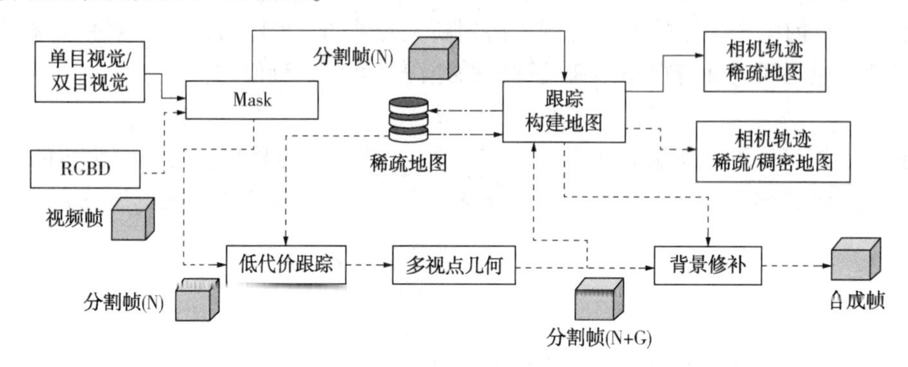

图 5-20 Dyna-SLAM 算法框图

从图 5-20 可以看出，对于双目和单目相机(黑色连续线)，首先利用神经网络 Mask R-CNN 进行像素级别的实例分割，得到潜在的运动物体(人、自行车、汽车等)，然后直接将该区域视为动态区域进行剔除，用余下区域的特征点进行跟踪与建图。最后进行背景修复，将相邻关键帧的图像投影到当前关键帧的动态区域上进行修补，形成合成视频帧。黑色点线表示存储的稀疏地图的数据流。

对于 RGB-D 相机(黑色虚线)，首先将 RGB-D 数据传入到 CNN 网络中，对有先验动态性质的物体如行人和车辆进行逐像素的实例分割，得到潜在的运动物体；然后将该区域的特征点去除，进行 Low-Cost Tracking，得到初始位姿；在此初始位姿的基础上，使用多视图几何对 CNN 输出的动态物体的分割结果进行修缮，并对在大多数时间中保持静止的、新出现的动态对象进行标注，提升动态内容的分割效果；进一步将上述两种方法融合得到最终的动态区域，将静态区域的 Mask 传送给 ORB-SLAM 进行位姿计算和稀疏点云地图构建；最后对将相邻关键帧的图像投影到当前关键帧的动态区域，进行背景修补。

具体内容包括：

(1) 使用卷积神经网络对潜在的动态物体进行分割

为了检测动态物体，Dyna-SLAM 使用 Mask R-CNN 获得逐像素的图片语义分割。该想法是分割那些潜在动态或者可能运动的物体(人、自行车、汽车、猫、狗等)。使用 Mask R-CNN 可以同时获得逐像素语义分割和实例标号。该网络输出是大小为 $m \times n \times 3$ 的 RGB 图像，输出是大小为 $m \times n \times l$ 的矩阵，其中 l 是图像中物体的数量。对于每个输出通道 $i \in l$，得到一个二进制掩码。通过将所有通道合并为一个，获得场景中出现的所有动态物体的分割结果。

(2) 低成本的跟踪

低成本跟踪是指，去除“潜在动态物体”上的特征点(包括内部和周围像素)之后，使用轻量级的 ORBSLAM2 的 Track()函数对其余的特征点进行跟踪计算相机位姿。它投影地图特征到图片帧中，搜索图片静态区域的对应，并最小化重投影误差来优化相机位姿。

(3) 使用 Mask-RCNN 和多视图几何分割动态成分

通过使用 Mask-RCNN，大多数动态物体可以被分割并且不被用于跟踪和建图。但是，有一些物体不能被该方法检测到，因为它们不是先验动态的，但是可移动。最典型的例子是某人拿着一本书，一个人坐在椅子上移动，甚至是家具在长期建图中的变化。

Dyna-SLAM 提出了一种通过多视图几何区分动态特征点的方法，首先找到与当前帧具有最大重叠的 5 个关键帧，同时考虑当前帧与每个关键帧之间的距离和旋转来考量该特征点是否属于动态区域；然后计算从前一关键帧投影到当前帧的每个关键点 x，得到关键点 x'，以及根据相机运动计算出的投影深度 z_{proj}，由相机运动计算而得。对于每个关键点，其对应的 3D 点为 X，我们计算 x 和 x' 的反投影的夹角，即它们的视差角 α。如果这个角度大于 30°，则该点可能被遮挡，并且从此被忽略。在当前帧中获取剩余关键点的深度 z'（直接从深度测量中获取），考虑了重投影误差，并将它们与 z_{proj} 进行比较。如果差值 $\Delta z = z_{proj} - z'$ 超过阈值 τ_z，则认为关键点 x' 属于一个动态物体。

（4）背景修复

对于每一个被移除的动态物体，可以用先前视图中的静态信息修复被遮挡的背景，以便合成一个没有移动内容的逼真图像。这样的合成帧，包含了环境的静态结构，对于虚拟和增强现实应用以及地图创建后的重定位和相机跟踪是有用的。

5.4.6　VINS-Mono 算法概述

VINS-Mono 是 HKUST 的 Shen Shaojie 团队开源的一套具有鲁棒性和多功能的单目视觉惯性状态估计算法，该方法首先完成鲁棒性估计器初始化步骤；其次，通过融合预积分后的 IMU 测量值和视觉特征观测值，用一个紧耦合非线性优化方法来得到高精度的视觉惯性里程计；然后，提出一个回环检测模块，提供重定位功能；最后，通过全局姿态图优化，系统可以融合当前地图和历史地图。该系统是由相机和低成本惯性测量单元（IMU）组成的单目视觉惯性系统，其中，VINS 是度量六自由度（DOF）状态估计的最小传感器组件。

系统的整体框图如图 5-21 所示。整体流程和各个模块的作用概括如下：

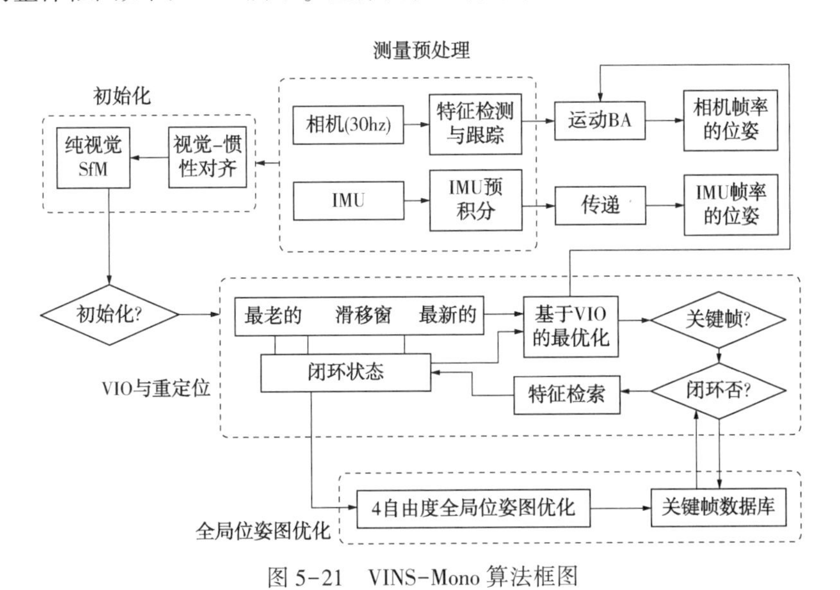

图 5-21　VINS-Mono 算法框图

5.4.6.1　测量数据处理模块

该模块主要完成相机和 IMU 的测量数据的处理，包括相机图像的特征提取和跟踪，两帧连续图像帧间对 IMU 数据的预积分、关键帧选取等。由于相机和 IMU 的采样频率不同，需要对相机和 IMU 数据进行对齐。

(1) 视觉特征检测与跟踪

特征检测采用角点特征，每帧图像有最低的特征数量，相邻特征之间设置最小像素间隔，使用基于基础矩阵 F 的 RANSAC 算法来剔除异常点。特征跟踪使用 KLT 稀疏光流算法，关键帧的选取采用平均视差标准和跟踪质量两种方法。如果被跟踪特征的平均视差介于当前帧和最新关键帧之间，而且超过某个阈值，则把当前帧设为新的关键帧。为了避免特征轨迹由于特征点过少而丢失，当跟踪的特征数低于某个阈值时，将当前帧设为新的关键帧。

该模块主要作为 VINS-MONO 的前端，其功能是获取摄像头的图像帧，并按照事先设定的频率，把当前帧上满足要求的特征点以 sensor_msg::PointCloudPtr 的格式发布出去，以便 ros 系统中 RVIZ 和 vins——estimator 接收。

ROS 系统下该功能包主要包括以下 4 个功能：

feature_tracker——包含特征提取/光流追踪的所有算法函数；

feature_tracker_node——特征提取的主入口，负责一个特征处理结点的功能；

parameters——负责读取来自配置文件的参数；

tic_tok——计时器。

其流程图如 5-22 所示。

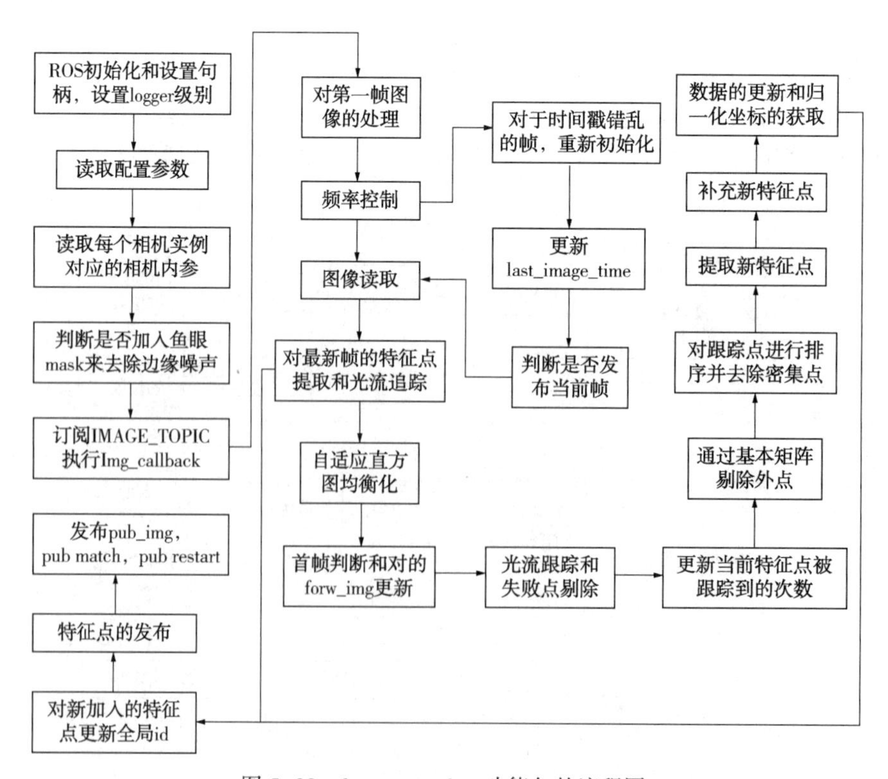

图 5-22　feature_tracker 功能包的流程图

(2) IMU 预积分

IMU 获取的是加速度和角速度，通过对 IMU 测量量的积分操作，能够获得机器人的位姿信息，其中 IMU 测量值包括加速度计得到的线加速度和陀螺仪得到的角速度。

首先给出 IMU 测量值的数学模型如式(5-8)所示：

$$\hat{a}_t = a_t + b_{a_t} + R^t_w g^w + n_a$$
$$\hat{w}_t = w_t + b_{w_t} + n_w \tag{5-8}$$

其中下标 t 表示在 IMU 坐标系下，并受到加速度偏置 b_a、陀螺仪偏置 b_w 和附加噪声 n_a，n_w 的影响。线加速度 $\hat{a}_t$ 是重力加速度和物体加速度的合矢量，角速度 $\hat{w}_t$ 由陀螺仪获得，上标^代表是 IMU 的测量量，没有上标的值代表的是真实的量。加速度计偏置 n_a 和陀螺仪偏置 n_w 被定义为随机游走并随着时间变化的，它的导数满足高斯分布 $n_a \sim N(0,\ \sigma_a^2)$ 和 $n_w \sim N(0,\ \sigma_w^2)$。

对于图像帧 k 和 $k+1$，体坐标系对应为 b_k 和 b_{k+1}，位置 p、速度 v 和方向状态值 q 可以根据$[t_k,\ t_{k+1}]$时间间隔内的 IMU 测量值获得，如式(5-9)所示。

$$p^w_{b_{k+1}} = p^w_{b_k} + v^w_{b_k}\Delta t_k + \iint_{t\in[t_k,\ t_{k+1}]} (R^w_t(\hat{a}_t - b_{a_t} - n_a) - g^w)\mathrm{d}t^2$$
$$v^w_{b_{k+1}} = p^w_{b_k} + \int_{t\in[t_k,\ t_{k+1}]} (R^w_t(\hat{a}_t - b_{a_t} - n_a) - g^w)\mathrm{d}t \tag{5-9}$$
$$q^w_{b_{k+1}} = q^w_{b_k} \otimes \int_{t\in[t_k,\ t_{k+1}]} \frac{1}{2} q^{b_k}_t \otimes \begin{bmatrix} (\hat{w}_t - b_{w_t} - n_w) \\ 0 \end{bmatrix} \mathrm{d}t$$

其中，上式等号左边的三个量是 IMU 积分所需要求解的量，分别是 b_{k+1}时刻下，IMU 坐标原点在世界坐标系上的坐标，速度和旋转角度，它们都是由 b_k 时刻对应的值加上 IMU 积分值。

由于 IMU 的采样频率高于图像帧的发布频率，所以相邻两个图像帧之间的 IMU 信息需要进行积分才能与视觉信息对齐。

计算 IMU 在世界坐标系下的位移，需要用世界坐标系下的加速度。而 IMU 测量结果都是自己坐标系(即 body 坐标系下的加速度)，需要通过状态量 R^w_t 变换到世界坐标系下状态量。但每一次优化后状态量 R^w_t 是会变化的，这样就需要重新积分。为了减少 IMU 的积分次数，避免其出现在积分符号中，可以将上述等式两边分别乘于矩阵 $R^{b_k}_w$，使得积分内容只与 IMU 的测量量有关，而与被优化的状态量无关，该过程又称为 IMU 预积分，其变化过程如下：

$$R^{b_k}_w p^w_{b_{k+1}} = R^{b_k}_w(p^w_{b_k} + v^w_{b_k}\Delta t_k - \frac{1}{2}g^w\Delta t_k^2) + \iint_{t\in[t_k,\ t_{k+1}]} R^{b_k}_t(\hat{a}_t - b_{a_t} - n_a)\mathrm{d}t^2$$
$$R^{b_k}_w v^w_{b_{k+1}} = R^{b_k}_w(v^w_{b_k} - g^w\Delta t_k) + \iint_{t\in[t_k,\ t_{k+1}]} R^{b_k}_t(\hat{a}_t - b_{a_t} - n_a)\mathrm{d}t \tag{5-10}$$
$$q^{b_k}_w \otimes q^w_{b_{k+1}} = \int_{t\in[t_k,\ t_{k+1}]} \frac{1}{2}\Omega(\hat{w}_t - b_{w_t} - n_w)\gamma^{b_k}_t\mathrm{d}t$$

其中 IMU 预积分过程中主要操作部分如式(5-11)所示，需要预积分的量分别是 $\alpha^{b_k}_{b_{k+1}}$，$\beta^{b_k}_{b_{k+1}}$，$\gamma^{b_k}_{b_{k+1}}$，代表 b_{k+1}对 b_k 的相对运动量，分别对应位移、速度和四元数：

$$
\begin{aligned}
\alpha_{b_{k+1}}^{b_k} &= \iint_{t\in[t_k,\ t_{k+1}]} R_t^{b_k}(\hat{a}_t - b_{a_t} - n_a)\,dt^2 \\
\beta_{b_{k+1}}^{b_k} &= \iint_{t\in[t_k,\ t_{k+1}]} R_t^{b_k}(\hat{a}_t - b_{a_t} - n_a)\,dt \\
\gamma_{b_{k+1}}^{b_k} &= \int_{t\in[t_k,\ t_{k+1}]} \frac{1}{2}\Omega(\hat{w}_t - b_{w_t} - n_w)\gamma_t^{b_k}\,dt
\end{aligned}
\tag{5-11}
$$

其中，$\Omega(w)=\begin{bmatrix} -\lfloor w\rfloor_\times & w \\ -w^{T} & 0 \end{bmatrix}$，$\lfloor w\rfloor_\times=\begin{bmatrix} 0 & -w_z & w_y \\ w_z & 0 & -w_x \\ -w_y & w_x & 0 \end{bmatrix}$

进一步将上式使用一阶泰勒展开来获取 $\alpha_{b_{k+1}}^{b_k}$，$\beta_{b_{k+1}}^{b_k}$，$\gamma_{b_{k+1}}^{b_k}$ 的近似值进行位置纠偏，如果偏置优化变化较大，则使用新偏置重新计算 IMU 预积分量。

$$
\begin{aligned}
\alpha_{b_{k+1}}^{b_k} &\approx \hat{\alpha}_{b_{k+1}}^{b_k} + J_{b_a}^{\alpha}\delta b_a + J_{b_w}^{\alpha}\delta b_w \\
\beta_{b_{k+1}}^{b_k} &\approx \hat{\beta}_{b_{k+1}}^{b_k} + J_{b_a}^{\beta}\delta b_a + J_{b_w}^{\beta}\delta b_w \\
\gamma_{b_{k+1}}^{b_k} &\approx \hat{\gamma}_{b_{k+1}}^{b_k} \otimes \begin{bmatrix} 1 \\ \frac{1}{2}J_{b_w}^{\gamma}\delta b_w \end{bmatrix}
\end{aligned}
\tag{5-12}
$$

其中，带有^的量是由 IMU 测量量直接计算得到。δb_a 和 δb_w 是 bias 的变化量，J 是它们与 α、β、γ 对应的 Jacobian。

5.4.6.2 初始化模块

初始化模块完成视觉惯性数据的对齐，提供了所有必要的值，包括姿态、速度、重力向量、陀螺仪偏置和三维特征位置，用于引导随后的非线性优化部分。VINS-Mono 的初始化采用松组合(Loosely Coupled)的方式获取初始值。

首先用 SFM 求解滑动窗口内所有帧的位姿(以第一帧作为参考坐标系)和所有路标点的 3D 位置。然后将 SFM 的结果与 IMU 预积分的值进行对齐，实现对陀螺仪偏置的校正，再求解每一帧对应的速度，求解重力向量方向，恢复单目相机的尺度因子。

5.4.6.3 VIO 与重定位模块(前端)

采用非线性优化的方法，并且引入滑动窗口算法，紧密地融合了预先积分的 IMU 测量、特征观测和回环重新检测到的特征。在窗口移动的过程中，并不是直接丢弃旧的数据，而是将其边缘化，并将其用作下一时刻的窗口提供先验信息。

5.4.6.4 全局位姿图优化模块(后端)

位姿图优化模块接受上一步的重定位结果，并执行 4 自由度(三维平移和偏航角)进行全局优化以消除漂移，维持关键帧集合。

在正常运行过程中，初始化只进行一次。前端负责不断地提取特征点发给后端；后端负责 IMU 数据采集，预积分和优化/滑窗等操作。前端和后端在运行过程中不断地循环。

VINS-Mono 的核心功能主要通过 ROS 系统中的 vins_estimator 功能包来实现，包含了包括 IMU 数据的处理(前端)，初始化(可能属于前端)，滑动窗口(后端)，非线性优化(后端)，关键帧的选取(部分内容)(前端)。

这个功能包主要包含以下文件：

factor——主要用于非线性优化对各个参数块和残差块的定义，VINS 采用的是 ceres，所以这部分需要对一些状态量和因子进行继承和重写。

initial——主要用于初始化，VINS 采用的初始化策略是先 SfM 进行视觉初始化，再与 IMU 进行松耦合。

estimator. cpp——vins_estimator 需要的所有函数都放在这里，是一个鸿篇巨制。

estimator_node. cpp——vins_estimator 的入口，是一个 ROS 的 node，实际上运行的是这个 cpp 文件。

feature_manager. cpp——负责管理滑窗内的所有特征点。

parameters. cpp——读取参数，是一个辅助函数。

utility——里面放着用于可视化的函数和 tictok 计时器。

具体流程图如图 5-23 所示。

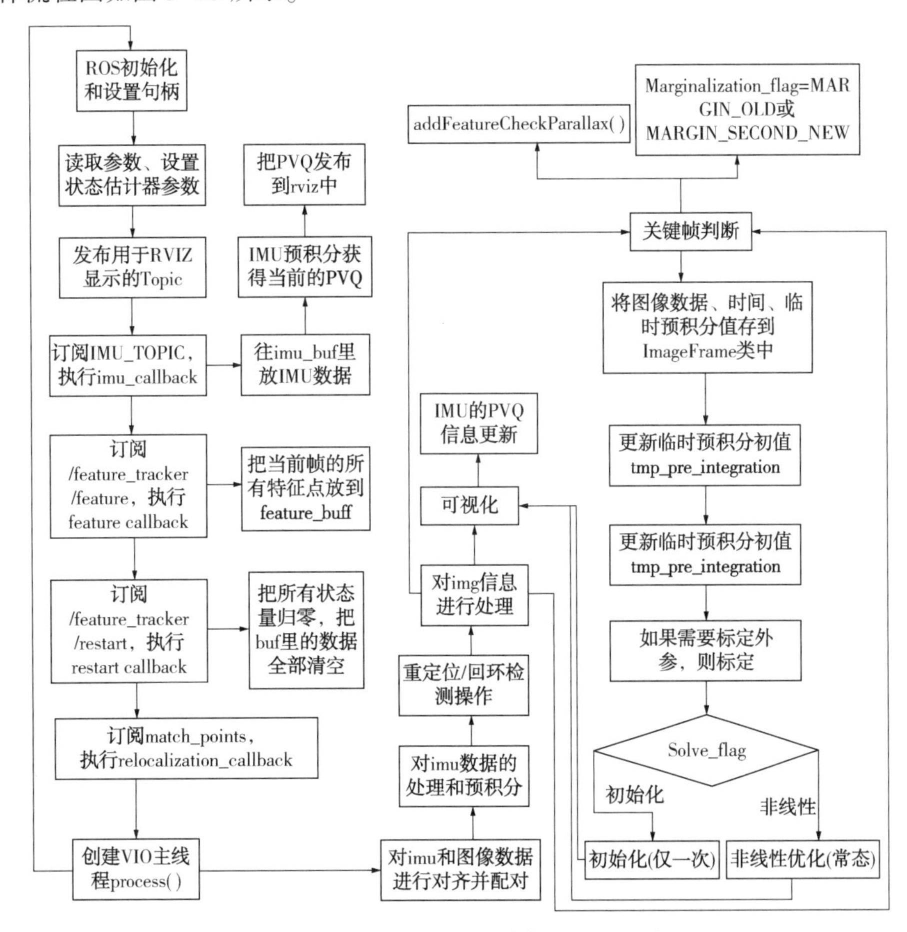

图 5-23 vins_estimator 功能包的流程图

5.4.7 MSCKF 算法概述

MSCKF 全称 Multi-State Constraint Kalman Filter(多状态约束下的 Kalman 滤波器)，是一种基于 EKF 滤波的 VIO 紧耦合的 SLAM 算法，2007 年由 Mourikis 在《A Multi-State Constraint Kalman Filter for Vision-aided Inertial Navigation》中首次提出。MSCKF 在 EKF 框架下融合 IMU 和视觉信息，相较于单纯的 VO 算法，MSCKF 能够适应更剧烈的运动、一定时间的纹理缺

失等，具有更高的鲁棒性；相较于基于优化的 VIO 算法(VINS，OKVIS)，MSCKF 精度相当，速度更快，适合在计算资源有限的嵌入式平台运行。源自《Robust Stereo Visual Inertial Odometry for Fast Autonomous Flight》的基于双目的 MSCKF，简称 S-MSCKF，该算法在单目的基础上扩增了双目摄像头，而且作者进行了代码开源，相比 MSCKF 更有助于理解论文。在机器人、无人机、AR/VR 领域，MSCKF 都有较为广泛的运用，如 Google Project Tango 就用了 MSCKF 进行位姿估计。

VIO 算法的核心在后端，不管是优化的方法还是滤波的方法，都是靠后端的紧耦合融合获得较高的 VIO 精度，为了节省计算量一般前端都会做得很简单，基本都是 FAST、Harris 等角点加 LK 光流跟踪。如果计算资源充裕的话，也可以换成 ORB、SURF、SIFT 等描述子特征，精度应该会有所提升。

MSCKF 的目标是解决 EKF-SLAM 的维数爆炸问题。传统 EKF-SLAM 将特征点加入状态向量中与 IMU 状态一起估计，当环境很大时，特征点会非常多，状态向量维数会变得非常大。MSCKF 不是将特征点加入状态向量，而是将不同时刻的相机位姿(位置 P 和姿态四元数 Q)加入状态向量，特征点会被多个相机看到，从而在多个相机状态(Multi-State)之间形成几何约束(Constraint)，进而利用几何约束构建观测模型对 EKF 进行更新。由于相机位姿的个数会远小于特征点的个数，MSCKF 状态向量的维度相较 EKF-SLAM 大大降低，历史的相机状态会不断移除，只维持固定个数的相机位姿(Sliding Window)，从而对 MSCKF 后端的计算量进行限定。

5.4.7.1 误差状态向量

对于传统的惯性导航系统(Inertial Navigation System，INS)，IMU 的状态可以采用 EKF 来估计，INS 中 IMU 的状态向量和状态误差向量定义为：

$$\begin{gathered} X_{\mathrm{IMU}} = [\,{}_{\mathrm{G}}^{\mathrm{I}}q^{\mathrm{T}} \quad b_{\mathrm{g}}^{\mathrm{T}} \quad {}^{\mathrm{G}}v_{\mathrm{I}}^{\mathrm{T}} \quad b_{\mathrm{a}}^{\mathrm{T}} \quad {}^{\mathrm{G}}p_{\mathrm{I}}^{\mathrm{T}}\,]^{\mathrm{T}} \\ \delta X_{\mathrm{IMU}} = [\,\delta_{\mathrm{G}}^{\mathrm{I}}q^{\mathrm{T}} \quad \delta b_{\mathrm{g}}^{\mathrm{T}} \quad \delta^{\mathrm{G}}v_{\mathrm{I}}^{\mathrm{T}} \quad \delta b_{\mathrm{a}}^{\mathrm{T}} \quad \delta^{\mathrm{G}}p_{\mathrm{I}}^{\mathrm{T}}\,]^{\mathrm{T}} \end{gathered} \tag{5-13}$$

式中，${}_{\mathrm{G}}^{\mathrm{I}}q$ 为单位四元数，表示从世界系(G 坐标系)到 IMU 坐标系(I 坐标系)的旋转；b_{a} 为加速度计的 bias；${}^{\mathrm{G}}v_{\mathrm{I}}$ 为 IMU 在 G 坐标系下的速度；b_{g} 为陀螺仪的 bias；${}^{\mathrm{G}}p_{\mathrm{I}}$ 为 IMU 在 G 坐标系下的位置。

MSCKF 中的误差状态向量包括：当前时刻的 IMU 状态(15 维)和 N 个历史相机状态($6N$ 维)，如下：

$$\begin{gathered} X = [\,X_{\mathrm{IMU}},\quad {}_{\mathrm{G}}^{\mathrm{C_1}}q,\quad {}^{\mathrm{G}}p_{\mathrm{C_1}},\quad \cdots,\quad {}_{\mathrm{G}}^{\mathrm{C_N}}q,\quad {}^{\mathrm{G}}p_{\mathrm{C_N}}\,]^{\mathrm{T}} \\ \delta X = [\,\delta X_{\mathrm{IMU}},\quad \delta_{\mathrm{G}}^{\mathrm{C_1}}q,\quad \delta^{\mathrm{G}}p_{\mathrm{C_1}},\quad \cdots,\quad \delta_{\mathrm{G}}^{\mathrm{C_N}}q,\quad \delta^{\mathrm{G}}p_{\mathrm{C_N}}\,]^{\mathrm{T}} \end{gathered} \tag{5-14}$$

式中，C_i 表示第 i 个历史相机的坐标系。

对于 MSCKF 来说，其中 EKF 预测步骤与 INS 一样，区别在于 EKF 观测更新步骤有所不同，MSCKF 需要用视觉信息来构建观测模型，从而对 IMU 预测的状态进行更新。INS 中 GPS 可以直接给出位置 ${}^{\mathrm{G}}p_{\mathrm{I}}$ 的观测，而视觉信息通常只能提供多个相机之间相对位姿关系的约束。

5.4.7.2 MSCKF 的预测

MSCKF 预测流程为状态量的惯性导航解算和误差量的状态转移，但要注意整体协方差矩阵的变化。在 MSCKF 中，还需修改状态转移矩阵，使得其零空间保持不变。

真实状态系统模型由下式给出：

$$
\begin{aligned}
&{}_{G}^{I}q\cdot(t)=\frac{1}{2}\Omega(w(t))\,{}_{G}^{I}q(t)\\
&\dot{b}_{g}(t)=n_{wg}(t)\\
&{}^{G}\dot{V}_{I}(t)={}^{G}a(t)\\
&{}^{G}\dot{p}_{I}(t)={}^{G}V_{I}^{T}
\end{aligned}
\tag{5-15}
$$

其中，$w(t)=[w_x \quad w_y \quad w_z]$ 为实际角速度值，${}^{G}a(t)$ 为实际角速度值，$\Omega(w)=\begin{bmatrix}-\lfloor w\times\rfloor & w\\ -w^{T} & 0\end{bmatrix}$，$\lfloor w\times\rfloor=\begin{bmatrix}0 & -w_z & w_y\\ w_z & 0 & -w_x\\ -w_y & w_x & 0\end{bmatrix}$

名义状态系统模型如式所示：

$$
\begin{aligned}
&{}_{G}^{I}\hat{q}\cdot(t)=\frac{1}{2}\Omega(w(t))\,{}_{G}^{I}\hat{q}(t)\\
&\dot{\hat{b}}_{g}(t)=0_{3\times1}\\
&{}^{G}\dot{\hat{V}}_{I}=C_{\hat{q}}^{T}\hat{a}+{}^{G}g\\
&\dot{\hat{b}}_{a}=0_{3\times1}\\
&{}^{G}\dot{\hat{p}}_{I}={}^{G}\hat{V}_{I}
\end{aligned}
\tag{5-16}
$$

其中，$C_{\hat{q}}=C({}_{G}^{I}\hat{q})$ 为通过姿态估计值转换成的旋转矩阵，$\hat{a}=a_m-\hat{b}_a$，$\hat{w}=w_m-\hat{b}_g-C_{\hat{q}}w_G$，$(a_m,\ w_m)$ 分别是加速度计和陀螺仪测量值。

误差状态系统模型(即 EKF 的预测模型)，根据误差状态 = 真实状态 - 名义状态的定义，误差状态如式(5-17)所示：

$$
\delta X_{IMU}=FX_{IMU}+Gn_{IMU}
\tag{5-17}
$$

其中，$F=\begin{bmatrix}-\lfloor\hat{w}\times\rfloor & -I_3 & 0_{3\times3} & 0_{3\times3} & 0_{3\times3}\\ 0_{3\times3} & 0_{3\times3} & 0_{3\times3} & 0_{3\times3} & 0_{3\times3}\\ -C_{\hat{q}}^{T}\lfloor\hat{a}\times\rfloor & 0_{3\times3} & 0_{3\times3} & -C_{\hat{q}}^{T} & 0_{3\times3}\\ 0_{3\times3} & 0_{3\times3} & 0_{3\times3} & 0_{3\times3} & 0_{3\times3}\\ 0_{3\times3} & 0_{3\times3} & I_3 & 0_{3\times3} & 0_{3\times3}\end{bmatrix}$，$G=\begin{bmatrix}-I_3 & 0_{3\times3} & 0_{3\times3} & 0_{3\times3}\\ 0_{3\times3} & I_3 & 0_{3\times3} & 0_{3\times3}\\ 0_{3\times3} & 0_{3\times3} & -C_{\hat{q}}^{T} & 0_{3\times3}\\ 0_{3\times3} & 0_{3\times3} & 0_{3\times3} & I_3\\ 0_{3\times3} & 0_{3\times3} & 0_{3\times3} & 0_{3\times3}\end{bmatrix}$，$n_{IMU}=[n_g^T \quad n_{wg}^T \quad n_a^T \quad n_{wa}^T]$ 为 IMU 的误差模型参数。

(1) 协方差预测

k 时刻的协方差为：$P_{k|k}=\begin{bmatrix}P_{II_{k|k}} & P_{IC_{k|k}}\\ P_{IC_{k|k}}^{T} & P_{CC_{k|k}}\end{bmatrix}$

预测的 $k+1$ 时刻协方差为：$P_{k+1|k}=\begin{bmatrix}P_{II_{k+1|k}} & \Phi(t_k+T,\ t_k)P_{IC_{k|k}}\\ P_{IC_{k|k}}^{T}\Phi(t_k+T,\ t_k)^{T} & P_{CC_{k|k}}\end{bmatrix}$

其中 $\boldsymbol{P}_{\text{II}_{k+1|k}}$ 通过李雅普诺夫方程 $\dot{\boldsymbol{P}}_{\text{II}}=\boldsymbol{F}\boldsymbol{P}_{\text{II}}+\boldsymbol{P}_{\text{II}}\boldsymbol{F}^{\text{T}}+\boldsymbol{G}\boldsymbol{Q}_{\text{IMU}}\boldsymbol{G}^{\text{T}}$ 计算得出。$\Phi(t_k+T,\ t_k)$ 通过方程 $\dot{\boldsymbol{\Phi}}(t_k+\tau,\ t_k)=F\Phi(t_k+\tau,\ t_k)$，$\tau\in[0,\ T]$ 进行数值积分可得。

(2) 状态增广

当接收到新图片时，需要将新的相机位姿添加到滤波的状态向量中，添加的状态按如下方法获取：

$$
\begin{aligned}
&{}_{\text{G}}^{\text{C}}\hat{q}={}_{\text{I}}^{\text{C}}q\otimes{}_{\text{G}}^{\text{I}}\hat{q},\\
&{}^{\text{G}}\hat{p}_{\text{C}}={}^{\text{G}}\hat{p}_{\text{I}}+C_{\hat{\text{q}}}^{\text{TI}}p_{\text{C}}
\end{aligned}
\tag{5-18}
$$

(3) 协方差增广

由于状态的增广，使得协方差矩阵应对应增广，方法如下：

$$
\boldsymbol{P}_{k|k}=\begin{bmatrix} I_{6N+15}\\ J\end{bmatrix}\boldsymbol{P}_{k|k}\begin{bmatrix} I_{6N+15}\\ J\end{bmatrix}^{\text{T}}
\tag{5-19}
$$

其中，$\boldsymbol{J}=\begin{bmatrix} C({}_{\text{I}}^{\text{C}}q) & 0_{3\times 9} & 0_{3\times 3} & 0_{3\times 6N}\\ \lfloor C_{\hat{\text{q}}}^{\text{TI}}p_{\text{c}}\times\rfloor & 0_{3\times 9} & I_3 & 0_{3\times 6N}\end{bmatrix}$。

5.4.7.3 MSCKF 的观测方程

(1) 测量模型的构建

这部分是 MSCKF 算法的核心，保证了算法的高效运行。传统的基于 EKF 框架的 vio 算法都会将特征点作为状态向量的一部分在整个算法运行过程中进行更新矫正，这就导致了状态向量的维度急速提高，要知道在进行滤波算法的过程中，是需要计算观测方程的 jacobi 矩阵的，维度一旦太大，必然导致计算复杂性快速提高，导致算法的效率降低，不利于大规模场景的使用。

MSCKF 算法不维护特征点信息，而是当一个特征点未被继续观察到时，通过观察到该特征点的相机状态利用最小二乘方法获取特征点的位置，然后利用该位置信息和观测到的特征信息来构建观测模型。

(2) 实际测量模型

假设单个特征 f_j 位置 p_{f_j} 被 S_j 个相机状态 $({}_{\text{G}}^{\text{C}_i}q,{}^{\text{G}}p_{\text{C}_i})$，$i\in S_j$ 观测到，则可建立如下实际测量模型：

$$
z_i^{(j)}=\frac{1}{{}^{\text{C}_i}Z_j}\begin{bmatrix}{}^{\text{C}_i}X_j\\ {}^{\text{C}_i}Y_j\end{bmatrix}+n_i^{(j)},\quad i\in S_j
\tag{5-20}
$$

其中，$n_i^{(j)}$ 是图像的噪声向量，满足 $n_i^{(j)}\sim N(0,\ \sigma_{im}^2 I)$，为高斯白噪声；$[{}^{\text{C}_i}X_j,{}^{\text{C}_i}Y_j,{}^{\text{C}_i}Z_j]$ 为特征点 f_j 在相机状态 C_i 坐标系下的坐标，可通过式(5-21)计算：

$$
{}^{\text{C}_i}p_{\text{f}_j}=[{}^{\text{C}_i}X_j,{}^{\text{C}_i}Y_j,{}^{\text{C}_i}Z_j]=C({}_{\text{G}}^{\text{C}_j}q)({}^{\text{G}}p_{\text{f}_j}-{}^{\text{G}}p_{\text{C}_i})
\tag{5-21}
$$

名义测量模型如式(5-22)所示：

$$
\hat{z}_i^{(j)}=\frac{1}{C_i\hat{Z}_j}\begin{bmatrix}{}^{\text{C}_i}\hat{X}_j\\ {}^{\text{C}_i}\hat{Y}_j\end{bmatrix},\quad {}^{\text{C}_i}\hat{p}_{\text{f}_j}=[{}^{\text{C}_i}\hat{X}_j,{}^{\text{C}_i}\hat{Y}_j,{}^{\text{C}_i}\hat{Z}_j]^{\text{T}}=C({}_{\text{G}}^{\text{C}_j}\hat{q})({}^{\text{G}}\hat{p}_{\text{f}_j}-{}^{\text{G}}\hat{p}_{\text{c}_i})
\tag{5-22}
$$

其中，名义状态 ${}_{G}^{\text{C}_j}\hat{q},{}^{\text{G}}\hat{p}_{\text{f}_j},{}^{\text{G}}\hat{p}_{\text{c}_i}$ 均为状态增广过程添加的相机状态。

观测方程如式(5-23)所示：

$$r_i^{(j)} = z_i^{(j)} - \hat{z}_i^{(j)} \tag{5-23}$$

对该非线性方方程进行泰勒展开，以便于滤波，展开后为：

$$r_i^{(j)} \cong H_{X_i}^j \delta X + H_{\mathrm{f}}^{j\,\mathrm{G}}(\delta p_{\mathrm{f}_j}) + n^j \tag{5-24}$$

从式(5-24)可以看出，观测过程不仅与误差状态有关，还与特征位置有关，因此不能直接将式(5-24)作为最终的观测方程，为此，将 $r^{(j)}$ 投影到 $H_{\mathrm{f}}^{(j)}$ 的左零空间中，可获得改进后的观测方程为：

$$r_{\mathrm{o}}^{(j)} = A^{\mathrm{T}}(z^{(j)} - \hat{z}^{(j)}) \cong A^{\mathrm{T}} H_X^{(j)}(\delta X) + A^{\mathrm{T}} n^{(j)} = H_{\mathrm{o}}^{(j)}(\delta X^{(j)}) + n_{\mathrm{o}}^{(j)} \tag{5-25}$$

式中，A 为半正交矩阵，它的列构成了 H_{f} 的左零空间；r_{o} 为投影后的残差项。

5.4.7.4　EKF 的更新

当某个特征点不被继续观测到或者相机状态太多需要消除老状态时，进行 EKF 的更新。由于 H_{o} 矩阵比较大，为了降低计算的复杂性，对 H_{o} 矩阵进行 QR 分解：

$$H_{\mathrm{o}} = [Q_1 \quad Q_2] \begin{bmatrix} T_{\mathrm{H}} \\ 0 \end{bmatrix} \tag{5-26}$$

式中，Q_1，Q_2，T_{H} 分别为酉矩阵、酉矩阵和上三角矩阵。

原观测方程可表达为：

$$r_{\mathrm{o}} = [Q_1 \quad Q_2] \begin{bmatrix} T_{\mathrm{H}} \\ 0 \end{bmatrix} (\delta X) + n_{\mathrm{o}} \Rightarrow \begin{bmatrix} Q_1^{\mathrm{T}} r_{\mathrm{o}} \\ Q_2^{\mathrm{T}} r_{\mathrm{o}} \end{bmatrix} = \begin{bmatrix} T_{\mathrm{H}} \\ 0 \end{bmatrix} (\delta X) + \begin{bmatrix} Q_1^{\mathrm{T}} n_{\mathrm{o}} \\ Q_2^{\mathrm{T}} n_{\mathrm{o}} \end{bmatrix} \tag{5-27}$$

忽略噪声项 $Q_2^{\mathrm{T}} r_{\mathrm{o}}$，可以获得最终的观测方程：

$$r_{\mathrm{n}} = Q_1^{\mathrm{T}} r_{\mathrm{o}} = T_{\mathrm{H}}(\delta X) + n_{\mathrm{n}} \tag{5-28}$$

卡尔曼增益：

$$K = P T_{\mathrm{H}}^{\mathrm{T}} (T_{\mathrm{H}} P T_{\mathrm{H}}^{\mathrm{T}} + R_{\mathrm{n}})^{-1} \tag{5-29}$$

误差状态向量增量：

$$\Delta X = K r_{\mathrm{n}} \tag{5-30}$$

协方差矩阵更新：

$$P_{k+1|k+1} = (I_\xi - K T_{\mathrm{H}}) P_{k+1|k} (I_\xi - K T_{\mathrm{H}})^{\mathrm{T}} + K R_{\mathrm{n}} K^{\mathrm{T}} \tag{5-31}$$

5.4.7.5　MSCKF 算法步骤

MSCKF 算法步骤如下：

① IMU 积分：先利用 IMU 加速度和角速度对状态向量中的 IMU 状态进行预测，一般会处理多帧 IMU 观测数据。

② 相机状态扩增：每来一张图片后，计算当前相机状态并加入状态向量中，同时扩充状态协方差。

③ 特征点三角化：然后根据历史相机状态三角化估计 3D 特征点。

④ 特征更新：再利用特征点对多个历史相机状态的约束，来更新状态向量。注意：这里不只修正历史相机状态，因为历史相机状态和 IMU 状态直接存在关系(相机与 IMU 的外参)，所以也会同时修正 IMU 状态。

⑤ 历史相机状态移除：如果相机状态个数超过 N，则剔除最老或最近的相机状态以及对应的协方差。

5.4.8 LIMO-SLAM 算法概述

LIMO-SLAM 算法于 2018 年发表在 IROS 会议，原论文名为《LIMO：LiDAR-Monocular Visual Odometry》，主要工作是融合了 LiDAR 的激光数据和 Monocular 的单目视觉数据，通过 LIDAR 提取深度，通过视觉提取特征进行跟踪，基于关键帧 BA 预测机器人运动，解决 SLAM 的问题。

LIMO-SLAM 算法的总体框架如图 5-24 所示。

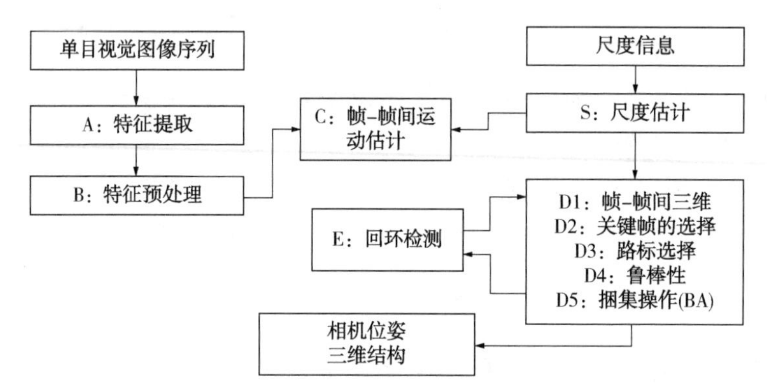

图 5-24 LIMO-SLAM 流程结构

从图 5-23 中可以看出，LIMO 算法框架主要包括特征提取、特征预处理、帧间运动估计、尺度估计、BA 和回环检测，整体上就是一个完整的 VSLAM 的算法框架，区别较大的地方就是接入了激光进行尺度估计。原论文中也指出，作者是想要组合激光准确的深度估计和相机的强大特征追踪能力，换句话说，LIMO 就是一种激光深度增强的 VSLAM 算法。

方法的具体描述如下：

5.4.8.1 特征提取和预处理

特征提取包括特征跟踪和特征关联。特征跟踪使用 viso2 库中使用的方法，在 30~40ms 内提取 2000 个特征对应。然后需要剔除动态的特征点。为此，该方法先建立语义图片，然后在每个特征点周围寻找语义属于动态的点的个数，如果大于一定阈值，则认为该特征点也属于动态点。

5.4.8.2 尺度估计

为了估计尺度，需要从三维激光测距器中提取特征点的深度。在 LIMO-SLAM 算法中，使用单帧激光点云来获得特征点的深度。

估计尺度的具体过程如下：

① 寻找该特征点周围的矩形框内的激光点。

② 对这些激光点按照深度进行划分。

③ 寻找最靠近该特征点的深度区间的点云，拟合平面。

④ 在该平面上，根据光心和特征点连线与平面的交点，作为该特征点的深度。

⑤ 检测估计深度的准确性：光心和特征点连线与平面的夹角必须小于某个阈值；拒绝深度高于 30m 的特征点预防外点。

对于地面上的特征点而言，首先从激光点云数据中提取地面，然后直接利用地面点云拟合平面来代替上述第②步和第③步。

5.4.8.3　帧间里程计

为了获得 BA 的初始化结果，该算法首先执行帧间运动估计。由于有了 3D 激光信息，帧间里程计优化问题如式(5-32)所示：

$$\underset{x,y,z,\alpha,\beta,\gamma}{\operatorname{argmin}} \sum_{i} \rho_{3d\to 2d}(\|\varphi_{i,3d\to 2d}\|_2^2)+\rho_{2d\to 2d}(\|\varphi_{i,2d\to 2d}\|_2^2) \tag{5-32}$$

其中，$\varphi_{i,3d\to 2d}=\bar{p}_i-\pi(p_i,\ P(x,\ y,\ z,\ \alpha,\ \beta,\ \gamma))$是当前帧特征点 $\bar{p}_i$ 与前一帧对应特征点的 3D 坐标 p_i(p_i 是 $\bar{p}_i$ 点对应的 3D 点)之间建立的 3D-2D 约束。$P(x,\ y,\ z,\ \alpha,\ \beta,\ \gamma)$是前一帧到当前帧的线性变换，分别是 3 自由度的旋转和 3 自由度的平移。p_i 是通过前后帧的特征点 $\tilde{p}_i$和 $\bar{p}_i$ 匹配以及预测的深度来获取。$\varphi_{i,2d\to 2d}=\bar{p}_i F\left(\frac{x}{z},\ \frac{y}{z},\ \alpha,\ \beta,\ \gamma\right)\tilde{p}_i$是当前帧特征点 $\bar{p}_i$ 与前一帧对应的特征点 $\tilde{p}_i$之间的 2D-2D 极线约束。$\pi(\cdots\cdots)$是相机的投影矩阵，将 3D 点投影到相平面。F 是基本矩阵，由前一帧到当前帧的位姿变换和相机内参决定。$\rho_s(x)=a(s)^2\cdot\log\left(1+\frac{x}{a(s)^2}\right)$是柯西损失函数，$a(s)$是固定的外点阈值。

5.4.8.4　后端优化

为了得到更准确的位姿估计结果，该算法在后端对关键帧执行 BA，主要包括以下三个部分：

(1) 关键帧的选取原则

① 关键帧可以降低信息冗余度。根据一定的策略，从普通帧中选择一帧作为它们的代表，关键帧承载的内容可以覆盖这部分普通帧的信息，这样可极大地降低信息冗余度。

② 关键帧可以降低计算负担，减少误差累积。使用关键帧避免了所有帧全部参与计算，这样不仅能降低算力和内存占用，还能参与到后端优化中，及时调整自身位姿，减少误差累积。

③ 关键帧可以保证图像帧的质量。在选择关键帧时，通常选取图像清晰、纹理特征丰富的普通帧作为关键帧。

④ 滑动窗口大小的确定，通过判断当前关键帧和最新添加的关键帧之间的关联地图点的数量的多少，如果没有达到阈值，就将当前帧设定为窗口中的最后一帧。

(2) 地标的选取原则

① 良好的观测性；

② 规模小，减少计算复杂性；

③ 没有外点，不易误检测；

④ 3 维空间和 2D 图像上都均匀地分布。

该算法首先对欲选择的点进行三角化匹配，然后对匹配的点进行测试，从中选择远、近、中三个距离范围的点作为路标点，进一步采用体素对这些路标点进行滤波处理，使其分布更加均匀，再通过 Resnet38 网络的引入，提取语义信息，根据语义信息确定路标点的权重，不易移动的物体权重较大，容易移动和变换位置的物体权重较小。

(3) 代价函数的选取

为了将深度信息放到 BA 中进行优化，增加一个代价函数 $\varepsilon_{i,j}$来惩罚路标深度和测量深度之间的差别：

$$\varepsilon_{i,j}(l_i, P_j)=\begin{cases}0, & if\ l_i\ has\ no\ depth\ estimate\\ \hat{d}_{i,j}-[0\quad 0\quad 1]\tau(l_i, P_j), & else\end{cases} \tag{5-33}$$

式中，l_i 为路标点；τ 为世界坐标系到相机坐标系的投影；$\hat{d}_{i,j}$ 为采用尺度估计获得的深度；下标 i 和 j 表示那些能够提取到路标深度的点。

最后，根据筛选得到的路标、关键帧等，整个优化问题描述如下：

$$\underset{P_j\in \mathrm{P_{sets}},\ l_i\in L_{\mathrm{sets}},\ d_i\in D_{\mathrm{sets}}}{\operatorname{argmin}} =\omega_0\|v(P_1, P_0)\|_2^2+\sum_i\sum_j\omega_1\rho_\phi(\|\phi_{i,j}(l_i, P_i)\|_2^2) + \omega_2\rho_\xi(\|\xi_{i,j}(l_i, P_i)\|_2^2) \tag{5-34}$$

式中，ω_0，ω_1，ω_2 代表权重；ρ_ϕ，ρ_ξ 分别为上述代价函数中涉及的损失函数；P_0，P_1 分别为滑动窗口中最旧两帧的位姿；函数 $v(P_1, P_0)=\|translation(P_0^{-1}P_1)\|_2^2-s(3)$ 约束了最旧两帧的平移在优化前后不能变化太大，s 为优化前最旧两帧的相对平移；$\phi_{i,j}(l_i, P_j)=\bar{l}_{i,j}-\pi(l_i, P_j)$ 为重投影误差。

5.5 激光 SLAM 算法

5.5.1 RBPF-SLAM 算法

粒子滤波在实际问题中有很多应用场景。在机器人的 SLAM 问题中，Rao-Blackwellized 粒子滤波器(RBPF)就是一种非常经典并且常见的方法。传统的粒子滤波的核心思想就是用一系列从后验概率中得到的随机状态粒子来表达其分布。粒子滤波是非参数滤波，所以可以没有确定的后验表达式而通过有限的值来近似后验。所以在理论上粒子滤波适用于任何的非线性非高斯的系统。但是在实际应用中必须考虑到效率的问题，粒子滤波描述系统状态后验概率的准确度是与粒子数目成正比的。机器人 SLAM 问题中的维度非常高，可能达到百万级别，而维度越高需要的粒子数目越多，这就导致了维度爆炸。针对这个问题，DoucetA 等人将粒子滤波和 Rao-Blackwellization 相结合提出了 RBPF 算法。该算法将 SLAM 问题的联合后验概率分布分解成了两部分，即定位部分和建图部分。利用机器人的传感器观测数据 $z_{1:t}=z_1, z_2, \cdots, z_t$ 和里程计控制数据信息 $u_{1:t-1}=u_1, u_2, \cdots, u_t$ 来估计自身的位姿信息 $x_{1:t}=x_1, x_2, x_3, \cdots, x_t$，即求解移动机器人的后验概率 $p(x_t|z_{1:t}, u_{1:t-1})$，通过后验概率计算基于地图和运动轨迹的联合后验分布概率如下式所示：

$$p(x_{1:t},m|z_{1:t},u_{1:t-1})=p(m|x_{1:t},z_{1:t})p(x_{1:t}|z_{1:t},u_{1:t-1})$$

式中联合后验分布概率由两个后验概率乘积组成，$p(m|x_{1:t},z_{1:t})$ 是基于地图的后验概率，由 $x_{1:t}$ 和 $z_{1:t}$ 计算得出。$p(x_{1:t}|z_{1:t},u_{1:t-1})$ 为移动机器人的轨迹后验概率，通过粒子滤波器来估算，每一个粒子代表机器人运动的一条轨迹。

RBPF-SLAM 算法的一般流程步骤如下：

① 采样：在 t 时刻，从机器人运动模型 $p(x_{1:t}^{(i)}|z_{1:t},u_{1:t-1})$ 构成的提议分布 $\pi(x_{1:t}^{(i)}|z_{1:t}, u_{1:t-1})$ 中采样，生成粒子集 $\{x_t^{(i)}\}_{i=1,2,3\cdots,N}$。

② 计算粒子权重：为 $\{x_t^{(i)}\}_{i=1,2,3\cdots,N}$ 中的每个粒子分配相应的权重 $w^{(i)}$，公式为：

$$w_t^{(i)}=\frac{p(x_{1:t}^{(i)}|z_{1:t},u_{1:t-1})}{\pi(x_{1:t}^{(i)}|z_{1:t},u_{1:t-1})}=\frac{p(z_t|x_t^{(i)},m_{t-1}^{(i)})p(x_t^{(i)}|x_{t-1}^{(i)},u_{1:t-1})}{\pi(x_t^{(i)}|x_{1:t-1}^{(i)},z_{1:t},u_{1:t-1})}w_{t-1}^{(i)} \tag{5-35}$$

③ 重采样：粒子进行更新时，造成多数的粒子权重变小，此时进行粒子重采样是必须的。根据粒子权重大小，剔除较小权重粒子，复制大权重粒子，并将重采样后的粒子的权重设为 $1/N$。

④ 地图更新：根据粒子的历史轨迹 $x_{1:t}^{(i)}$ 和观测数据 $z_{1:t}$ 来估计出地图 $m^{(i)}$，通过计算出后验概率 $p(m^{(i)} | x_{1:t}, z_{1:t})$ 完成对构建环境地图的更新。

RBPF-SLAM 算法中选择里程计模型作为提议分布进行采样，如里程计后验概率大于观测数据时，此算法减少了计算量。如观测数据后验概率大于里程计运动模型时，只有少部分的粒子能够描述真实状态，且粒子权重较大，进而造成频繁的重采样操作，只保留复制大权重粒子，导致粒子退化，定位精度不高。

5.5.2 Gmapping 算法

Gmapping 算法是一种基于滤波 SLAM 框架的 ROS 常用开源 SLAM 算法，采用基于 RBPF 粒子滤波算法，将 SLAM 中的定位问题和建图问题解耦，先进行定位再进行建图，通过改进提议分布和选择性重采样，融合机器人的车轮里程计信息，解决了小场景地图的实时构建问题。

5.5.2.1 RBPF 的滤波过程

SLAM 的基本思想是地图创建与机器人定位同时进行，利用已经创建的地图校正基于运动模型的机器人位姿估计误差，提高定位精度；同时根据可靠的机器人位姿，可以创建出精度更高的地图。

假设在 t 时刻，机器人的位姿为 x_t，$x_t=(x_t,\ y_t,\ \theta_t)^{\mathrm{T}}$；已经观测到的地图为 $m_t=((m_{t1})^{\mathrm{T}},\ (m_{t2})^{\mathrm{T}},\ \cdots,\ (m_{tK})^{\mathrm{T}})^{\mathrm{T}}$，其中 m_{tk} 表示第 k 个特征的坐标，K 表示 t 时刻已经观测到的特征数。

在 SLAM 中有两个系统模型：观测模型与运动模型。观测模型用 $p(z_t | x_t)$ 表示，描述了当机器人的位姿为 x_t 时，观测到的信息为 z_t 的概率。观测模型的具体形式与机器人所采用的传感模型有关，比如单目视觉传感器、立体视觉传感器、声呐测距仪和激光测距仪的观测模型各不相同。

机器人的运动模型表示为 $p(x_t | x_{t-1}, u_{t-1})$，其中 $u_{t-1}=(v_{t-1},\ \omega_{t-1})$ 为 t-1 时刻里程计给出的控制信息。v_{t-1} 表示 t-1 时刻机器人的速度，ω_{t-1} 表示 t-1 时刻机器人的角速度。

机器人从初始时刻到 t 时刻的所有观测信息的概率表示为：

$$p(x_{1:t}, m_t | z_{1:t}, u_{1:t}) = \alpha \cdot p(z_t | x_t, m_t) \cdot \int p(x_t | x_{t-1}, u_{t-1}) p(x_{1:t-1}, m_{t-1} | z_{1:t-1}, u_{1:t-1}) \mathrm{d}x_{1:t-1} \tag{5-36}$$

其中，α 是归一化因子，上式给出了 SLAM 问题的迭代形式，是 SLAM 问题的核心。

对于 SLAM 来说，由于 $p(x_{1:t}, m_t | z_{1:t}, u_{1:t})$ 的解析解往往很难获得，Murphy 等人使用 Rao-Blackwellization 粒子滤波器（RBPF）来有效地估计机器人位姿的完全后验分布。RBPF 的关键思想是将上式分解成两部分，一部分可以求得解析解，另一部分通过粒子取样来解决。

在 RBPF 中的每一个粒子代表一个可能的机器人轨迹和地图：

$$p(x_{1:t}, m_t | z_{1:t}, u_{1:t}) = \alpha \cdot p(z_t | x_t, m_t) \cdot \int p(x_t | x_{t-1}, u_{t-1}) p(x_{1:t-1}, m_{t-1} | z_{1:t-1}, u_{1:t-1}) \mathrm{d}x_{1:t-1} \tag{5-37}$$

然而，RBPF 粒子滤波器常常带有一些估计误差，其中一种估计误差就是粒子的耗散问题，该问题将会导致粒子滤波器的发散，导致在正确状态附近缺少足够的粒子。为了表征机器人的后验分布，就需要足够多的粒子数，然而太多的粒子数需要更长的处理时间，可能阻止 RBPF 应用在机器人的在线 SLAM 过程中。

FastSLAM 是一种采用 Rao-Blackwellized Particle Filter（RBPF）分解 SLAM 问题的方法。在 FastSLAM 中，每一个粒子 $s_{1:t}^{(i)}=\{X_{1:t}^{(i)},\ \omega_t^{(i)}\}$，其中粒子的状态 $X_{1:t}^{(i)}=\{x_{1:t}^{(i)},\ m_t^{(i)}\}$，既包括机器人的位姿也包括已经观测到的地图。

（1）机器人的新位姿采样

机器人的新位姿采样就是在给定 $t-1$ 时刻第 i 个粒子所表示的机器人位姿时，对 t 时刻机器人的位姿进行概率推测，这种推测可以通过对提议分布采样获得：

$$x_t^{(i)} \sim q(x_t \mid x_{1:t-1}^{(i)},\ u_{1:t},\ z_{1:t}) \tag{5-38}$$

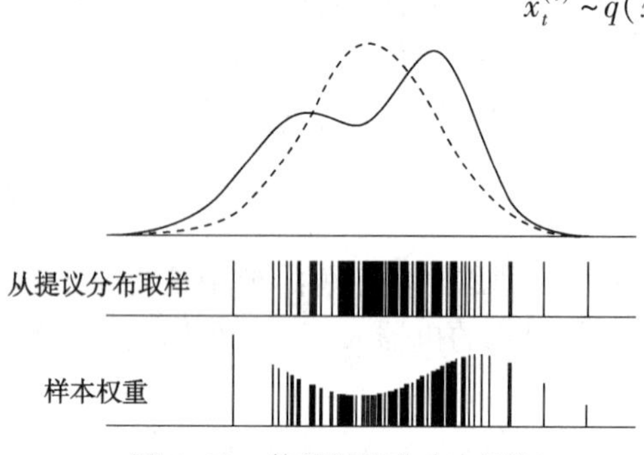

图 5-25　使用提议分布（虚线）对目标分布（实线）的估计

其中 $x_t^{(i)}$ 表示 t 时刻第 i 个粒子所表示的机器人位姿，然后将采样 $x_t^{(i)}$ 加入第 i 个粒子所表示的机器人的运动路径中，即 $x_{1:t}^{(i)}=\{x_{1:t-1}^{(i)},\ x_t^{(i)}\}$。提议分布应当是对目标分布 $p(x_t \mid x_{1:t-1}^{(i)},\ u_{1:t},\ z_{1:t})$ 的估计，可以任意选择。提议分布和目标分布之间的差别通过重要度采样来修正（图 5-25）。在目标分布大于提议分布的区域，样本（粒子）获得较高的权重，此区域的样本被抽取的概率较大；在目标分布小于提议分布的区域，样本（粒子）获得较小的权重，此区域的样本被抽取的概率较小。

（2）计算粒子的权重

由于提议分布的具体形式的选择对于基于粒子滤波器的 FastSLAM 的性能影响很大，直接从目标分布中抽取采样都很困难，通常选择比较易于抽取采样的提议分布形式。在实际应用中，大多数 FastSLAM 都采用运动模型的概率分布 $p(x_t \mid x_{t-1},\ u_{t-1})$ 作为提议分布：

$$q(x_t \mid x_{1:t-1}^{(i)},\ u_{1:t},\ z_{1:t})=p(x_t^{(i)} \mid x_{t-1}^{(i)},\ u_{t-1}) \tag{5-39}$$

与 Doucet 等人提出的优化提议分布相比，上述提议分布会导致较大的权重方差，但是由于没有包括 t 时刻的观测信息，更容易进行抽取采样。

根据式（5-39）可知，粒子的权重为：

$$\omega_t^{(i)}=\omega_{t-1}^{(i)}\frac{p(z_t \mid x_t^{(i)})p(x_t^{(i)} \mid x_{t-1}^{(i)},\ u_{t-1})}{q(x_t \mid x_{1:t-1}^{(i)},\ u_{1:t},\ z_{1:t})} \tag{5-40}$$

然后对粒子的权重进行归一化。

（3）特征位置的更新

在 FastSLAM 中，每个特征位置都与机器人的路径有关，在对当前时刻机器人的位姿进行更新之后，也就获得了机器人的路径 $p(x_{1:t} \mid z_{1:t},\ u_{1:t},\ n_t)$；然后对环境中的每个特征分别采用 EKF 估计它们位置 m_{tk} 的后验概率 $p(m_{tk} \mid x_{1:t},\ z_{1:t},\ u_{1:t},\ n_t)$。在 FastSLAM 中每个粒子都拥有一个地图。如果地图中包含 K 个特征，而且每个特征由它的世界坐标的均值和方差描述，那么，第 i 个粒子的状态可以表示为：

$$X_{1:t}^{(i)}=\{x_{1:t}^{(i)},\ \{\overline{\mu}_{t1}^{(i)},\ \sum_{t1}^{(i)}\},\ \cdots,\ \{\overline{\mu}_{tK}^{(i)},\ \sum_{tK}^{(i)}\}\} \tag{5-41}$$

式中，$\overline{\mu}_{tk}^{(i)}$、$\sum_{tk}^{(i)}$ 分别表示第 i 个地图中特征 k 的世界坐标的均值和方差。特征的更新就是根据新的观测信息 z_t 重新计算粒子地图中每个特征的均值和方差。特征的更新过程取决于在 t 时刻这个特征是否被机器人看到。如果一个特征没有被机器人看到，那么它的位置均值和方差保持不变，也就是说：

$$\{\overline{\mu}_{tk}^{(i)},\ \sum_{tk}^{(i)}\}=\{\overline{\mu}_{(t-1)k}^{(i)},\ \sum_{(t-1)k}^{(i)}\} \tag{5-42}$$

如果在 t 时刻某个特征 $m_{tk}^{(i)}=\{\overline{\mu}_{tk}^{(i)},\ \sum_{tk}^{(i)}\}$ 被机器人观测到，那么有：

$$p(m_{tk}^{(i)}\mid x_{1:t}^{(i)},\ z_{1:t},\ u_{1:t},\ n_{1:t})=\eta p(z_t\mid x_t^{(i)},\ n_t,\ m_{tk}^{(i)})p(m_{tk}^{(i)}\mid x_{1:t-1}^{(i)},\ z_{1:t-1},\ u_{1:t-1},\ n_{1:t-1}) \tag{5-43}$$

假定观测模型 $p(z_t\mid x_t^{(i)},\ n_t,\ m_{tk}^{(i)})$ 服从高斯分布，那么可以使用 EKF 进行特征坐标位置的更新。

（4）重新采样

根据粒子滤波器中重新采样的思想，按照归一化后粒子的权重所表示的离散概率分布，使用轮盘赌的方法进行采样，使得每个粒子的权重为 $1/N$。

值得注意的是，上述计算粒子权重中的提议分布 q 以及利用权重重采样的策略是一个比较开放的话题，不同的选择策略形成了不同的 SLAM 算法。本书所描述的 Gmapping 算法主要就是对该 RBPF 的提议分布 q 和重采样策略进行了改进，下面就具体讨论这两方面的改进。

5.5.2.2 Gmapping 中的优化算法

（1）RBPF 的提议分布改进

Gmapping 为 2007 年在 ROS 中开源的 SLAM 软件包，是目前使用最广泛的软件包。它可用于室内和室外，应用改进的自适应 RBPF 算法来进行定位与建图。在该算法中，Doucet 等学者基于 RBPF 算法提出了改进的重要性概率密度函数并且增加了自适应重采样技术。为了获得下一迭代步骤的粒子采样我们需要在预测阶段从重要性概率密度函数中抽取样本。显然，重要性概率密度函数越接近目标分布，滤波器的效果越好。

典型的粒子滤波器常应用里程计运动模型作为重要性概率密度函数。这种运动模型的计算非常简单，并且权值只根据观测模型即可算出。然而，这种模型并不是最理想的。当机器人装备激光雷达（如 2D 单线雷达、3D 多线雷达等）时，激光测得的数据比里程计精确得多，因此使用观测模型作为重要性概率密度函数将要准确得多。由于观测模型的分布区域很小，样本处在观测的分布的概率很小，在保证充分覆盖观测的分布情况下所需要的粒子数就会变得很多，这将会导致使用运动模型作为重要性概率密度函数类似的问题：需要大量的样本来充分覆盖分布的区域。

为了解决这个问题，Gmapping 算法通过将最近的观测值整合到概率分布中，将采样集中在观测似然的有意义的区域，提议分布 q 变成以下形式：

$$q(x_t|x_{1:t-1}^{(i)}, u_{1:t}, z_{1:t}) = p(x_t^{(i)}|m_{t-1}^{(i)}, x_{t-1}^{(i)}, z_t, u_{t-1}) = \frac{p(z_t|m_{t-1}^{(i)}, x_t)p(x_t|x_{t-1}^{(i)}, u_{t-1})}{p(z_t|m_{t-1}^{(i)}, x_{t-1}^{(i)}, u_{t-1})} \tag{5-44}$$

接下来，粒子的权重公式变为：

$$\begin{aligned} w_t^{(i)} &= w_{t-1}^{(i)} \frac{\eta p(z_t|m_{t-1}^{(i)}, x_t^{(i)})p(x_t^{(i)}|x_{t-1}^{(i)}, u_{t-1})}{p(x_t|m_{t-1}^{(i)}, x_{t-1}^{(i)}, z_t, u_{t-1})} \\ &\propto w_{t-1}^{(i)} \frac{p(z_t|m_{t-1}^{(i)}, x_t^{(i)})p(x_t^{(i)}|x_{t-1}^{(i)}, u_{t-1})}{\frac{p(z_t|m_{t-1}^{(i)}, x_t)p(x_t|x_{t-1}^{(i)}, u_{t-1})}{p(z_t|m_{t-1}^{(i)}, x_{t-1}^{(i)}, u_{t-1})}} \\ &= w_{t-1}^{(i)} \cdot p(z_t|m_{t-1}^{(i)}, x_{t-1}^{(i)}, u_{t-1}) \\ &= w_{t-1}^{(i)} \cdot \int p(z_t|x')p(x'|x_{t-1}^{(i)}, u_{t-1})\mathrm{d}x' \end{aligned} \tag{5-45}$$

使用栅格地图表征环境时，由于观测的概率分布不可获得性，准确目标分布的近似形式是没有办法获得的，但可以通过采样来模拟提议分布。由于目标分布通常只有几个峰值（大多数情况下可能只有一个峰值），可以通过直接从峰值区域（使用扫描匹配找出概率大的区域作为峰值区域）采样来代替从运动模型采样以大大简化计算量。Gmapping 算法通过在峰值附近采集 K 个值的方式以模拟一个高斯函数来作为提议分布，具体如下：

$$\begin{aligned} & x_t^{(i)} \sim N\left(\mu_t^{(i)}, \sum_t^{(i)}\right) \\ & \mu_t^{(i)} = \frac{1}{\eta^{(i)}}\sum_{j=1}^{K} x_j p(z_t|m_{t-1}^{(i)}, x_j)p(x_j|x_{t-1}^{(i)}, u_{t-1}) \\ & \sum_t^{(i)} = \frac{1}{\eta^{(i)}}\sum_{j=1}^{K} p(z_t|m_{t-1}^{(i)}, x_j)p(x_j|x_{t-1}^{(i)}, u_{t-1})(x_j-\mu_t^{(i)})(x_j-\mu_t^{(i)})^T \end{aligned} \tag{5-46}$$

其中，$\eta^{(i)} = \sum_{j=1}^{K} p(z_t|m_{t-1}^{(i)}, x_j)p(x_j|x_{t-1}^{(j)}, u_{t-1})$。

（2）自适应的重采样改进

重新采样可以对粒子滤波器的性能产生很大影响：不仅低权重粒子被高权重粒子所代替，同时只允许有限必要的粒子近似后验。因此当提议分布与后验分布相差较大时，重新采样非常重要，但是重新采样时也可能会忽略粒子集中某些权重较高的粒子，最坏时能导致滤波器发散。为此我们定义一个有效值 N_{eff}，根据该有效值自适应重新采样：

$$N_{\text{eff}} = 1/\sum_{i=1}^{n}(w^{(i)})^2 \tag{5-47}$$

表示当前粒子集近似后验的好坏，以决定是否进行重新采样：如果 $N_{\text{eff}} \leqslant n/2$（$n$ 是粒子总数），就进行重新采样，否则不进行。

5.5.2.3 Gmapping 的算法流程

从 Gmapping 算法的流程图 5-26 可以看出，ROS 中的 slam_gmapping 功能包是依赖于开源的 opemslam_gmapping 功能包的，换句话说，ROS 的 gmapping 功能包是对 openslam gmapping 的再次封装，首先将定位与建图的过程分离，先通过 RBPF 定位，再通过粒子与产生的地图进行 scan match，再通过不断校正里程计误差并添加新的 scan 作为地图，用上一时刻的地图和运动模型预测当前时刻的位姿，然后根据传感器观测值计算权重，重采样，更新粒子的地图，如此往复。

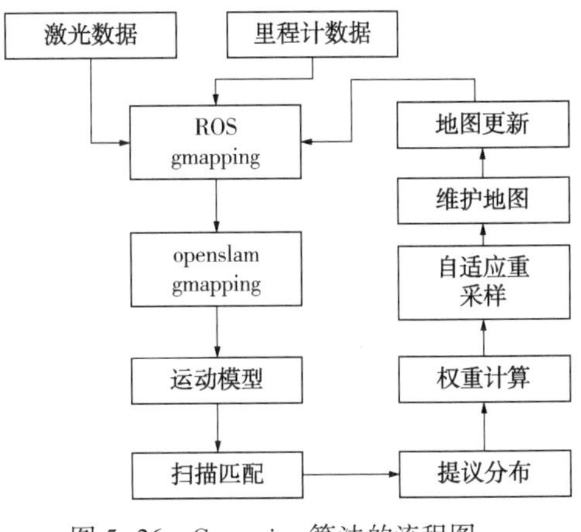

图 5-26　Gmapping 算法的流程图

由上述介绍可知，Gmapping 算法的核心是对 RBPF 的提议分布和自适应重取样的改进，其算法的伪代码如算法 5-1 所示。

Algorithm 5-1　Improved RBPF for Map Learning

1	Require:	输入要求
2	S_{t-1}, the sample set of the previous time step	上一时刻粒子群
3	z_t, the most recent laser scan	最近时刻的 Scan
4	u_{t-1}, the most recent odometry measurement	最近时刻的 odom
5	Ensure:	
6	S_t, the new sample set	t 时刻的粒子群，采样子集
7	$S_t=\{\}$	初始化粒子群
8	For all $s_{t-1}^{(i)}\in S_{t-1}$ do	遍历上一时刻粒子群中的粒子
9	$\langle x_{t-1}^{(i)}, w_{t-1}^{(i)}, m_{t-1}^{(i)}\rangle=s_{t-1}^{(i)}$	取粒子的位姿、权重和地图
10	$x'^{(i)}_t=x_{t-1}^{(i)}\oplus u_{t-1}$	通过里程计计算位姿更新
11	$\hat{x}_t^{(i)}=\arg\max_x p(x\mid m_{t-1}^{(i)}, z_t, x'^{(i)}_t)$	极大似然估计求得局部极值
12	If $\hat{x}_t^{(i)}$=failure then	如果没有找到局部极值
13	$x_t^{(i)}\sim p(x_t\mid x_{t-1}^{(i)}, u_{t-1})$	提议分布，更新粒子位姿状态
14	$w_t^{(i)}=w_{t-1}^{(i)}\cdot p(z_t\mid m_{t-1}^{(i)}, x_t^{(i)})$	使用观测模型对位姿权重更新
15	else	若找到局部极值
16	for $k=1, 2, \cdots, K$ do	在局部极值附近取 K 个位姿
17	$x_k\sim\{x_j\mid\mid x_j-\hat{x}^{(i)}\mid<\Delta\}$	
18	end for	
19	$\mu_t^{(i)}=(0, 0, 0)^T$	假定 k 个位姿服从高斯分布
20	$\eta^{(i)}=0$	
21	for all $x_j\in\{x_1, \cdots, x_K\}$ do	
22	$\mu_t^{(i)}=\mu_t^{(i)}+x_j\cdot p(z_t\mid m_{t-1}^{(i)}, x_j)\cdot p(x_t\mid x_{t-1}^{(i)}, u_{t-1})$	计算 k 个位姿的均值
23	$\eta^{(i)}=\eta^{(i)}+p(z_t\mid m_{t-1}^{(i)}, x_j)\cdot p(x_t\mid x_{t-1}^{(i)}, u_{t-1})$	计算 k 个位姿的权重
24	end for	

续表

25	$\mu_t^{(i)}=\frac{\mu_t^{(i)}}{\eta^{(i)}}$	均值的归一化处理
26	$\sum_t^{(i)}=0$	
27	for all $x_j\in\{x_1, \cdots, x_K\}$ do	
28	$\sum_t^{(i)}=\sum_t^{(i)}+(x_j-\mu^{(i)})(x_j-\mu^{(i)})^T\cdot p(z_t\mid m_{t-1}^{(i)}, x_j)\cdot p(x_j\mid x_{t-1}^{(i)}, u_{t-1})$	计算 k 位姿的方差
29	end for	
30	$\sum_t^{(i)}=\sum_t^{(i)}/\eta^{(i)}$	方差的归一化处理
31	$x_t^{(i)}\sim N(\mu_t^{(i)}, \sum_t^{(i)})$	使用多元正态分布近似新位姿
32	$w_t^{(i)}=w_{t-1}^{(i)}\cdot\eta^{(i)}$	计算该位姿粒子的权重
33	end if	
34	$m_t^{(i)}=\text{int}\ egrateScan(m_{t-1}^{(i)}, x_t^{(i)}, z_t)$	更新地图
35	$S_t=S_t\cup\{\langle x_t^{(i)}, w_t^{(i)}, m_t^{(i)}\rangle\}$	更新粒子权重
36	end for	循环，遍历上一时刻所有粒子
37	$N_{\text{eff}}=\frac{1}{\sum_{i=1}^{N}(w^{(i)})^2}$	计算所有粒子权重离散程度
38	If $N_{\text{eff}}<T$ then	判断阈值，是否进行重采样
39	$S_t=resample(S_t)$	重采样
40	end if	

5.5.2.4 ROS 中 Gmapping 的算法调用流程

在 ROS 中，Gmapping 算法用了 2 个 ROS 功能包来组织代码，分别为 slam_gmapping 功能包和 openslam_gmapping 功能包。其中，slam_gmapping 是一个元功能包，没有实质性内容，具体实现主要放置在其所包含的 gmapping 功能包中，其中单线激光雷达数据通过/scan 话题输入 gmapping 功能包，里程计数据通过/tf 关系输入 gmapping 功能包。gmapping 功能包通过调用 openslam_gmapping 功能包中的建图算法，将构建好的地图发布到/map 等话题，而 openslam_gmapping 功能包用于实现建图核心算法。主要涉及 SlamGMapping 和 GridSlamProcessor 这两个类。其中，SlamGMapping 类在 gmapping 功能包内实现，GridSlamProcessor 类在 openslam_gmapping 功能包中实现，而 GridSlamProcessor 类以成员变量的形式被 SlamGMapping 类调用。程序 main( ) 函数很简单，就是首先创造了一个 SlamGMapping 类的对象 gn，然后，SlamGMapping 类的构造函数会自动调用 init( ) 函数执行初始化，包括创建 GridSlamProcessor 类的对象 gsp_和设置 Gmapping 算法参数，接着调用 SlamGMapping 类的 startLiveSlam( ) 函数，进行在线 SLAM 建图。StartLiveSlam( ) 函数首先对建图过程所需要的 ROS 订阅和发布话题进行了创建，然后开展双线程工作，其中 laserCallback 线程在激光雷达数据的驱动下，对激光数据进行处理并进行更新地图，其中调用到的 GridSlamProcessor 类的 processScan 函数采用图 5-27 中给出的改进的 RBPF 算法伪代码来实现。

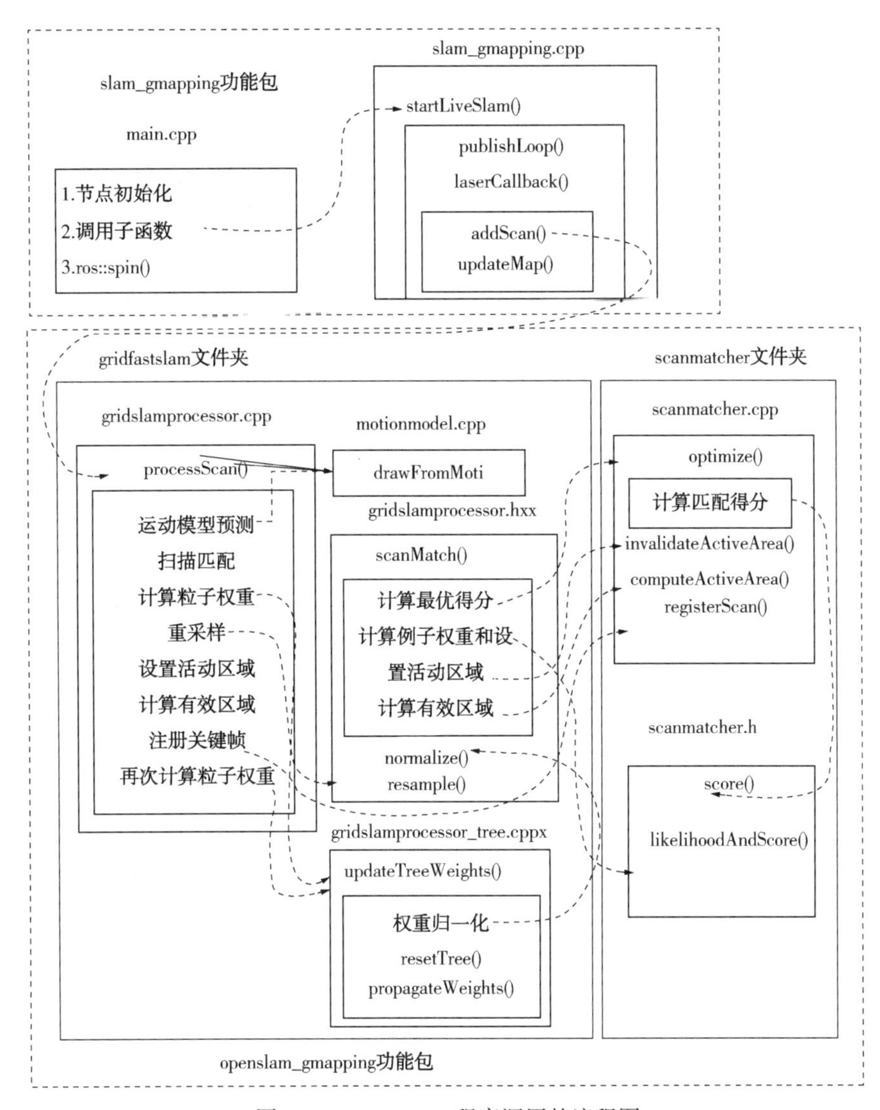

图 5-27 Gmapping 程序调用的流程图

5.5.3 Cartographer 算法

Gmapping 代码实现相对简洁，非常适合初学者入门学习。但是 Gmapping 属于基于滤波方法的 SLAM 系统，无法构建大规模的地图，也无法完成构建地图中的闭环检测，而基于优化的方法实现的 SLAM 可以构建大规模的环境地图，而且还可以通过闭环检测提高定位与建图的精度，代表性的算法包括 Cartographer、Hector、Karto 等。其中由谷歌开发团队提出的 Cartographer 采用基于谷歌自家开发的 ceres 非线性优化方法，基于 submap 子图构建全局地图的思想，能够有效地避免建图过程中移动物体的干扰，解决闭环问题。其工程稳定性高，兼具大规模的建图、重定位和闭环检测的功能，深得用户的青睐。

5.5.3.1 Cartographer 理论概述

Cartographer 主要理论是通过闭环检测来消除建图过程中产生的累计误差。用于闭环检测的基本单元是 submap，其中一个 submap 是由一定数量的 laser scan 构成。将一个 laser scan 插入其对应的 submap 时，会基于 submap 已有的 laser scan 及其他传感器数据估计其在该 submap 中的最佳位置。submap 的创建在短时间内的误差累积被认为足够小，但随着时间的推移，越来越多的 submap 被创建后，submap 间的误差累积则会越来越大，需要通过闭环检测对这些 submap 的位姿进行适当的优化来消除这些误差，至此，闭环检测问题转换为一个位姿优化问题。当一个 submap 的建图完成后，也就是不会再有新的 laser scan 插入到该 submap 时，该 submap 就会加入闭环检测中。当一个新的 laser scan 加入地图中时，当该 laser scan 的估计位姿与地图中某个 submap 的某个 laser scan 的位姿比较接近时，通过某种 scan match 策略就可以找到该闭环。Cartographer 中的 scan match 策略通过在新加入地图的 laser scan 的估计位姿附近选取一个窗口，进而在该窗口内寻找该 laser scan 的一个可能的匹配，如果找到了一个足够好的匹配，则会将该匹配的闭环约束加入到位姿优化问题中。Cartographer 的重点内容就是融合多传感器数据的局部 submap 创建以及用于闭环检测 scan match 策略的实现。

5.5.3.2 整体代码构成

Cartographer 的 SLAM 系统通常采用前端局部建图、闭环检测和后端全局优化的框架来构成，如图 5-28 所示，一些模块具体介绍如下：

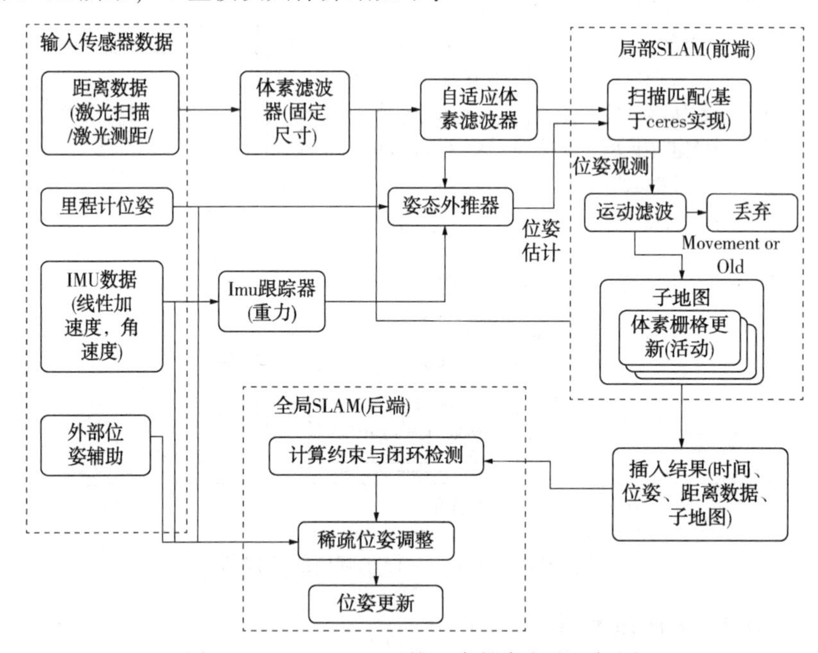

图 5-28 Cartographer 核心库的官方流程框图

（1）数据获取

Input Sensor Data：传感器输入，主要包含以下数据：激光雷达数据、底盘 odom 数据、imu 数据、fixed frame pose。

激光雷达数据：2D 扫描点云原生数据；体素滤波器(Voxel Filter)；自适应体素；扫描匹配。

底盘里程计数据：odom 位置信息(包含 x，y，θ)；姿态外推器(PoseExtrapolator)；扫描匹配。

imu 数据：imu 数据(包括两个方向的线加速度，角加速度)；imu 跟踪器(imuTracker)；姿态外推器；扫描匹配。

体素滤波器：体素滤波器对点云进行降采样，即减少点云的数量规模，同时保持点云的障碍物特征。

其基本思路是将点云数据划分在不同的体素栅格内，用体素栅格内所有点的重心来表示该栅格的环境数据。对于一个含有 N 个点的二维体素，经过 Voxel Grid 滤波器处理后得到表示环境数据的点的计算公式为：

$$x=\frac{1}{N}\sum_{i=1}^{N}x_i,\ y=\frac{1}{N}\sum_{i=1}^{N}y_i \tag{5-48}$$

姿态外推器：用于给扫描匹配模块提供初值；其输入参数包括：里程计、imu、上一次前端匹配完成的 last_pose；输出参数包括下一次前端匹配的初始位姿 pose。

可以通过以下三种方法来估算出下一次前端匹配的初始位姿：①利用变量 odom 和 old_odom 可以计算出(x, y, θ)的增量值，进而计算出线速度和角速度；②imu 预积分模块通过积分获取线速度和角速度；③使用变量 last_pose 和 old_pose 计算(x, y, θ)增加量获取线速度和角速度。对于角度姿态变化，应该更信任 imu 数据，如果有 imu 数据则使用 imu 数据；对于位移姿态变化，应该更信任 odom 数据，如果有 odom 数据则使用 odom 数据；若上述两种数据都没有，则使用 last_pose 计算出的数据。

(2) 局部建图

局部建图就是机器人利用自身携带的传感器感知环境构建局部地图的过程。从 SLAM 的定义可知，机器人的位姿点、观测数据(感知环境)和地图之间通过数据关联(约束量)建立联系。如果在机器人的位姿准确的情况下，可以将机器人观测到的路标直接添加到地图中，但由于来自机器人运动预测模型的机器人位姿存在误差(误差累积)，需要先用观测数据对这个预测的位姿进行进一步更新或者修正，以更新后的机器人位姿为基准将对应的观测数据加到地图中，再使用该观测数据对这个预测位姿进行进一步的更新。

在 Cartographer 算法中，解决上述问题的几种方法分别为：Scan-to-scan matching、Scan-to-map matching、Pixel-accurate scan matching 等。

最简单的更新方法就是 Scan-to-scan matching 方法。该方法直接将相邻两帧激光雷达数据进行匹配。假如当前帧的激光雷达数据为 A，和它匹配的另一帧激光雷达数据为 B，如果以 A 为起始帧，B 为目标帧，那么 A 经过一个相对平移和旋转变换到 B，该算法的目的就是求出这个相对平移量和旋转角度。目前匹配效果最好的算法就是 ICP(Iterative Closest Point)方法，它在假定相邻两帧激光雷达的扫描轮廓存在较大的关联性的基础上，充分利用了激光雷达每个数据点来进行匹配，后来所有的 ICP 算法的变种都是为了提高计算效率而演化的，比如如何减少循环次数加快收敛等等。但是该种算法所使用的单帧雷达数据所包含的信息太少，直接使用 ICP 算法匹配相邻两帧雷达数据更新机器人位姿会引入较大的误差，并且雷达数据更新很快，这将导致机器人位姿的误差快速累积。

而 Scan-to-map matching 方法则不同，其采用 CSM(Correlative Scan Matching)的方法，将当前帧雷达数据与已经构建的地图进行匹配。该算法主要基于概率栅格地图运行，每个栅格都维护一个对数形式的占据概率；对于新进来的激光 scan，将 scan 中所有的点通过一个预估位姿投影到栅格地图上，这样每个激光点都会落在一个栅格中，激光点所在栅格的对数概率值之和即为当前位姿的得分，代表着这个位姿的可信度。由于预估位姿是不准确的，我们在预估位姿附近建立一个搜索空间，通过分支定界策略加速搜索，求出得分最高的备选位姿，作为最优结果输出。由于已构建出的地图信息量相对丰富、稳定，因此该方法不会导致机器人位姿误差累积过快的问题，但需要有一个比较好的初始化位姿估计作为前提。

而 Pixel-accurate scan matching 方法，在后端用于将 scan 点集和最近的 submap 进行匹配，生成闭环检测的约束条件。其匹配窗口内的搜索粒度更精细，这样就可以得到精度更高的位姿。尽管该算法的缺点是计算代价太大，但它比较适合闭环检测。当然，闭环检测也有很多种方法，例如点到点的匹配、关键点与描述子、全局描述符以及深度学习等方法。

在前端局部建图中，首先利用雷达数据和给定的初始位姿进行扫描匹配，扫描匹配算法有多种实现，如 Scan-to-scan matching、Scan-to-map matching、Pixel-accurate scan matching 等。扫描匹配能得出观测位姿、接着需要运动滤波。运动滤波的作用是避免重复插入相同雷达帧数据，当姿态变化不明显时，新的雷达帧数据将不会被插入子图。

1）Scans

一个 scans 即激光点云图，包含一个起点和许多终点，每个点束的姿态为 $\xi=(\xi_x,\ \xi_y,\ \xi_\theta)$。起点称为 origin，终点称为 scan points，用 H 表示点云集，其表达方式为：

$$H=\{h_k\}_{k=1,2,\cdots,K} \tag{5-49}$$

当获得一个新的 scans，并且要插入到 submap 中时，scans$\{h_k\}$点集在 submap 中的位置被表示成 T_ξ，其转换公式如下：

$$T_\xi p=\underbrace{\begin{pmatrix}\cos\xi_\theta & -\sin\xi_\theta \\ \sin\xi_\theta & \cos\xi_\theta\end{pmatrix}}_{R_\xi}p+\underbrace{\begin{pmatrix}\xi_x \\ \xi_y\end{pmatrix}}_{t_\theta} \tag{5-50}$$

2）Submaps

一个 submap 是通过几个连续的 scan 创建而成的，由 5cm×5cm 大小的概率栅格$[p_{\min},\ p_{\max}]$构造而成，submap 在创建完成时，其栅格的概率小于 $p_{\min}$ 表示该点无障碍，在 $p_{\min}$ 与 $p_{\max}$ 之间表示未知，大于 $p_{\max}$ 表示该点有障碍。每一帧的 scans 都会产生一组称为 hits 的栅格和一组称为 misses 的栅格点。每个 hits 中的栅格点被赋予初值 p_{hits}，每个 misses 中的栅格点被称为 p_{miss}，如果该栅格点在先前已有 p 值，则采用式(5-51)对该栅格点的值进行更新：

$$\begin{aligned} odds(p)&=\frac{p}{1-p} \\ M_{\text{new}}(x)&=clamp(odds^{-1}(odds(M_{\text{old}}(x))\cdot odds(p_{\text{hit}}))) \end{aligned} \tag{5-51}$$

式中，$clamp$ 是区间限定函数；p 表示占据概率，当 $p=0.5$ 时，概率比 $odds=1$，表示占据和空闲各占一半；$odds^{-1}$ 表示函数逆运算；$p_{\text{hit}}=0.55$ 代表该位置被激光打到一次的概率，第一次观测会被直接赋值；$M_{\text{new}}(x)$ 表示地图中 x 位置处的概率值。

对于 2DSLAM 建图而言，位姿坐标可以表示为 $\xi=(\xi_x,\ \xi_y,\ \xi_\theta)$，假设机器人的初始位姿为 $\xi_1=(0,\ 0,\ 0)$，该位姿处雷达扫描帧为 scan(1)，并利用 scan(1) 初始化第一个局部子图 submap(1)。利用 Scan-to-map matching 方法计算 scan(2) 相应的机器人位姿 ξ_2，并基于 ξ_2 将 scan(2) 加入 submap(1)。不断执行 Scan-to-map matching 方法添加新得到的雷达帧，直到新出现的雷达帧完全包含在 submap(1) 中，也即新雷达帧观测不到 submap(1) 之外的新信息时就结束 submap(1) 的创建。

当构建完一个子图 submap(1) 后，接着构建另一个子图 submap(2)，就这样不断地构建局部地图，会形成多个子图 $sunmaps=\{submap(m)\}$。

3）Ceres scan matching

每次获得的最新 scan 需要插入到 submap 中最优的位置，使 scan 中的点束位姿经过转换后落到 submap 中时，每个点的信度和最高。通过 scan matching 对 $T_\xi h_k$ 进行优化，这里的优化问题转化为求解最小二乘问题，描述为：

$$\underset{\xi}{\operatorname{argmin}} \sum_{k=1}^{K} (1-M_{\text{smooth}}(T_\xi h_k))^2 \qquad \text{(CS)} \qquad (5\text{-}52)$$

式中，M_{smooth}是线性评价函数，方法为双三次插值法，该函数的输出结果为(0，1)以内的数，通过这种平滑函数的优化，能够提供比栅格分辨率更好的精度。

(3) 全局优化(global SLAM)

通过 scan matching 得到的位姿估计在短时间内是可靠的，但是长时间会有累积误差。因此 Cartographer 应用了闭环检测对累积误差进行优化(全局优化)，如果闭环，这样检测中匹配得分超过设定阈值就判定闭环，此时可将闭环约束加入整个建图约束中，并对全局位姿约束进行一次全局优化，获得全局建图效果。该过程包括以下几个部分：

1) 闭环检测

所有创建完成的 submap 以及当前的 laser scan 都会用作闭环检测的 matching。如果当前的 scan 和所有已创建完成的 submap 在距离上足够近，那么通过某种 match 策略就会找到该闭环。

闭环检测即是一种匹配过程，即当获得新的 scan 时，在其附近一定范围搜索最优匹配帧，若该最优匹配帧符合要求，则认为是一个闭环。首先，该匹配问题可以描述为如下式子：

$$\xi^* = \underset{\xi \in W}{\operatorname{argmax}} \sum_{k=1}^{K} M_{\text{nearest}}(T_\xi h_k) \qquad \text{(BBS)} \qquad (5\text{-}53)$$

式中，W 是搜索空间；M_{nearest}是该点对应的栅格点的 M 值。上述公式可以看作为对于扫描 scan 中的每一个光束点集打在 submap 上的概率和，概率和越高则被认为越相似。该匹配问题就是要在 W 空间中寻找出该概率和最大的匹配帧，因此需要在 W 空间中寻找出 pixel-accurate match 的最优解。

为了解决上述匹配问题，即在搜索空间 W 范围内的每一帧与当前帧进行暴力匹配，计算公式 BBS 的数值，求出最大值。暴力匹配的算法如算法 5-2 所示。

Algorithm 5-2　Naive algorithm for BBS

1	Best_score←$-\infty$	变量赋初值
2	for $j_x=-w_x$ *to* w_x *do*	在搜索空间的 x 方向搜索
3	for $j_y=-w_y$ *to* w_y *do*	在搜索空间的 y 方向搜索
4	for $j_\theta=-w_\theta$ *to* w_θ *do*	在搜索空间的 θ 方向搜索
5	*score*← $\sum_{k=1}^{K} M_{nearest}(T_{\xi_0+(rj_x,rj_y,\delta_\theta j_\theta)} h_k)$	在搜索空间的 M 值求和
6	if *score>best_score then*	若 score 大于 *best_score*
7	*match*←$\xi_0+(rj_x, rj_y, \delta_\theta j_\theta)$	将搜索空间的位姿赋值给 match
8	*best_score←score*	将获得的 score 赋值给 *best_score*
9	end if	
10	end for	
11	end for	
12	end for	
13	return *best_score and match when set.*	将搜索空间中的最大 M 值和最佳位姿输出

为了减少计算量，提高实时闭环检测的效率，Cartographer 应用了 branch and bound(分支定界)方法进行优化搜索，其效率高于暴力匹配(CSM)算法。

2) 分支定界(branch and bound)

分支定界法由查理德·卡普(Richard M. Karp)在 20 世纪 60 年代发明，成功求解含有 65 个城市的旅行商问题，创当时的记录。“分支定界法”把问题的可行解展开如树的分枝，再经由各个分枝中寻找最佳解。

其主要思想是：把全部可行的解空间不断分割为越来越小的子集(称为分支)，并为每个子集计算一个下界或上界(称为定界)。在每次分支后，对凡是界限超出已知可行解值那些子集不再做进一步分支。这样，解的许多子集就可以不予考虑了，从而缩小了搜索范围。

Cartographer 使用一种深度优先(DFS，Depth-First Search,)的搜索方法，如算法 5-3 所示。该算法设定了一个阈值 score_threshold，预先约定了下界，如果一个节点的上界比它还小，说明这个解空间实在太糟糕了，直接就不用考虑它了。

Algorithm 5-3 DFS branch and bound scan matcher for BBS

1	Best_score←*score_threshold* Compute and memorize a score for each element in $\mathfrak{R}_0$ Initialize a stack $\mathfrak{R}$ with $\mathfrak{R}_0$ sorted by score, the maximum score at the top
2	While $\mathfrak{R}$ is not empty do
3	Pop r from the stack $\mathfrak{R}$
4	if *score*(*r*) >*best_score* then
5	if r is a leaf node then
6	*match*←ξ_r
7	*best_score*←*score*(*r*)
8	else
9	Branch: Split r into nodes $\mathfrak{R}_r$
10	Compute and memorize a score for each element in $\mathfrak{R}_r$
11	Push $\mathfrak{R}_r$ onto the stack $\mathfrak{R}$, sorted by score, the maximum score last
12	end if
	end if
	End while
13	return *best_score and match when set.*

3) 位姿优化

闭环检测是在程序的后台持续运行的，传感器每输入一帧雷达数据，都要对其进行闭环检测。当闭环检测中匹配得分超过设定阈值就判定闭环，此时将闭环约束加入整个建图约束中，并对全局位姿约束进行一次全局优化，得出全局建图效果。在全局优化中主要调用了 optimization_problem_Solve( ) 对整个位姿图进行匹配。在优化时，将节点信息子图信息(节点)和约束信息添加到 ceres 优化问题，随后调用优化库进行全局优化求解。稀疏图优化问题描述可表示为：

$$\underset{\Xi^m,\Xi^s}{\operatorname{argmin}} \frac{1}{2} \sum_{ij} \rho(E^2(\xi_i^m, \xi_j^s, \sum_{ij}, \xi_{ij})) \qquad (SPA) \tag{5-54}$$

其中，$E^2(\xi_i^m,\ \xi_j^s,\ \Sigma_{ij},\ \xi_{ij}) = e(\xi_i^m,\ \xi_j^s,\ \xi_{ij})^T\ \Sigma_{ij}^{-1}\ e(\xi_i^m,\ \xi_j^s,\ \xi_{ij})$，$e(\xi_i^m,\ \xi_j^s,\ \xi_{ij}) = \xi_{ij} - \begin{bmatrix} R_{\xi_i^m}^{-1}\cdot[t_{\xi_i^m}-t_{\xi_j^s}] \\ \xi_{i;\theta}^m-\xi_{j;\theta}^s \end{bmatrix}$，$\xi_i^j$ 表示 scan 在 submap 坐标系下的位姿，描述 scan 在哪一个 submap 坐标匹配，Σ_i^j 为相应的协方差矩阵，$\Xi^m = \{\xi_i^m\}_{i=1,\cdots,m}$ 是所有局部子图对应的全局位姿，所有雷达扫描帧对应的机器人全局位姿为 $\Xi^s = \{\xi_j^s\}_{j=1,\cdots,n}$，通过 Scan-to-map matching 产生的局部位姿 ξ_{ij} 进行关联。优化的目标是在每个子图位姿和激光帧位姿间最小化协方差和相对位姿的残差。经过优化后每个激光帧和子图的关系都得到了修正，尤其是在闭环时当构建了激光帧和很早的子图的约束时，全局优化可以有效解决累积误差带来的问题。

5.5.3.3　Cartographer 代码分析

Cartographer 的代码主要分为三个部分，分别为 Cartographer 的核心库、Cartographer 的 ros 封装壳和 ceres-solver 非线性优化库。其代码整体框架如图 5-29 所示。

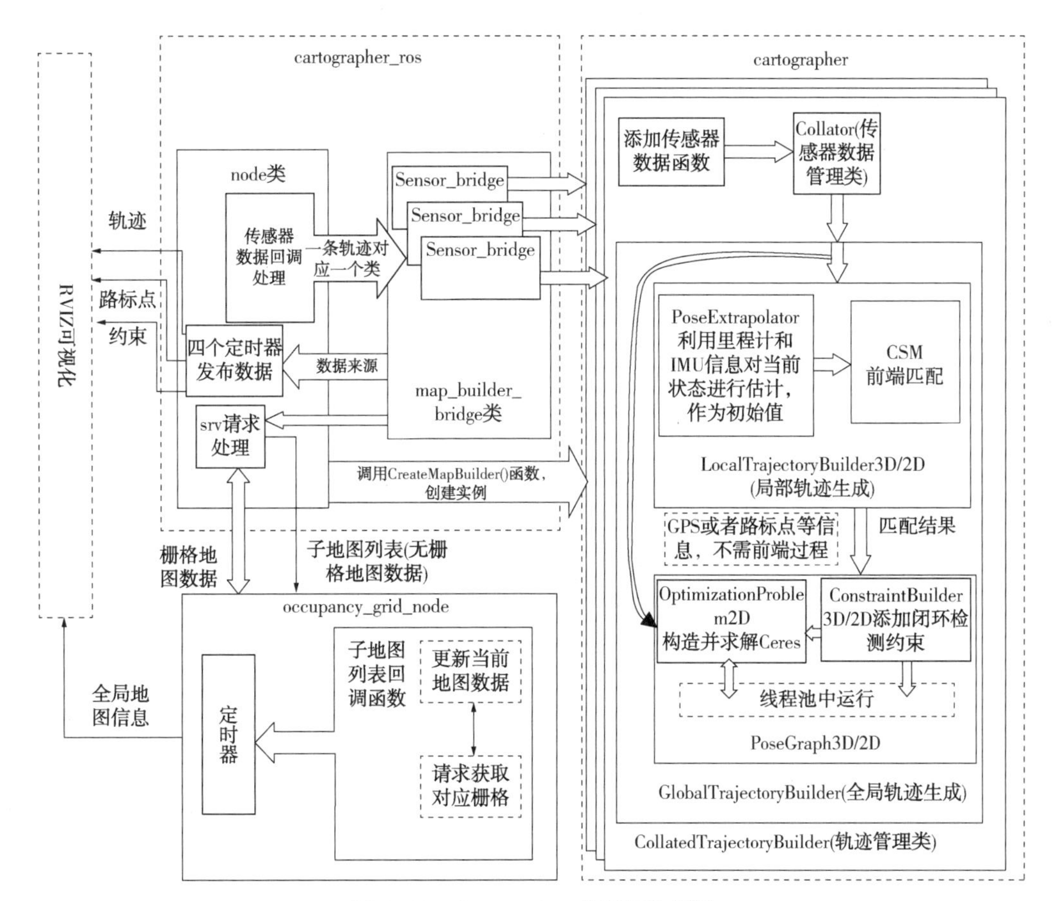

图 5-29　Cartographer 代码整体框架

（1）Cartographer-ROS

Cartographer-ROS 功能包用于实现算法的 ROS 相关接口，Cartographer 算法是一个支持多激光雷达、IMU、里程计、北斗导航（或 GPS）、环境已知信标等传感器融合的 SLAM 算法。Cartographer_ROS 是基于 ROS 的通信机制获取传感器的数据并将它们转换成 Cartographer 中定义的格式传递给 Cartographer 处理，与此同时也将 Cartographer 的处理发布用于显示或保存，是基于 Cartographer 的上层应用。所以，Cartographer_ROS 相当于是对 Cartographer 进行了一层 ROS 接口的封装，不包含任何算法。

其主要的作用为：

① 通过 ROS 的订阅机制接收传感器数据，并将传感器数据做坐标变换以及数据类型的转换，转换完成之后送到 Cartographer 算法库中进行具体的 SLAM 的计算。

② 根据前端与后端计算的结果，发布轨迹，tf，栅格地图，约束信息，以及 landmark。

③ 提供了外部控制的接口，如开始结束轨迹，保存数据，获取数据等。

其主要的运行节点分别是 cartographer_occupancy_grid_node 和 cartographer_offline_node，分别在文件 offline_node_main. cc 和 occupancy_grid_node. cc 中实现。

节点 cartographer_occupancy_grid_node 主要建立一个定时器，定时发布全局地图信息；构造回调函数，在回调函数内处理子地图列表信息。

节点 cartographer_offline_node 主要调用函数 CreateMapBuilder 构造了一个 MapBuilder 类；调用 RunOfflineNode 函数，传入 MapBuilder 类指针。其中 RunOfflineNode 函数为离线运行节点的主要逻辑，如图 5-30 所示。从图中可以看到，该函数的主要工作是：①调用 AddOfflineTrajectory( ) 函数，主要是调用 map_builder 类中的 AddTrajectoryBuilder( ) 函数进行初始化；②创建 ROS 相关的发布以及订阅消息的处理，并定时发布可视化信息，定时发送轨迹、子地图列表、约束项等信息，在请求时返回子地图的栅格地图数据，调用 HandleSubmapQuery 来获取压缩后的栅格信息；③构造 SensorBridge 类，并处理传感器数据，主要是调用 TrajectoryBuilderInterface 类相关的传感器数据处理函数处理传感器信息；④读取参数配置文件，保存地图信息等。

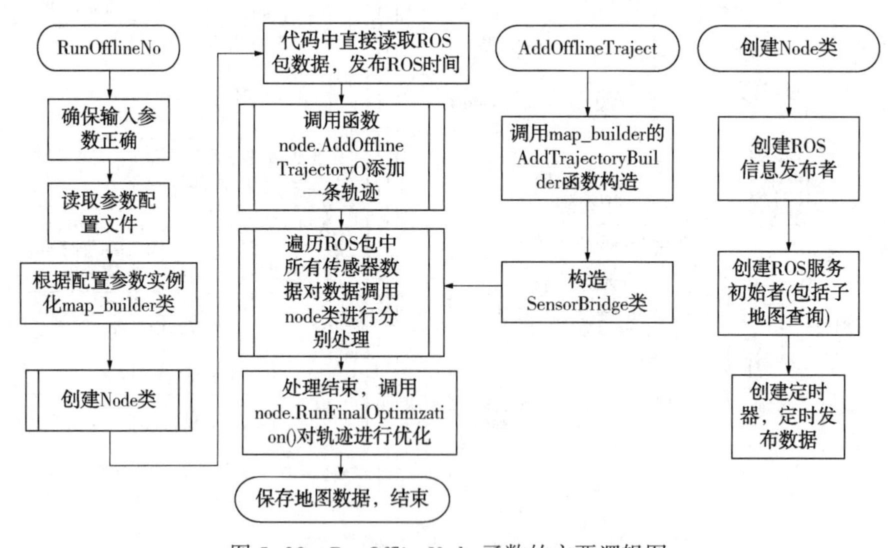

图 5-30　RunOfflineNode 函数的主要逻辑图

（2）Cartographer 主体

Cartographer 主体实现建图算法的具体过程，也就是局部建图、闭环检测和全局建图的实现。其主要封装在 map_builder 类中，该类在 cartographer/mapping/map_builder. h 和 map_ builder. cc 这两个类中实现。具体解读 map_builder 类的组成结构，如图 5-31 所示。

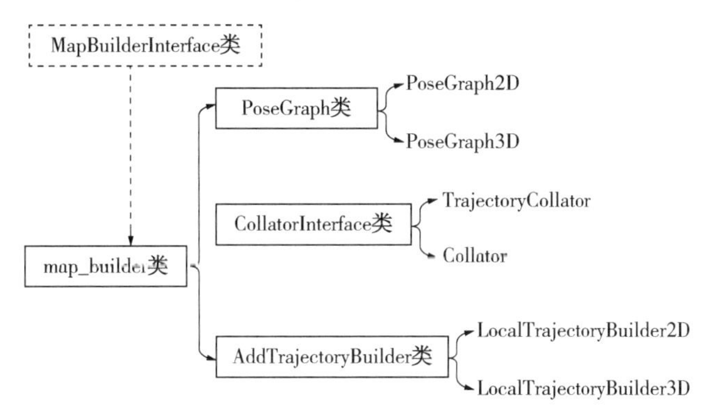

图 5-31 map_builder 类的组成结构

其中，map_builder 类继承了 MapBuilderInterface 类的接口。PoseGraph 类用于实现后端全局优化，具体包含 PoseGraph2D 和 PoseGraph3D 这两种实现。CollatorInterface 类用于实现多传感器融合，具体包含 TrajectoryCollator 和 Collator 这两种实现。AddTrajectoryBuilder( ) 函数用于启动建图，首先是局部建图，具体包含 LocalTrajectoryBuilder2D 和 LocalTrajectory-Builder3D 这两种实现，接着启动对应的后端全局优化和传感器融合。

从代码分析的角度来说，该主体主要包括以下两部分：

① 调用 map_builder 类的 AddTrajectoryBuilder 函数。根据配置参数的选择，获取的激光数据的类型(2D 或 3D)，配置 2D 或者 3D 对应的类，对于 2D 类激光而言，该函数主要实现以下功能：

a. 构造局部轨迹生成类(LocalTrajectoryBuilder2D)；

b. 使用局部轨迹生成类，构造局部轨迹生成类 GlobalTrajectoryBuilder；

c. 使用全局轨迹生成类，构造轨迹生成管理类指针 CollatedTrajectoryBuilder；

d. 将轨迹生成管理类指针保存在一个 vector 中。

② 调用 TrajectoryBuilderInterface 类函数处理传感器信息

在 Cartographer 的代码中 TrajectoryBuilderInterface 类是父类，实际调用的是子类 CollatedTrajectoryBuilder，如图 5-31 所示。

5.5.4 LOAM 算法

不管是 Gmapping 还是 Cartographer，通常都是采用单线激光雷达作为输入，并且只能在室内环境下运行。虽然 Cartographer 支持 2D 和 3D 建图模式，但其采用 3D 激光雷达生成的点云构建出来的地图格式依然是 2D 形式的地图。

这里介绍一种用在室外环境下的激光 SLAM 算法，即 LOAM 算法。该算法利用多线激光雷达，构建 3D 点云地图。

5.5.4.1 原理分析

LOAM 算法是一款非常经典的 SLAM 算法，是基于激光雷达而搭建的在 ROS 平台下的 SLAM 系统，包括四个主要部分，如图 5-32 所示。首先获取激光雷达坐标系下的点云数据 $\hat{P}$；然后把第 k 次扫描获得的点云组成一帧数据 P_k，定位模块(lidar odometry)利用 Scan-to-scan 方法(速度快，精度低，10Hz 高频执行)对相邻两帧雷达点云中的特征点进行匹配，通过这种帧间特征匹配得到的较低精度里程计数值，用于去除 P_k 中的运动畸变，接着建图模块(lidar mapping)使用 Scan-to-map 方法(速度慢，精度高，1Hz 低频执行)以 1Hz 的频率将前面获得的低精度里程计数据作为初始位姿，匹配和注册无畸变的点云数据，获得高精度定位(1Hz 里程计)；最后将低精度里程计和高精度里程计相融合，输出更新速度和精度都较高的里程计(10Hz 里程计输出)。

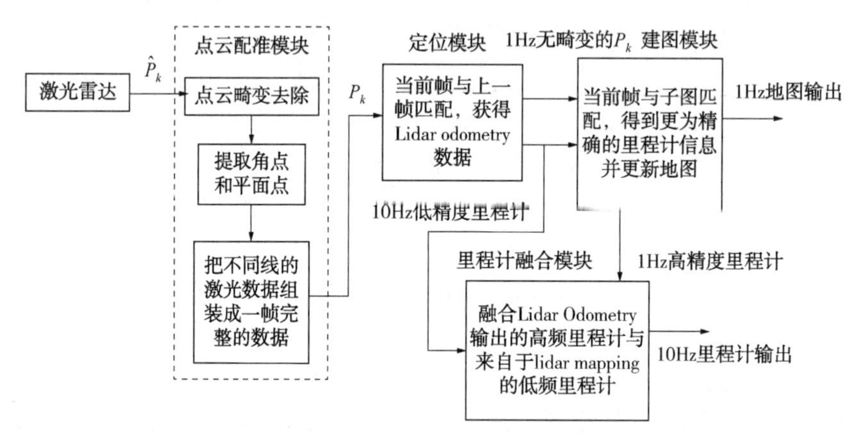

图 5-32　LOAM 的算法框架

LOAM 算法的优点主要在于其不仅解决了雷达运动畸变问题，而且也解决了建图效率的问题。雷达运动畸变是一个较为普遍的现象，其产生的原因主要包括：①激光点的数据获取不是瞬时获得；②激光测量时往往伴随机器人的运动；③激光帧率较低时，机器人的运动不能忽略。LOAM 利用激光数据的帧间特征匹配(scan-to-scan)获得的里程计来校正雷达运动畸变，使得低成本的雷达得以普遍应用。在 LOAM 的 SLAM 求解过程中，其利用低精度的里程计数据和高精度的里程计数据将 SLAM 问题解耦成独立的定位与建图问题分别进行处理，大大降低了计算量。

下面对 LOAM 的四个主要模块进行讨论。

① 点云配准模块从雷达点云中接收原始点云数据，接着进行预处理(去除噪声点、无效点)并按照扫描线号进行区分，存储在一个 vector 中，随后对当前帧点云中的每个计算点计算平滑度，根据平滑度值判断提取出四类特征点，分别是 sharp、less_sharp、flat、less_flat。点云局部表面的具体平滑度的计算如下：

$$c=\frac{1}{|S|\cdot\|X_{(k,i)}^{L}\|}\left\|\sum_{j\in S,\ j\neq i}(X_{(k,i)}^{L}-X_{(k,j)}^{L})\right\| \tag{5-55}$$

式中，S 表示选取的一个周围点集；$X_{(k,i)}^{L}$ 表示当前点；$X_{(k,j)}^{L}$ 表示近邻点。若 c 值大于某个阈值(max)，表示当前点与周围点的差距较大，曲率较高，为边缘点(sharp 点)；若 c 值小于某个阈值(min)，表示当前点与周围点的差距比较小，曲率较低，代表点云中的平面点(即 flat 点)，对于 c 值的其他情况，可分为 less_sharp 和 less_flat。

② 定位模块利用 Scan-to-scan 方法对相邻两帧雷达点云中的特征点进行匹配。这里的匹配属于帧间匹配，利用前后两帧配对的特征点，很容易计算出其位姿的转移关系。在低速运动场景中，直接利用帧间特征匹配就可以得到低精度的里程计(10Hz 里程计)，可以利用该里程计在匀速运动模型的假设下对雷达数据进行畸变校正。该定位算法首先以上一帧点云

$\hat{P}_k$、逐渐增长的点云$P_{(k+1)}$，以及上一次迭代计算的位姿参数$T^L_{(k+1)}$作为输入，接着，从$P_{(k+1)}$中提取边缘点$E_{(k+1)}$和平面点$H_{(k+1)}$，对于每个边缘点/平面点，在上一帧点云$\hat{P}_k$中找到其对应的边缘线/面片，计算点到线的距离 $d_\varepsilon=\frac{|(X^L_{(k+1,i)}-\hat{X}^L_{(k,j)})\times(X^L_{(k+1,i)}-\hat{X}^L_{(k,l)})|}{|X^L_{(k+1,i)}-\hat{X}^L_{(k,l)}|}$，点到面的距离 $d_{\mathrm{H}}=\frac{|(X^L_{(k+1,i)}-\hat{X}^L_{(k,j)})\cdot((\hat{X}^L_{(k,j)}-\hat{X}^L_{(k,l)})\times(\hat{X}^L_{(k,j)}-\hat{X}^L_{(k,m)})|}{|(\hat{X}^L_{(k,j)}-\hat{X}^L_{(k,l)})\times(\hat{X}^L_{(k,j)}-\hat{X}^L_{(k,m)})|}$，获得点-线残差 $f_\varepsilon(X^L_{(k+1,i)},T^L_{k+1})=d_\varepsilon$，$i\in\varepsilon_{k+1}$和点-面残差$f_{\mathrm{H}}(X^L_{(k+1,i)},T^L_{k+1})=d_{\mathrm{H}}$，$i\in H_{k+1}$，将所有点-线残差和点-面残差结合起来得到残差矢量$f(T^L_{k+1})=d$，并对此采用最小二乘法进行优化，如迭代达到收敛则输出$T^L_{(k+1)}$，若达到了扫描的终点则输出$T^L_{(k+1)}$和$\hat{P}_{(k+1)}$。

③ 建图模块利用 Scan-to-map 方法进行高精度定位，该算法以前面低精度的里程计作为位姿初始值，将校正后的雷达特征点云与地图进行匹配。这种扫描帧到地图的匹配能够得到较高精度的里程计(1Hz 里程计)，基于该高精度的里程计所提供的位姿可将校正后的雷达特征点云加入已有地图。

④ 里程计融合模块主要是融合了建图模块得到的位姿变换和定位模块得到的位姿变换。最终发布一个频率与定位模块发布频率一致的位姿变换。

5.5.4.2　源码分析

LOAM 的代码非常简洁，图 5-33 所示框架中的每个模块分别使用一个 ROS 节点来实现，各个 ROS 节点之间通过话题来传输数据，具体节点与接口如图 5-33 所示，基本上是前一个节点的输出结果作为后一个节点的输入。

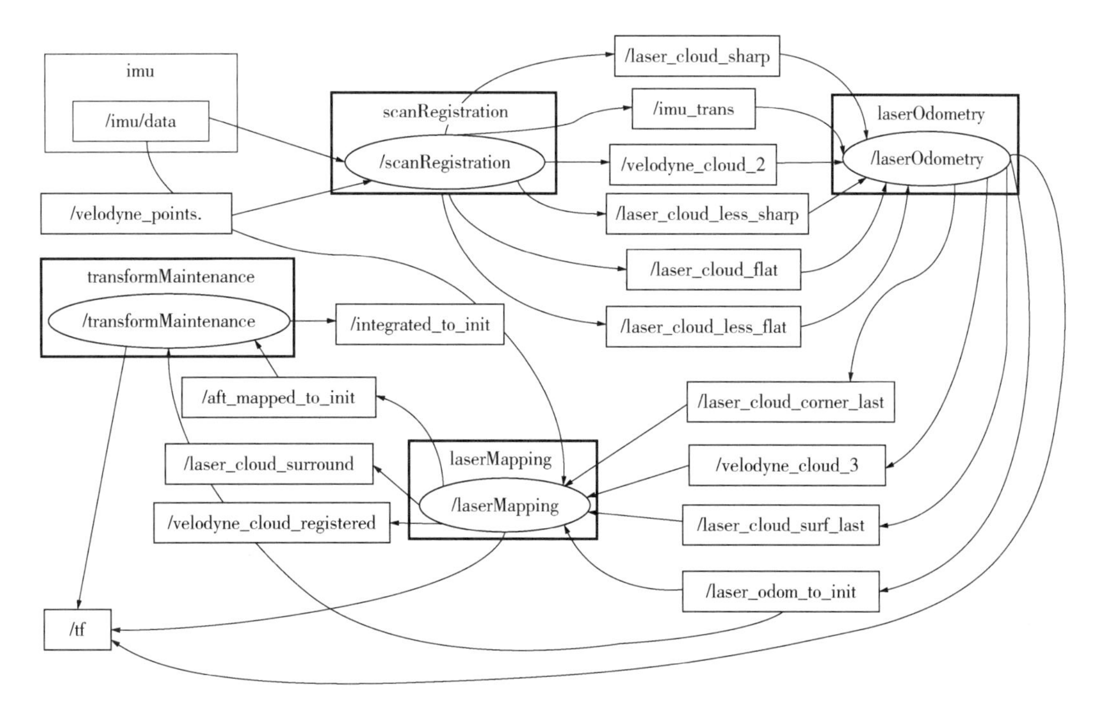

图 5-33　LOAM 算法在 ROS 系统下的节点及接口图

具体流程为：ScanRegistration 提取特征点并排除瑕点；LaserOdometry 从特征点中估计运动，然后整合数据发送给 LaserMapping；LaserMapping 输出的 laser_cloud_surround 为地图；TransformMaintenance 订阅 LaserOdometry 与 LaserMapping 发布的 Odometry 信息，对位姿进行融合优化。

（1）scanRegistration 节点

读取激光雷达数据，并对激光雷达的点云数据预处理，包括移除空点、对运动畸变补偿、计算每个点的水平和垂直角度并分成不同的 scan、然后曲率计算、根据曲率提取出四类特征点，最后发布特征点。其代码流程如图 5-34 所示。

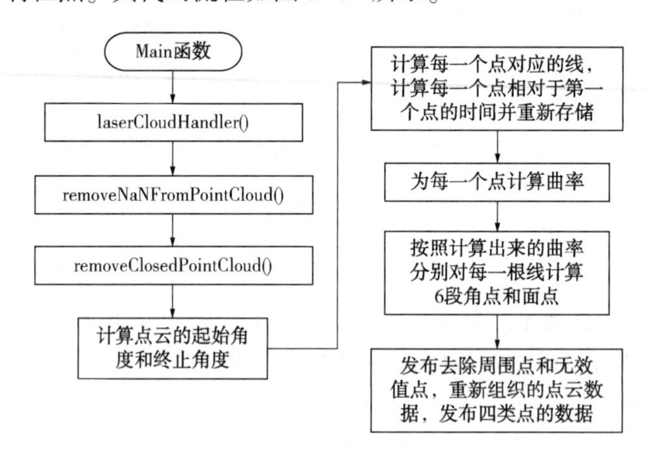

图 5-34 scanRegistration 节点调用流程

主函数 main 主要构建订阅和发布的一些配置，从 ROS 中的相关 launch 中读取一些参数。订阅了 2 个节点和发布了 6 个节点。通过回调函数的处理，将处理后的点云重新发出去。主要涉及的函数为 laserCloudHandler 与 imuHandler。

函数 laserCloudHandler( )的主要功能是对接收到的点云进行预处理，完成分类。具体分类内容为：首先对收到的点云进行处理；接着根据角度将点划入不同数组中；然后计算每个点的相对方位角，计算出相对时间，根据线性插值的方法计算速度及角度，并转换到初始 imu 坐标系下，再划入多线数组中；进一步将对所有点进行曲率值的计算并记录每一层曲率数组的起始和终止点，并去除瑕疵点，筛选平面点和角点，最后将信息发布出去。

imuHandler 功能为 imu 信息的解析，主要包括：减去重力对 imu 的影响；解析出当前时刻的 imu 时间戳、角度以及各个轴的加速度；将加速度转换到世界坐标系轴下；进行行距推算，假定为匀速运动推算出当前时刻的位置；推算当前时刻的速度信息。

（2）laserOdometry 节点

在 LaserOdometry 类中实现，创建类的对象时会自动调用构造函数，然后调用 setup(…)函数对节点初始化，初始化完成主要参数设置、订阅初始化和发布器初始化，最后，整个节点的处理逻辑在 spin( )函数中循环执行。

spin( )中的 process( )函数的主要功能为：

① 接收来自 scanRegistration 的 ROS 信息；

② 通过调用 laserCloudSharpHandler( )，laserCloudLessSharpHandler( )，laserCloudFlatHandler( )，laserCloudFlatHandler( )获取四类曲率值，将 ROS 的点云格式转化为 pcl 格式

并去除空点；

③ 通过调用 laserCloudFullResHandler( ) 函数，接受全部点云，并将 ROS 的点云格式转换成 pcl 格式并去除空点；

④ 通过调用 imuTransHandler( ) 函数，接收 imu 信息，并将以点云信息存储 imu 解析；

⑤ 设置 4 个 pub 发布器发布当前的边缘点、平面点、全部点云和里程计初始化信息；

⑥ 创建里程计对象，并初始化，将当前帧的边缘点和平面点，保存为上一时刻数据；

⑦ 调用去除相对开始点匀速运动畸变 TransformToStart( ) 函数；

⑧ 调用去除相对结束点匀速运动畸变 TransformToEnd( ) 函数；

⑨ 调用姿态变换函数 AccumulateRotation( ) 和 PluginIMURotation( )；

⑩ 将特征点匹配以后开始进行位姿估计，在 loam 中将问题转换为一个最小二乘的优化问题，使用 LM 法进行迭代求解；

⑪ 利用 Scan-to-scan 方法进行帧间特征匹配获得低精度里程计，并利用该里程计的值校正雷达点云的运动畸变，最后将处理结果发布出去。

（3）laserMapping 节点

从 rqt_graph 中观测节点关系，在主函数 main( ) 中 laserMapping 节点订阅了来自 laserOdometry 的四个话题：地图点云、上一帧的边线点集合、上一帧的平面点集合，以及当前帧的位姿粗估计。同时发布了四个话题：附近帧组成的点云集合(submap)、所有帧组成的点云地图、当前帧位姿精估计和激光雷达的点云配准。在 laserMapping 中同时还调用了里程计位姿转化为地图位姿 transformAssociateToMap( )、雷达坐标系点转化为地图点 pointAssociateToMap( )、地图点转化为雷达坐标系点 pointAssociateTobeMapped( ) 等。最后，laserMapping 节点使用 scan to map 的匹配方法，即最新的关键帧 scan(绿色线) 与其他所有帧组成的全部地图(黑色线) 进行匹配，因此 laserMapping 中的位姿估计方法联系了所有帧的信息，而不是像 laserOdometry 中仅仅利用了两个关键帧的信息，所以位姿估计更准确。

（4）transformMaintenance 节点

该节点订阅了 laserOdometry 节点发布的/laser_odom_to_init 消息(Lidar 里程计估计位姿到初始坐标系的变换) 以及 laserMapping 节点发布的/aft_mapped_to_init 消息(laserMapping 节点优化后的位姿到初始坐标系的变换)，经过节点处理发布/integrated_to_init 消息。/integrated_to_init 消息是由发布器 pubLaserOdometry2Pointer 发布，在发布函数 pubLaserOdometry2Pointer( ) 中，每次接收到/laser_odom_to_init 消息并调用回调函数 laserOdometryHandler 时，就发布一次该消息。

5.5.5　基于 caesar.jl 的 2D SLAM 示例

在这一部分，使用同步定位与地图构建(SLAM) 技术，扩展一个简单的 2D 机器人轨迹示例。

5.5.5.1　使用 Pose2 创建因子图

首先，加载所需的模块并添加 Julia 进程，以便于后续的计算。加载的模块包括 RoME、Distributions 和 LinearAlgebra：

```
nprocs()<4? addprocs(4-nprocs()):nothing#添加更多的 Julia 进程
using RoME,Distributions,LinearAlgebra#加载所需模块
```

然后，在内存中构造一个局部因子图对象，并添加第一个姿势：x0。同时，添加一个固

定位置的先验因子 PriorPose2，将：x0 锚定在起始位置：

```
#从空的因子图对象开始
fg=initfg()
addVariable!(fg,:x0,Pose2)#添加第一个姿势:x0
#添加先验因子,将:x0 固定在世界坐标系中的某个位置
addFactor!(fg,[:x0],PriorPose2(MvNormal(zeros(3),0.01 * Matrix(LinearAlgebra.I,3,3))))
```

至此，构造了因子图对象，并添加了第一个姿势及其先验因子。接下来，以逆时针的六边形方式添加六个里程计节点，注意变量是如何通过符号表示的，例如：x2 = = Symbol("x2")：

```
#在六边形路径中行驶
for i in 0:5
    psym=Symbol("x$i")
    nsym=Symbol("x$(i+1)")
    addVariable!(fg,nsym,Pose2)
    pp=Pose2Pose2(MvNormal([10.0;0;pi/3],Matrix(Diagonal([0.1;0.1;0.1].^2))))
    addFactor!(fg,[psym;nsym],pp)
End
```

在完成因子图的构建后，可以查看因子图的实际情况并绘制其图形，如图 5-35 所示。

```
drawGraph(fg) #绘制因子图
```

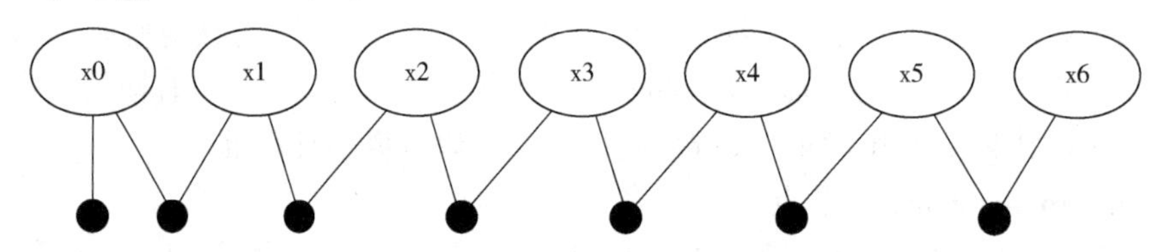

图 5-35　因子图可视化

5.5.5.2　执行推理

程序将打开并显示出相应的视觉对象。接下来，将针对该对象运行多模态增量平滑与映射(mm-iSAM)求解器。首次运行可能较慢，因为需要进行 Julia 的即时编译：

```
tree=solveTree!(fg)#执行推理
```

此过程需要几秒钟(包括首次编译所有 Julia 进程)。如果希望在求解过程中查看贝叶斯树的操作，可以在调用求解器之前设置可视化参数：

```
#设置可视化参数
getSolverParams(fg).drawtree=true
getSolverParams(fg).showtree=true
```

最后，因子图内容的 2D 绘图由 RoMEPlotting 包提供，可以进行可视化和导出图像：

```
using RoMEPlotting#导入 RoMEPlotting 进行可视化
pl=drawPoses(fg)# Juno/Jupyter 风格使用
pl |>Gadfly.PNG("/tmp/test.pdf") #导出图像
```

可视化结果如图 5-36 所示。

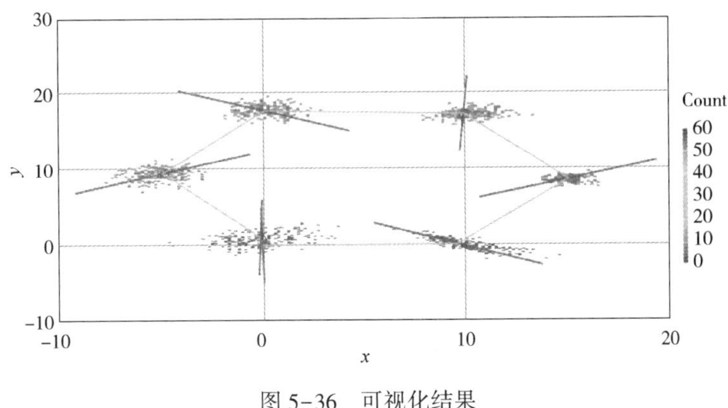

图 5-36 可视化结果

5.5.5.3 将界标添加为 Point2

假设某个传感器检测到具有相关范围和方位测量的感兴趣特征。新变量和测量值可以包含在因子图中，如下所示：

```
#添加界标和方位范围测量
addVariable!(fg,:l1,Point2,tags=[:LANDMARK;])
p2br=Pose2Point2BearingRange(Normal(0,0.1),Normal(20.0,1.0))
addFactor!(fg,[:x0;:l1],p2br)
initAll!(fg)#初始化:l1 数值,但不重新运行求解器
drawPosesLandms(fg)#绘制姿势和地标
```

其中，变量节点初始化的默认行为意味着最后添加的变量节点还没有任何数值。略微扩展的绘图函数将同时绘制姿势和地标，如图 5-37 所示。

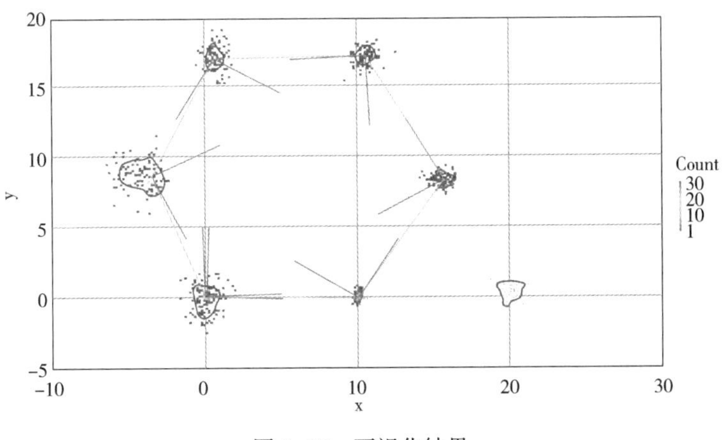

图 5-37 可视化结果

5.5.5.4 Loop-Closure 示例

Loop-Closure 是基于 SLAM 的状态估计的主要部分。一个例子是从最后一个姿势第二次看到同一个地标，然后重复推理并重新绘制结果。

```
#再次添加与方位范围测量相关的界标
p2br2=Pose2Point2BearingRange(Normal(0,0.1),Normal(20.0,1.0))
addFactor!(fg,[:x6;:l1],p2br2)
```

```
tree=solveTree!(fg,tree)#执行求解
pl=drawPosesLandms(fg)#重新绘制
```

5.6 视觉 SLAM 算法

5.6.1 ORB-SLAM2 算法

5.6.1.1 算法简介

ORB-SLAM2 算法是一种经典的视觉 SLAM 算法，ORB-SLAM2 是一种基于 ORB 特征的三维定位与地图构建算法(SLAM)。它基于 PTAM 架构，增加了地图初始化和闭环检测的功能，优化了关键帧选取和地图构建的方法，在处理速度、追踪效果和地图精度上都取得了不错的效果。要注意 ORB-SLAM2 构建的地图是稀疏的。ORB-SLAM2 一开始基于 monocular camera，后来扩展到 Stereo 和 RGB-D sensor 上。ORB-SLAM2 算法的一大特点是在所有步骤统一使用图像的 ORB 特征。ORB 特征是一种非常快速的特征提取方法，具有旋转不变性，并可以利用金字塔构建出尺度不变性。使用统一的 ORB 特征有助于 SLAM 算法在特征提取与追踪、关键帧选取、三维重建、闭环检测等步骤具有内生的一致性。

(1) ORB-SLAM2 架构

ORB-SLAM2 算法架构如图 5-38 所示。

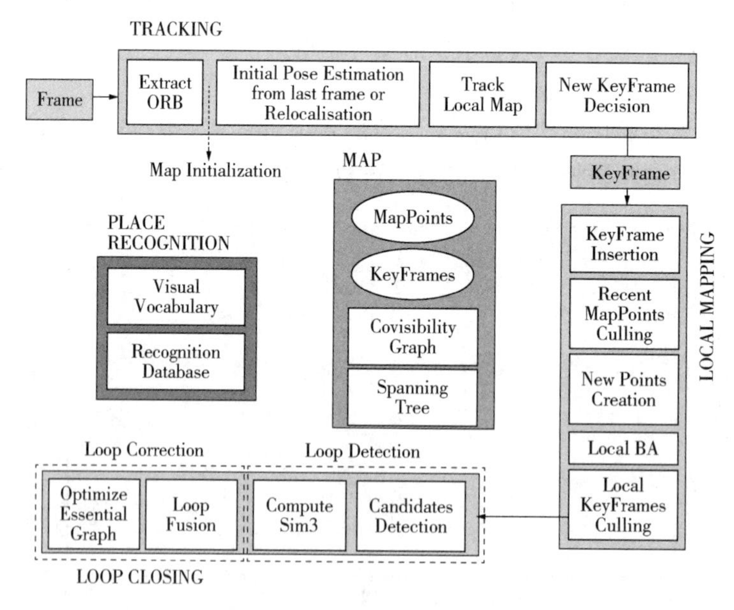

图 5-38 ORB-SLAM2 架构

有三种模式可以选择：单目模式、双目模式和 RGB-D 模式。

(2) 三大线程

1) 跟踪线程

跟踪模块主要的作用是通过寻找当前帧和局部地图的特征点匹配，然后根据纯运动 BA 和最小化重投影误差对每帧图像进行运动估计。预处理阶段从深度相机获取传感器数据，在 RGB 图中提取 ORB 特征，在深度图中获取对应特征点的深度信息，结合生成立体坐标。ORB 特征通过图像金字塔来保证其尺度不变性，通过灰度质心法来保证其旋转不变性，通

过改进的 BRIEF 描述子表示特征点周边信息，使其在旋转、缩放、平移变换下仍然有不错的表现。当完成当前帧和局部地图的特征点的匹配之后，使用 RANSAC 算法结合五点法计算本质矩阵 E(Essential Matrix)，再根据奇异值分解(SVD)对 E 分解得到相机的旋转矩阵和平移向量。

2）局部建图

局部地图模块主要的作用是管理地图包括插入关键帧、剔除冗余地图点和关键帧以及使用 Local BA 进行局部地图优化。下面对这三部分内容进行介绍：

① 插入关键帧：当根据筛选关键帧准则找到新的关键帧后，将新的关键帧插入共视图中，并且更新此帧与局部地图的图优化连接关系、此帧的生长树、此帧的词袋。

② 删除冗余地图点/关键帧：当前地图点在被少于三帧关键帧观测到时，此点被剔除；某帧超过 90%的特征点能够被别的三个关键帧观测到，此帧被剔除。

③ Local BA 优化：将当前关键帧根据共视关系找到带有约束的其他关键帧构建非线性优化问题。

3）闭环检测

回环检测模块根据视觉里程计提供的相机运动轨迹和地图初值，构建全局一致的轨迹和地图。它可以消除 SLAM 系统估计出来的运动轨迹和点云地图在长时间运动下的累积误差，对 SLAM 系统的可靠性和精度有重大意义。ORB-SLAM2 中该模块主要由以下 3 块组成：

① 检测回环：检测回环主要用到了词袋模型，根据离线训练的词袋模型对每帧关键帧进行特征描述，但是此处的特征并非前面提到的特征点而是更为抽象的“单词”，比如人、狗、车等概念，根据这些描述图片的特征根据相似度算法比如频率-逆文档频率进行相似度计算，进而找到匹配分数最高的图像。

② 回环融合：首先暂停局部地图线程，暂停关键帧的插入。根据共视关系更新当前帧和其余关键帧的连接关系，替换或填补当前关键帧和检测出来的回环存在冲突的地图点，把闭环帧及其相邻帧的地图点投影到当前帧及其地图点，进行修正填补。最后更新当前帧的连接关系，建立新的连接关系完成融合。

③ 本质图优化：仅仅对相机位姿建立约束，构建位姿图进行非线性优化，较少累积的位姿误差。

5.6.1.2 相关技术

(1) ORB 特征提取

FAST 特征点，对于像素 p，假设它的亮度为 I_p，设置一个阈值 T(比如 I_p 的 20%)，以像素 p 为中心，选取半径为 3 的圆上的 16 个像素点，假如选取的圆上，有连续的 N 个点的亮度大于 I_p+T 或小于 I_p-T，那么像素 p 可以被认为是特征点。

BRIEF 算法的核心思想是在关键点 P 的周围以一定模式选取 N 个点对，把这 N 个点对的比较结果组合起来作为描述子。

原始的 FAST 关键点没有方向信息，使用灰度质心法计算特征点的方向，然后提取描述子，使特征点具有旋转不变性。步骤如下：

第 1 步：我们定义该区域图像的矩为：

$$m_{pq}=\sum x^p y^q I(x,\ y),\qquad p,\ q=\{0,\ 1\} \tag{5-56}$$

p、q 取 0 或 1，$I(x,\ y)$ 表示在像素坐标$(x,\ y)$处图像的灰度值，m_{pq}表示图像的矩。

在半径为 R 的圆形图像区域，沿两个坐标轴 x，y 方向的图像矩分别为：

$$m_{10}=\sum_{x=-R}^{R}\sum_{y=-R}^{R}xI(x,\ y)$$
$$m_{01}=\sum_{x=-R}^{R}\sum_{y=-R}^{R}yI(x,\ y) \tag{5-57}$$
$$m_{00}=\sum_{x=-R}^{R}\sum_{y=-R}^{R}I(x,\ y)$$

第 2 步：图像的质心为：

$$C=(c_x,\ c_y)=\left(\frac{m_{10}}{m_{00}},\ \frac{m_{01}}{m_{00}}\right) \tag{5-58}$$

第 3 步：然后关键点的“主方向”就可以表示为从圆形图像形心 O 指向质心 C 的方向向量OC，于是关键点的旋转角度记为：

$$\theta=\arctan2(c_y,\ c_x)=\arctan2(m_{01},\ m_{10})$$

OpenCV 已经集成了多个主流的图像特征提取算法，我们可以直接调用 OpenCV 进行 ORB 特征匹配。下面这个实验演示了如何使用 JuLia 调用 python 的 OpenCV 来提取和匹配两张照片的 ORB 特征，如图 5-39 所示，为使用相机拍摄的两张图像，可以看到相机发生了微小的运动。

图 5-39　相机从不同角度拍摄的两张图像

以下程序演示了如何使用这两张照片进行 ORB 提取和匹配：

```
using PyCall

#引入 Python 的 OpenCV 和 matplotlib 库
cv2=pyimport("cv2")
plt=pyimport("matplotlib.pyplot")

function orb_feature_matching(img1_path::String,img2_path::String)
```

```
#读取图片
img1 = cv2.imread(img1_path)
img2 = cv2.imread(img2_path)
#转换为灰度图
img1_gray = cv2.cvtColor(img1, cv2.COLOR_BGR2GRAY)
img2_gray = cv2.cvtColor(img2, cv2.COLOR_BGR2GRAY)

#创建 ORB 检测器
orb = cv2.ORB_create(200)
#使用 pycall 来传递 Python 的 None
mask = pyimport("builtins").None   #获取 Python 的 None
#检测关键点和描述符
keypoints1, descriptors1 = orb.detectAndCompute(img1, mask)
keypoints2, descriptors2 = orb.detectAndCompute(img2, mask)
#创建一个 BFMatcher,使用 Hamming 距离进行匹配
matcher = cv2.BFMatcher(cv2.NORM_HAMMING, crossCheck = false)

#使用 k-NN 方法进行匹配,返回每个描述符的 2 个最邻近的匹配点
knn_matches = matcher.knnMatch(descriptors1, descriptors2, 2)
#进行比率测试来筛选匹配点
good_matches = [ ]
ratio_thresh = 0.4   #Lowe's ratio test threshold

for m in knn_matches
    if length(m) == 2   #确保有两个匹配点
        # Lowe's ratio test:选择匹配的最佳点与次佳点的距离比小于阈值
        if m[1].distance/m[2].distance<ratio_thresh
            push! (good_matches, m[1])
        end
    end
end
#画出匹配的结果
matched_image = cv2.drawMatches(
    img1, keypoints1, img2, keypoints2, good_matches, pyimport("builtins").None,
    flags = cv2.DrawMatchesFlags_NOT_DRAW_SINGLE_POINTS
)

#转换 BGR 图像为 RGB 图像(以便正确显示)
matched_image_rgb = cv2.cvtColor(matched_image, cv2.COLOR_BGR2RGB)
```

```
    #使用 matplotlib 显示结果
    plt.imshow(matched_image_rgb)
    plt.title("Matched Keypoints")
    plt.show()
end
#使用示例
orb_feature_matching("D:\\Desktop\\20241106221320.jpg","D:\\Desktop\\20241106221329.jpg")
```

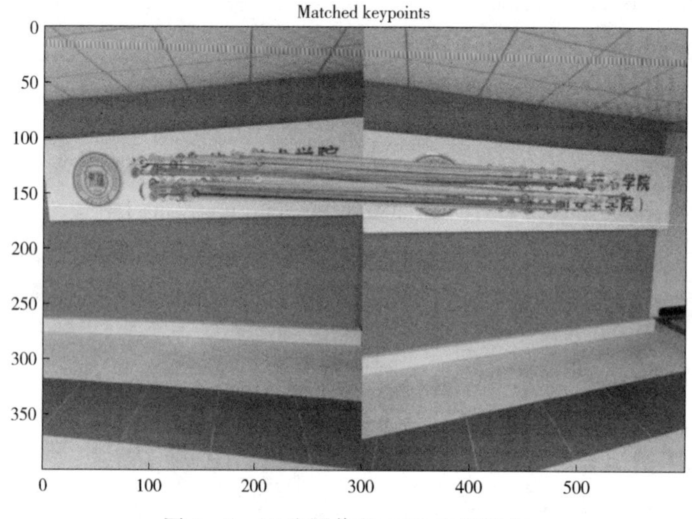

图 5-40　两张图像的 ORB 匹配结果

图 5-40 显示了 ORB 特征匹配的结果。可以看到，两张图片中提取到的 ORB 特征通过线段进行了匹配，且大部分的匹配结果是正确的。在上述代码中，我们使用 Lowe's 比率测试对提取到的特征进行筛选，剔除掉部分匹配效果不好的点，保留比率低于 0.4 的匹配点，剔除后的匹配点如图 5-41 所示。

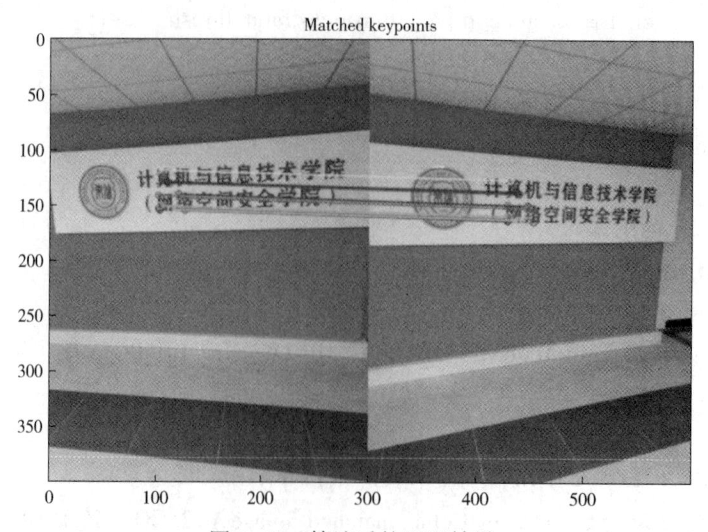

图 5-41　筛选后的匹配结果

（2）姿态估计

1）2D-2D：对极几何

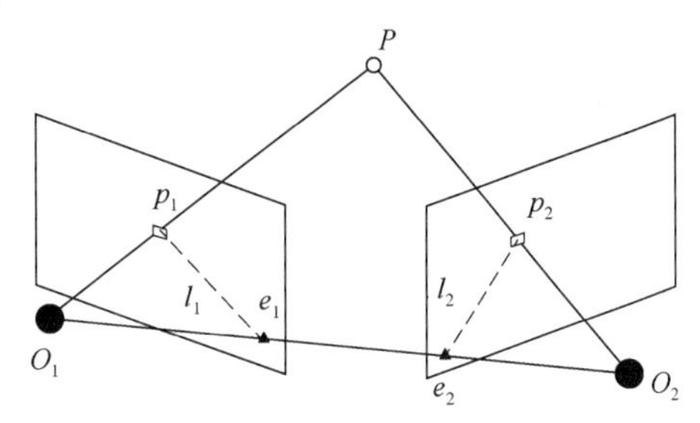

对极约束：$x_2^{\mathrm{T}}t\hat{}Rx_1=0$

带内参的形式：$p_2^{\mathrm{T}}K^{-\mathrm{T}}t\hat{}RK^{-1}p_1=0$

$$E=t\hat{}R,\ F=K^{-\mathrm{T}}EK^{-1},\ x_2^{\mathrm{T}}Ex_1=p_2^{\mathrm{T}}Fp_1=0$$

一般采用 8 点法求 E，分解 E 得到 R，t。

- 八点法求 E
- 将 E 看成通常 3×3 的矩阵，去掉因子后剩八个自由度；
- 一对匹配点带来的约束：$(u_1,\ v_1,\ 1)\begin{pmatrix}e_1 & e_2 & e_3\\ e_4 & e_5 & e_6\\ e_7 & e_8 & e_9\end{pmatrix}\begin{pmatrix}u_2\\ v_2\\ 1\end{pmatrix}=0$
- 向量形式：$e=\{e_1,\ e_2,\ e_3,\ e_4,\ e_5,\ e_6,\ e_7,\ e_8,\ e_9\}^{\mathrm{T}}$，$\{u_1u_2,\ u_1v_2,\ u_1,\ v_1u_2,\ v_1v_2,\ u_2,\ v_2,\ 1\}\cdot e=0$。

八对点构成方程组：

$$\begin{pmatrix}u_1^1u_2^1 & u_1^1v_2^1 & u_1^1 & v_1^1u_2^1 & v_1^1v_2^1 & v_1^1 & u_2^1 & v_2^1 & 1\\ u_1^2u_2^2 & u_1^2v_2^2 & u_1^2 & v_1^2u_2^2 & v_1^2v_2^2 & v_1^2 & u_2^2 & v_2^2 & 1\\ \vdots & \vdots & \vdots & \vdots & \vdots & \vdots & \vdots & \vdots & \\ u_1^8u_2^8 & u_1^8v_2^8 & u_1^8 & v_1^8u_2^8 & v_1^8v_2^8 & v_1^8 & u_2^8 & v_2^8 & 1\end{pmatrix}\begin{pmatrix}e_1\\ e_2\\ e_3\\ e_4\\ e_5\\ e_6\\ e_7\\ e_8\\ e_9\end{pmatrix}=0$$

SVD 分解 E 得到 4 组解，但是只有一种解使得点的深度在两处均为正。

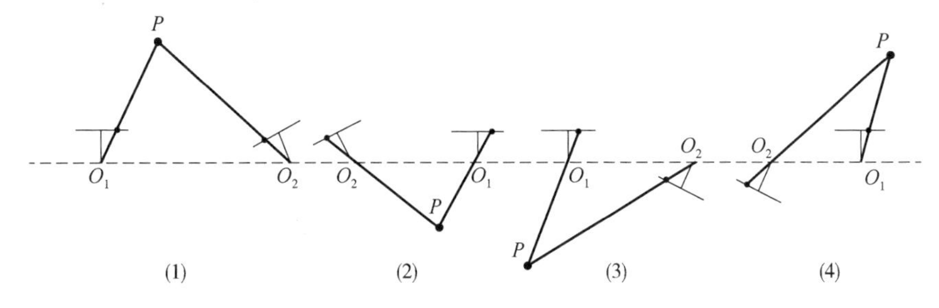

- 从 E 计算 R，t：奇异值分解

$E=U\Sigma V^{\mathrm{T}}$，$t_1^{\wedge}=UR_Z\left(\frac{\pi}{2}\right)\Sigma U^{\mathrm{T}}$，$R_1=UR_Z^{\mathrm{T}}\left(\frac{\pi}{2}\right)V^{\mathrm{T}}$，$t_2=UR_Z\left(-\frac{\pi}{2}\right)\Sigma U^{\mathrm{T}}$，$R_2=UR_Z^{\mathrm{T}}\left(-\frac{\pi}{2}\right)V^{\mathrm{T}}$。

四个可能的解，但只有一个深度为正。

2）3D-2D：PnP

① 直接线性变换 DLT：

直接线性变换 DLT 是一种线性方法，用于从一组对应的 3D 点和 2D 点中估计相机的位姿。在 DLT 中，首先考虑一个空间点 $P=(X, Y, Z, 1)^{\mathrm{T}}$，它通过相机的投影矩阵 $[R|t]$ 投影到图像平面上，得到归一化坐标 $x=(u, v, 1)$。投影关系可以表示为 $sx=[R|t]p$，其中 s 是一个标量。将这个关系展开，得到一个线性方程组，通常表示为 $AX=0$，其中 A 是一个由相机参数和点坐标构成的矩阵，X 是包含相机位姿参数的向量。在矩阵形式中，如果将投影关系具体化，可以得到如下的方程组：

$$s\begin{pmatrix}u_1\\v_1\\1\end{pmatrix}=\begin{pmatrix}t_1&t_2&t_3&t_4\\t_5&t_6&t_7&t_8\\t_9&t_{10}&t_{11}&t_{12}\end{pmatrix}\begin{pmatrix}X\\Y\\Z\\1\end{pmatrix}$$

展开后，最后一行左边只有 s，可以用这一行消去前两行中的 s。这样，一个特征点可以提供两个方程：

$$t_1^{\mathrm{T}}P-t_3^{\mathrm{T}}Pv_1=0,\ t_2^{\mathrm{T}}P-t_3^{\mathrm{T}}Pv_1=0。$$

其中，$t_1=(t_1, t_2, t_3, t_4)^{\mathrm{T}}$，$t_2=(t_5, t_6, t_7, t_8)^{\mathrm{T}}$，$t_3=(t_9, t_{10}, t_{11}, t_{12})^{\mathrm{T}}$。一共 12 个未知数，6 对点即可求解。

② Levenberg-Marquardt（列文伯格-马夸尔特）算法

Levenberg-Marquardt 算法是一种非线性最小二乘优化算法，它通过迭代过程最小化重投影误差。在每次迭代中，算法尝试更新参数，以减少预测的 2D 点和实际观测到的 2D 点之间的差异。算法结合了梯度下降和高斯牛顿方法的特点，通过计算雅可比矩阵和误差向量来更新参数。Levenberg-Marquardt 算法通过调整一个阻尼因子来平衡这两种方法的影响，从而提高收敛速度和稳定性。

③ P3P

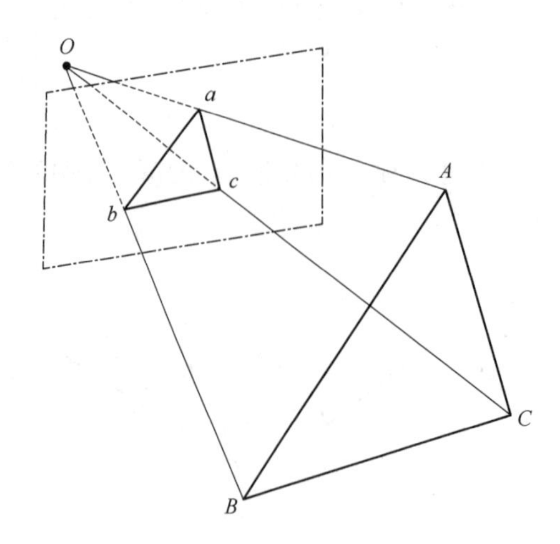

＊ 本质上就是利用 3 对三角形的相似关系：

$$\triangle Oab-\triangle OAB,\ \triangle Obc-\triangle OBC,\ \triangle Oac-\triangle OAC \tag{5-59}$$

而根据余弦定理：

$$\begin{aligned} &OA^2+OB^2-2OA\cdot OB\cdot \cos a,\ b=AB^2\\ &OB^2+OC^2-2OB\cdot OC\cdot \cos b,\ c=BC^2\\ &OA^2+OC^2-2OA\cdot OC\cdot \cos a,\ c=AC^2 \end{aligned} \tag{5-60}$$

然后各种代入，得到一个关于 x 和 y 的二元二次方程组：

$$\begin{aligned} &(1-u)y^2-ux^2-\cos\langle b,\ c\rangle y+2uxy\cos\langle a,\ b\rangle+1=0\\ &(1-w)x^2-wy^2-\cos\langle a,\ c\rangle x+2wxy\cos\langle a,\ b\rangle+1=0 \end{aligned} \tag{5-61}$$

其中：

$$x=OA/OC,\ y=OB/OC$$

而解这个二元二次方程组需要用到吴消元法，求解析解。但解出的是 4 个解，再用一对验证点 D、d 计算最可能解。最终得到 ABC 三点在相机坐标系下的 3D 坐标。

接下来本文演示如何在 Julia 中实现 pnp。

```
function pnp_bundle_adjustment(
    camera::Camera,pose::SMatrix{4,4,Float64},pixels,points;
    iterations::Int=10,show_trace::Bool=false,
    depth_ϵ::Real=1e-6,repr_ϵ::Real=  5.0,
)
    R=RotZYX(pose[1:3,1:3])  #获取旋转部分
    X0=[R.theta1,R.theta2,R.theta3,pose[1:3,4]...]  #初始化参数

    Y=zeros(Float64,length(pixels)*2)  #初始化残差数组
    outliers=fill(false,length(points))  #初始化离群点数组
    ignore_outliers=false  #是否忽略离群点

    #残差函数
    function residue!(Y,X)
        @simd for i in 1:length(points)
            id=(i-1)*2  #残差索引
            if ignore_outliers && outliers[i]  #如果忽略离群点
                Y[id+1]=0.0
                Y[id+2]=0.0
            else
                pt=RotZYX(@view(X[1:3])...)*points[i].+@view(X[4:6])  #计
算点的位置
                Y[(id+1):(id+2)].=pixels[i].-project(camera,pt)  #计算残差
            end
        end
```

```
        end

        residue!(Y,X0)  #计算初始残差
        initial_error=mapreduce(abs2,+,Y)  #计算初始误差
        Y.=0.0  #重置残差

        #快速优化
        fast_result=optimize!(
            LeastSquaresProblem(;x=X0,y=Y,f!=residue!),
            LevenbergMarquardt();iterations=5,show_trace)
        X1=fast_result.minimizer  #获取快速优化的结果

        #检测离群点
        n_outliers=0
        @simd for i in 1:length(points)
            pt=RotZYX(@view(X1[1:3])...)*points[i].+@view(X1[4:6])  #计算点
的位置
            r=pixels[i].-project(camera,pt)  #计算像素坐标与投影的差异
            outlier=pt[3]<depth_ϵ||(r[1]^2+r[2]^2)>repr_ϵ  #判断是否为离群点
            outliers[i]=outlier  #更新离群点数组
            outlier&&(n_outliers+=1;)  #更新离群点计数
        end

        #如果离群点数量过多,返回初始结果
        if length(points)-n_outliers<5
            return(
                SMatrix{4,4,Float64}(I),initial_error,fast_result.ssr,
                outliers,n_outliers)
        end
        Y.=0.0  #重置残差
        ignore_outliers=true  #设置为忽略离群点
        result=optimize!(
            LeastSquaresProblem(;x=X1,y=Y,f!=residue!),
            LevenbergMarquardt();iterations,show_trace)  #进行最终优化

        new_pose=to_4x4(RotZYX(result.minimizer[1:3]...),result.minimizer[4:6])  #获
取新的位姿
        new_pose,initial_error,result.ssr,outliers,n_outliers  #返回结果
    end
```

代码结合了 DLT 方法的线性方程组和 Levenberg-Marquardt 算法的非线性优化。函数首先从给定的初始位姿中提取旋转和平移参数，然后定义一个残差函数来计算每个点的重投影误差。接着，使用 Levenberg-Marquardt 算法进行快速优化，以获得一个较好的初始解。在优化过程中，函数还会检测并忽略离群点，以提高优化的鲁棒性。最后，在忽略离群点的基础上进行最终优化，以获得最优的相机位姿。函数返回优化后的位姿、初始误差、最终误差、离群点信息和离群点数量。方法通过非线性优化提高了位姿估计的精度，并通过离群点检测增强了算法的鲁棒性。

3）3D-3D：ICP

① SVD 方法：对于两个 3D3D 匹配点，用其中一个点 Pi' 来估算另一个点 $p=Rpi'+t$，有而该点的观测坐标为 Pi，定义误差为 $ei=pi-(Rpi'+t)$。

构建最小二乘问题有：

$$\min_{\boldsymbol{R},\boldsymbol{t}} J=\frac{1}{2}\sum_{i=1}^{n}\|(\boldsymbol{p}_i-(\boldsymbol{R}\boldsymbol{p}'_i+\boldsymbol{t}))\|_2^2 \tag{5-62}$$

在求解时，定义图像 1 和图像 2 中所有点的质心分别为：

$$\boldsymbol{p}=\frac{1}{n}\sum_{i=1}^{n}(\boldsymbol{p}_i),\ \boldsymbol{p}'=\frac{1}{n}\sum_{i=1}^{n}(\boldsymbol{p}'_i) \tag{5-63}$$

可以得到如下的推导：

$$\begin{aligned}\frac{1}{2}\sum_{i=1}^{n}\|\boldsymbol{p}_i-(\boldsymbol{R}\boldsymbol{p}'_i+\boldsymbol{t})\|^2&=\frac{1}{2}\sum_{i=1}^{n}\|\boldsymbol{p}_i-\boldsymbol{R}\boldsymbol{p}'_i-\boldsymbol{t}-\boldsymbol{p}+\boldsymbol{R}\boldsymbol{p}'+\boldsymbol{p}-\boldsymbol{R}\boldsymbol{p}'\|^2\\&=\frac{1}{2}\sum_{i=1}^{n}\|(\boldsymbol{p}_i-\boldsymbol{p}-\boldsymbol{R}(\boldsymbol{p}'_i-\boldsymbol{p}'))+(\boldsymbol{p}-\boldsymbol{R}\boldsymbol{p}'-\boldsymbol{t})\|^2\\&=\frac{1}{2}\sum_{i=1}^{n}(\|\boldsymbol{p}_i-\boldsymbol{p}-\boldsymbol{R}(\boldsymbol{p}'_i-\boldsymbol{p}')\|^2+\|\boldsymbol{p}-\boldsymbol{R}\boldsymbol{p}'-\boldsymbol{t}\|^2+\\&\qquad 2(\boldsymbol{p}_i-\boldsymbol{p}-\boldsymbol{R}(\boldsymbol{p}'_i-\boldsymbol{p}'))^T(\boldsymbol{p}-\boldsymbol{R}\boldsymbol{p}'-\boldsymbol{t}))\end{aligned} \tag{5-64}$$

最终目标函数化简为：

$$\min_{\boldsymbol{R},\boldsymbol{t}} J=\frac{1}{2}\sum_{i=1}^{n}\|\boldsymbol{p}_i-\boldsymbol{p}-\boldsymbol{R}(\boldsymbol{p}'_i-\boldsymbol{p}')\|^2+\|\boldsymbol{p}-\boldsymbol{R}\boldsymbol{p}'-\boldsymbol{t})\|^2 \tag{5-65}$$

目标简化成两个平方项之和，可以分别对两个平方项进行求解，先求解左边得到 R，带入到右边得到 t。右边项只有为 0 时才能让目标函数最小，当求解得到 R 时，可以根据 R 计算 t。将左边的平方项展开有：

$$\frac{1}{2}\sum_{i=1}^{n}\|\boldsymbol{q}_i-\boldsymbol{R}\boldsymbol{q}'_i\|^2=\frac{1}{2}\sum_{i=1}^{n}\boldsymbol{q}_i^{\mathrm{T}}\boldsymbol{q}_i+\boldsymbol{q'}_i^{\mathrm{T}}\boldsymbol{R}^{\mathrm{T}}\boldsymbol{R}\boldsymbol{q}'_i-2\boldsymbol{q}_i^{\mathrm{T}}\boldsymbol{R}\boldsymbol{q}'_i \tag{5-66}$$

其中 $R^TR=I$，所有只有最后一项对结果有影响，整理得

$$\sum_{i=1}^{n}-\boldsymbol{q}_i^{\mathrm{T}}\boldsymbol{R}\boldsymbol{q}'_i=\sum_{i=1}^{n}-\mathrm{tr}(\boldsymbol{R}\boldsymbol{q}'_i\boldsymbol{q}_i^{\mathrm{T}})=-\mathrm{tr}\left(\boldsymbol{R}\sum_{i=1}^{n}\boldsymbol{q}'_i\boldsymbol{q}_i^{\mathrm{T}}\right) \tag{5-67}$$

使用 SVD 对 $W=\sum_{i=1}^{n}q_iq_i^{\mathrm{T}}$ 进行分解，得到 $W=U\Sigma V^{\mathrm{T}}$，当 W 满秩时 $R=UV^{\mathrm{T}}$。

② 非线性优化方法

使用李代数表达位姿，迭代求解。目标函数为：

$$\min_{\xi}=\frac{1}{2}\sum_{i=1}^{n}\|(\boldsymbol{p}_i-\exp(\boldsymbol{\xi}\wedge)\boldsymbol{p}'_i)\|_2^2 \tag{5-68}$$

使用扰动模型，得到导数：

$$\frac{\partial e}{\partial\delta\xi}=-(\exp(\xi\wedge)p'_i)^{\odot} \tag{5-69}$$

在 RGB-D SLAM 中，有时可能测不到深度，所以可以混用 PnP 和 ICP 优化。

下面演示如何使用 SVD 及非线性优化来求解 ICP。本节我们使用两幅 RGB-D 图像，通过特征匹配获取两张 3D 点，最后用 ICP 计算他们的位姿变换。下面程序演示了如何使用特征匹配获取的两组 3D 点进行对齐，计算出旋转矩阵 R 和平移向量 t，使用第一组点在经过旋转和平移后尽可能接近第二组点：

```
using LinearAlgebra
function pose_estimation_3d3d(pts1,pts2)
    # Compute the center of mass of both point sets
    p1=mean(pts1,dims=1)
    p2=mean(pts2,dims=1)
    q1=pts1. -p1
    q2=pts2. -p2

    W=q1' * q2
    U,S,V=svd(W)
    R=U * V'
    if det(R)<0
        R=-R
    end
    t=p1-R * p2
    return R,t
end
```

这段代码的核心任务是通过计算最小二乘解来估计两组 3D 点之间的旋转和平移。使用 SVD 分解来计算最优的旋转矩阵，并根据点集质心计算平移向量。最终的输出是旋转矩阵和位移向量，这两个量描述了从一个 3D 点集到另一个 3D 点集的刚性变换。

4）三角测量

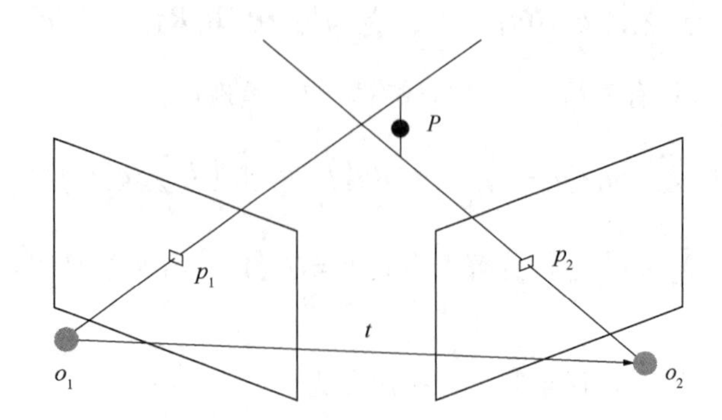

理论上 O1p1 与 O2p2 会交于一点 P，然而由于噪声影响，往往无法相交，因此可以通过最小二乘法求解。按照对极几何：

$$s_1\boldsymbol{x}_1=s_2\boldsymbol{R}\boldsymbol{x}_2+\boldsymbol{t}$$

其中 x_1、x_2 为特征点在两个像平面成像的归一化坐标，s_1、s_2 为特征点的深度。

这两个深度是可以分开求的，例如算 s_2，则对上式两侧左乘 $x_1^{\wedge}$：

$$s_1\boldsymbol{x}_1^{\wedge}\boldsymbol{x}_1=0=s_2\boldsymbol{x}_1^{\wedge}\boldsymbol{R}\boldsymbol{x}_2+\boldsymbol{x}_1^{\wedge}\boldsymbol{t}$$

其中左侧为 0，右侧可以看作关于 s_2 的方程。如此可分别求得 s_1 和 s_2，即可求得 P 的空间坐标。

（3）姿态优化

当新的关键帧加入共视图时，在关键帧附近进行一次局部优化，如图 5-42 所示。Pos3 是新加入的关键帧，其初始估计位姿已经得到。此时的 Pos2 与 Pos3 是相连的关键帧，X2 是 Pos3 看到的三维点，X1 是 Pos2 看到的三维点，这些都属于局部信息，共同参与 Bundle Adjustment。同时，Pos1 也可以看到 X1，但它和 Pos3 没有直接的联系，属于 Pos3 关联的局部信息，参与 Bundle Adjustment，但取值保持不变，Pos0 和 X0 不参与 Bundle Adjustment。

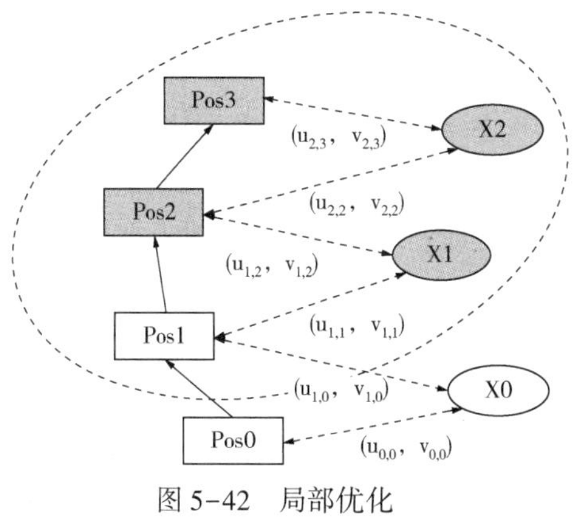

图 5-42 局部优化

因此，参与优化的是图 5-42 中椭圆圈出的部分，其中上面四个取值会被优化，下面三个取值保持不变。(u，v)是 X 在 Pos 下的二维投影点，即 X 在 Pos 下的测量。优化的目标是让投影误差最小。

（4）选取关键帧

选择关键帧主要从关键帧自身和关键帧与其他关键帧的关系两方面来考虑：

① 关键帧自身质量要好，例如不能是非常模糊的图像、特征点数量要充足、特征点分布要尽量均匀等；

② 关键帧与其他关键帧之间的关系，需要和局部地图中的其他关键帧有一定的共视关系但又不能重复度太高，以达到既存在约束，又尽量少的信息冗余的效果。

选取的指标主要有：

① 距离上一关键帧的帧数是否足够多(时间)。每隔固定帧数选择一个关键帧虽然简单但效果不好。比如运动很慢的时候，会选择大量相似的关键帧，冗余；运动快的时候很多重要的帧将会丢失。

② 距离最近关键帧的距离是否足够远(空间)/运动。比如相邻两帧根据位姿计算相机运动的相对大小，可以是位移也可以是旋转或者两个都考虑，运动足够大(超过一定阈值)就新建一个关键帧，该方法比第一种好。但问题是如果对着同一个物体来回扫就会出现大量相似关键帧。

③ 跟踪局部地图质量(共视特征点数目)。记录当前视角下跟踪的特征点数或者比例，当相机离开当前场景时(双目或比例明显降低)才会新建关键帧，避免了第二种方法的问题。

(5) 地图构建

1) 加入关键帧(更新各种图)

首先将新的关键帧 KF 作为新的节点加入共视图，更新相连关键帧的边。同时更新关键帧 KF 的生长树，并计算表示关键帧的词袋 BOW。

2) 验证最近加入的地图点(去除 Outlier)

为了保存地图点，必须在创建该点云的前三帧测试通过约束，才能真正被保存，这样才能保证可跟踪且不容易在三角化时出现较大误差。一个点要被加入 Map，需要满足下面条件：

① 这个点要在可预测到能够观察到该点的关键帧中，有超过 25%的关键帧能够跟踪到这个点；

② 如果一个地图点被构建，它必须被超过三个关键帧观察到。

一旦地图点被创建了，就只有在少于三个关键帧能够观察到该点时才会被剔除。而要剔除关键帧，通常是在局部集束调整剔除外点或者在后面剔除关键帧时才会发生。

3) 生成新的地图点(三角法)

通过将检测到的 ORB 特征点，找到共视图中与之相连的关键帧 KF，进行特征匹配，然后将匹配到的特征点进行三角化。对于没有匹配上的点，再与其他关键帧中未被匹配的特征点进行匹配，并且将不满足对极几何约束的匹配点舍弃。ORB 特征点对三角化后，检查正向景深、视差、反投影误差和尺度一致性，这时才得到地图点。一个地图点是通过两个关键帧观察到的，而它也可以投影到与之相连的其他关键帧中，此时可以使用 Tracking 部分的跟踪局部地图在附近的关键帧中找到匹配，得到更多的地图点。

4) 局部 Bundle adjustment(该关键帧和邻近关键帧，去除 Outlier)

5) 验证关键帧(去除重复帧)

为了控制重建的紧凑度，Local Mapping 会去检测冗余的关键帧，并删除。这有利于控制规模，因为随着关键帧数目的增长，BA 的复杂度会增加。因为除非视角改变了，否则关键帧的数量在相同的环境中不应该无休止地增长。此外，如果关键帧有 90%的点能够被超过三个关键帧观察到则认为是冗余关键帧，并将其删除。

(6) 闭环检测

在局部建图线程中，处理完一个关键帧后，会将其放入回环检测线程。考虑到单目相机的尺度漂移，需要计算当前帧与候选闭环帧的 Sim3 变换。

1)检测回环

遍历当前帧的共视关键帧，寻找候选的闭环关键帧，经过筛选获得闭环帧。筛选步骤如下：

① 遍历每一个候选闭环关键帧；

② 找到当前候选闭环关键帧的共视关键帧(构成一个子候选组)；

③ 遍历上一次闭环检测到的子连续组；

④ 遍历子候选组，判断子候选组中的关键帧是否存在于子连续组中，如果存在，结束循环；

⑤ 将该子候选组插入子连续组中，如果子连续组的长度满足要求，则将子候选关键帧

插入候选闭环容器中；

⑥ 如果子候选组中的关键帧在所有的子连续组中都找不到，则创建一个新的子连续组，插入连续组中。

2）计算 Sim3 变换，获得闭环帧

① 通过 Bow 加速描述子的匹配，筛选出与当前帧的匹配特征点数大于 20 的候选帧集合，利用 RANSAC 粗略地计算出当前帧与闭环帧的 Sim3(当前帧—闭环帧)；

② 根据估计的 Sim3，将每个候选帧中的路标点投影到当前帧中找到更多匹配，通过优化的方法计算更精确的 Sim3(当前帧—闭环帧)，有一个帧成功了，就结束此次的循环；

③ 找到候选帧的共视关键帧，找到所有的路标点，投影到当前帧中进行匹配(当前帧-闭环帧+共视帧)(不进行优化)；

④ 判断候选帧是否可靠(如果第③步匹配上的路标点的数量大于 40，则闭环帧可靠)。

3）闭环校正

① 在上一帧计算当前帧和闭环帧的 Sim3 位姿变换时，建立了闭环帧及其共视帧的路标点与当前帧的联系，因此先更新共视图；

② 根据计算的当前帧和闭环帧的 Sim3 变换，更新当前帧及其共视帧的位姿，以及路标点的坐标；

③ 此时闭环帧已经经过了多次优化，是精确的，建立闭环帧及其共视帧的路标点与当前帧及其共视帧的联系，进行路标点的匹配、融合；

④ 优化本质图(只优化位姿)；

⑤ 建立一个全局 BA 优化线程。

5.6.2 ORB-SLAM3 算法

从视觉 SLAM 的角度来看，ORB-SLAM3 系统主要包含数据处理、初始化、视觉里程计、地图维护、闭环检测等部分，如图 5-43 所示。ORB-SLAM3 中主要完成的任务可以概述如下：

（1）数据处理

视频帧 Frame：对所获得的视觉图像进行特征提取，畸变矫正。

IMU：主要根据预测模型计算当前帧的 IMU 提供的位姿。IMU 数据主要用于单目初始化、在视觉跟踪丢失的时候提供短时间的位姿值、在恒速跟踪模型中如果 IMU 完成初始化，当前帧位姿初始值也可直接由 IMU 的预测模型得到。

（2）初始化

以第一帧图像为参考帧，对后续的视觉帧进行特征匹配、位姿求解(对极约束)、三角化等完成 3D 地图点的生成。并提供给后续的 pnp(3D-2D)求解。ORB 初始化时并行计算单应矩阵和基础矩阵，根据模型得分自动选择选用何种模型进行求解。

（3）视觉里程计

使用最小化重投影误差来完成相邻帧之间视觉里程计的求解。具体求解过程为：首先通过 IMU 或者恒速运动模型获得当前帧位姿的一个初始估计，然后通过帧间匹配对上述初始估计进行优化，最后再由当前帧的共视关键帧获得局部地图进行当前帧局部地图的匹配，进一步对位姿进行优化。此处的优化只优化当前帧的位姿，不对地图点进行优化。

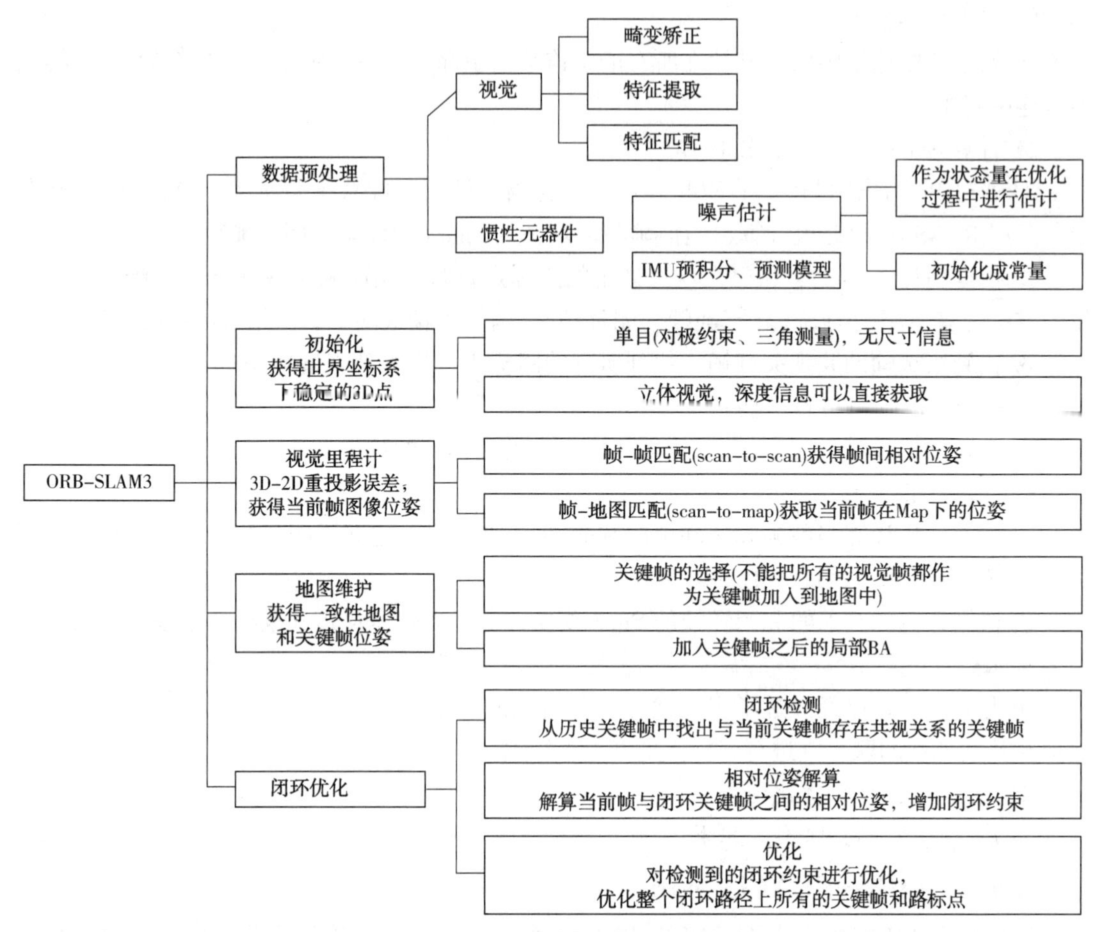

图 5-43　ORB-SLAM3 系统的功能框架

（4）地图维护

由于地图中保留的每个地图点都会被许多相机观测到，每个关键帧都有相对地图点的不同描述子，因此在新关键帧插入后需要对每个受新关键帧影响的地图点法向量、描述子等相关参数进行更新。

（5）闭环检测

主要通过视觉词典完成当前帧与历史关键帧之间相对位姿的求解。

5.6.3 源码分析

（1）Main 主线程

在 ORB-SLAM3 的运行 Demo 的主线程 Main 程序中，需要完成以下几个任务：①参数的输入和判断；②通过 System 构建 SLAM 类；③循环获取数据发送给 SLAM 系统；④结束循环通过 System 的 Shutdown 接口释放 SLAM 系统；⑤按需决定是否通过 System 保存相关信息。

（2）System 类

在 ROS 系统下，System 类就是 SLAM 类，如图 5-44 所示，主要完成以下功能：①SLAM 系统的构建；②输入数据的接收和发送给 Track 类；③作为顶层接收 Track 发送的 Reset 信号，完成 Atlas、Map 等重启；④提供 SLAM 关闭接口；⑤提供数据保存接口。

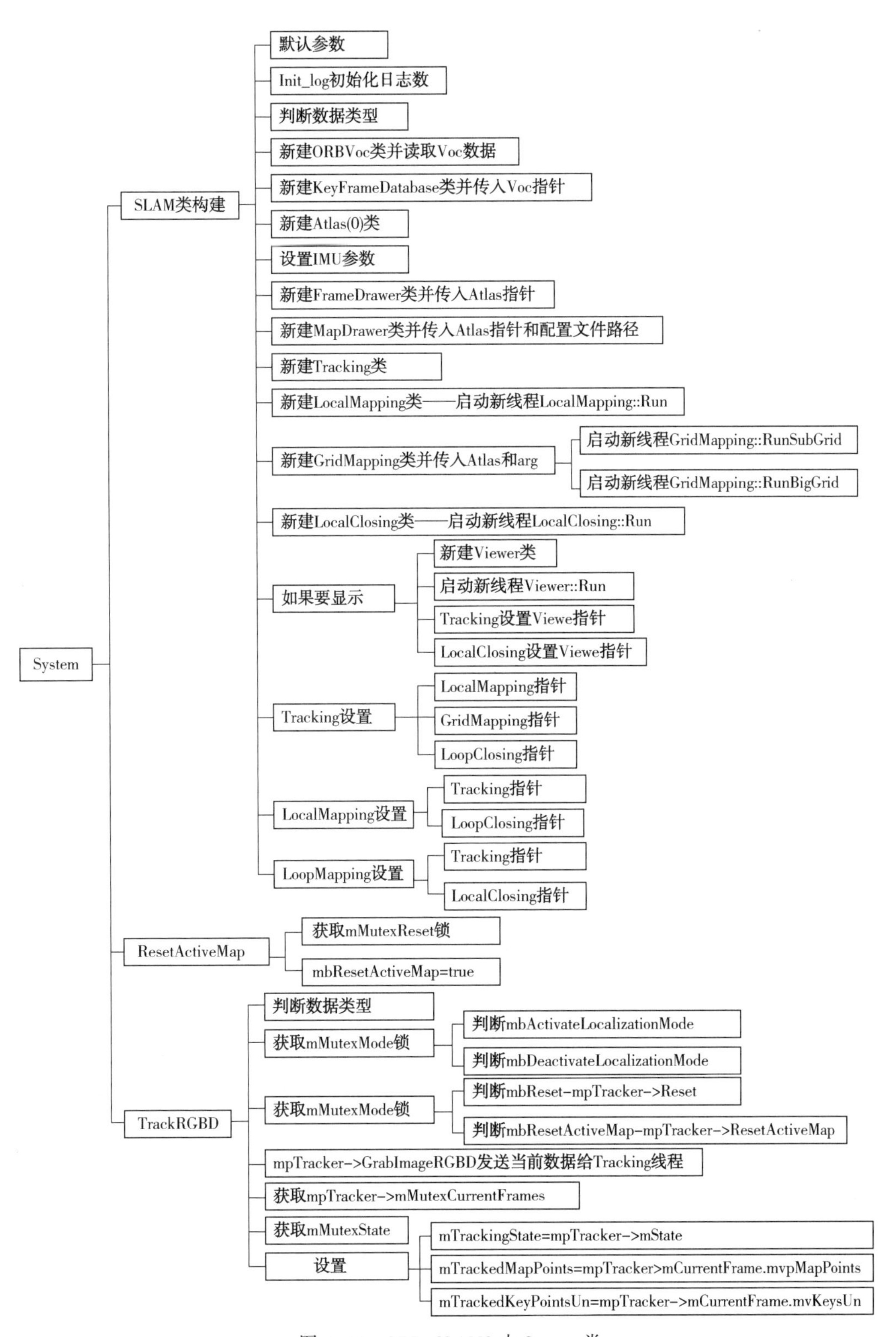

图 5-44　ORB-SLAM3 中 System 类

要想运行 ORB-SLAM3 系统，首先需要使用接口函数 System( )初始化 ORB-SLAM3、跟踪线程的入口以及轨迹的保存，其中接口函数 System( )构造函数如下：

```
System(const string &strVocFile,
const string &strSettingsFile,
const eSensor sensor,const bool bUseViewer=true,
const int initFr=0,
const string &strSequence,
        const string &strLoadingFile
):
mSensor(sensor),
mpViewer(static_cast<Viewer * >(NULL)),
mbReset(false),mbResetActiveMap(false),
mbActivateLocalizationMode(false),
mbDeactivateLocalizationMode(false)
{
…
}
```

该接口函数主要完成以下功能：

① 使用参数 sensor 检查 SLAM 系统传感器初始化类型；

② 使用参数 strSettingsFile 检查传感器配置文件，比如相机标定参数等；

③ 实例化 ORB 词典对象，并加载 ORB 词典；

④ 根据 ORB 词典实例对象，创建关键帧 DataBase；

⑤ 创建 Altas(也称为多地图系统)；

⑥ IMU 传感器初始化设置；

⑦ 利用 Altas 创建 Drawer，包括帧绘制器 FrameDrawer 和地图绘制器 MapDrawer；

⑧ 初始化 Tracking 线程，接收 Track 发送的 Reset 信号，完成 Atlas、Map 等重启；

⑨ 初始化局部地图 LocalMapping 线程，并加载；

⑩ 初始化闭环 LoopClosing 线程，并加载；

⑪ 判断是否可视化，若可视化，新建线程启动可视化程序；

⑫ 将上述实例化的对象指针，传入需要用到的线程，方便进行数据共享。

(3) Track 类

Track 类作为 SLAM 系统中一个比较重要的类，其流程图如图 5-45 所示，主要负责：①数据的接收；②调用 Frame 构建帧；③完成数据的匹配跟踪等；④负责判断新的关键帧、MapPoint 等生成；⑤重定位；⑥Reset 等功能。

(4) Frame 类

ORB-SLAM 系列有关键帧 KeyFrame 的概念，但当图像刚刚传入的时候，都是先构造成为普通帧 Frame 的(以单目为例，具体的构造在 System 里的 GrabImageMonocular 函数中)，之后会对是否设为关键帧判断，但特征提取等操作都是直接在 Frame 里完成的。

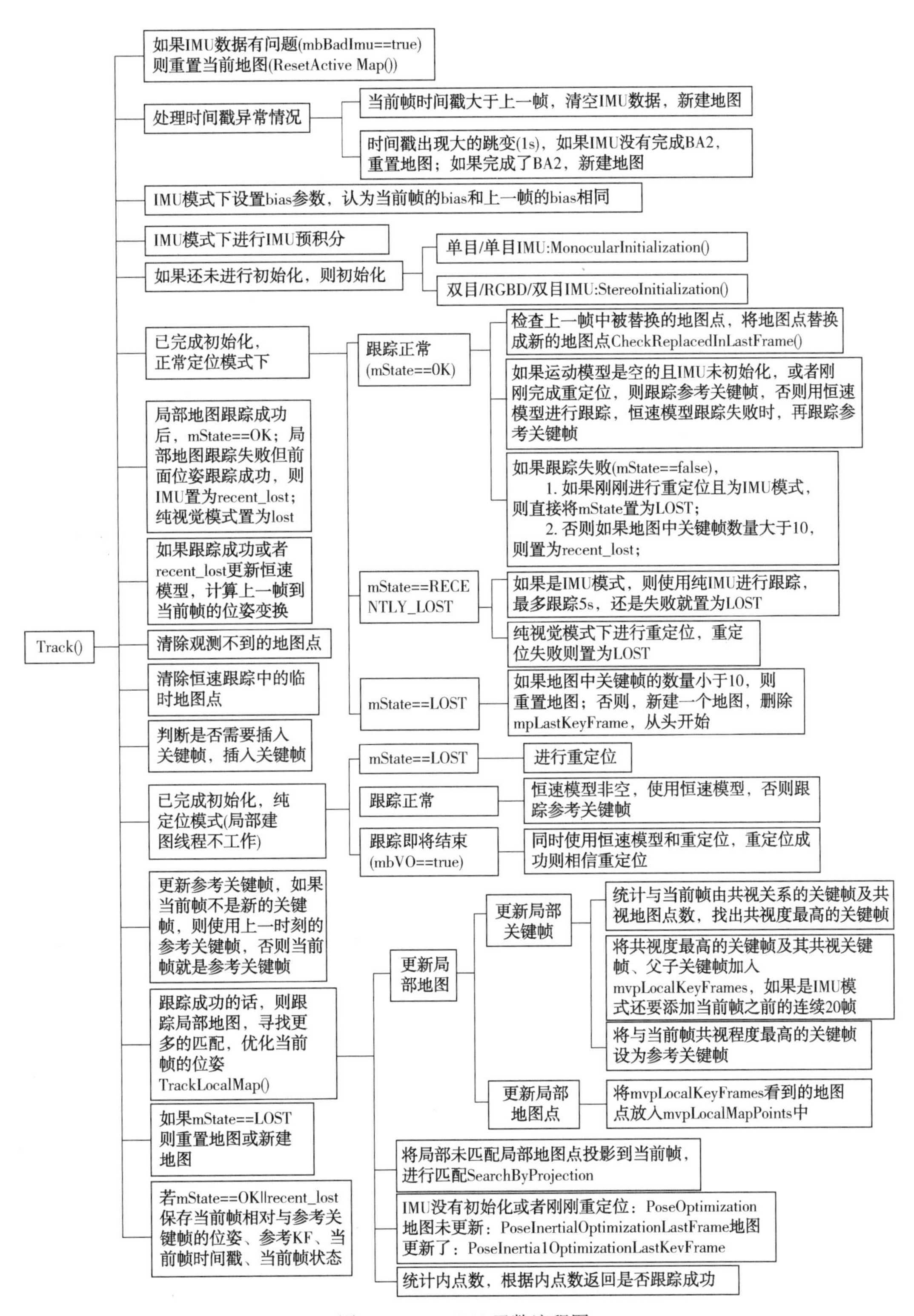

图 5-45 Track( )函数流程图

Frame 是 ORB-SLAM3 的基本单元，具备图像帧的位姿、特征点、描述子、3D 空间点等属性。每当新的一帧图像送到系统时，Tracking. cpp 中的 GrabImageMonocular 函数(单目视觉)首先会构造一个图像帧再进入到跟踪线程，在跟踪和优化过程中更新 Frame 的各属性信息。构造函数 Frame 中使用的函数如下：

1）特征提取 ExtractORB

接口函数 ExtractORB(int flag，const cv::Mat &im，const int x0，const int x1)中各参数如下：flag 用于区分左右目，0 表示提取左目图像，1 表示提取右目图像。x0，x1 作用于双鱼眼组合双目模式，记录左右目图像重叠区域的 x 坐标范围。

对于单目模式和 RGBD 模式，只需提取单张图像的特征点，单目模式下如果系统还未初始化则将提取的特征点数量扩大 5 倍，用于帮助系统的初始化。

对于双目模式，会使用不同的特征提取器并行提取左右目图像的特征点。

ORB 特征提取和 BRIEF 描述子的计算过程如下：

输入一张原始图像，输出 KeyPoints 和 Descriptor。主要包含：①创建图像金字塔，对金字塔图像进行特征提取；②对特征点进行基于四叉树的均匀化分布；③计算特征点方向；④计算描述子等四个主要模块。

特征提取 ExtractORB 的构造函数在 ORB-SLAM3 的 Tracking 线程的构造函数中完成，只构造一次，主要功能是初始化一个特征提取器，规定了特征提取的数量、金字塔尺度因子、金字塔层数、特征提取时的大小阈值。根据系统选择的传感器不同，在 Tracking 线程中会使用不同的参数构造特征提取器。主要差别在于，对于单目模式，初始化之前提取的特征数量是平时的 5 倍。

2）特征点去畸变 UndistortKeyPoints

对于单目、双目和 RGB-D 相机，在构造图像帧时，在提取特征点后需要根据图像的情况进行畸变矫正，去畸变的原理比较简单，就是给特征点对应的像素坐标乘以畸变系数即可，ORB-SALM3 直接调用 opencv 中的去畸变函数。其所用到的公式为：

$$x_{\text{corrected}}=x(1+k_1r^2+k_2r^4+k_3r^6)+2p_1xy+p_2(r^2+2x^2)$$
$$y_{\text{corrected}}=y(1+k_1r^2+k_2r^4+k_3r^6)+2p_2xy+p_1(r^2+2y^2) \tag{5-70}$$

3）图像边界去畸变 ComputeImageBounds

获取的图像帧中图像会出现畸变，所以要对图像进行矫正，通过 opencv 的去畸变函数 undistortPoints 进行校正图像去畸形后，原始图像会产生边框，需要重新定位图像的左上角和右下角的位置，重新定位图像的边界。

4）特征点分配到网格 AssignFeaturesToGrid

为了加速匹配，ORB-SLAM3 在对特征点进行预处理后，使用成员函数 mGrid 和 PosInGrid 将特征点分配到 48 行 64 列的网格中，在程序中也就是用一个二维数组来表示。

(5) KeyFrame 类

KeyFrame 类利用 Frame 类来构造。对于什么样的 Frame 可以认为是关键帧以及何时需要加入关键帧，是在 tracking 模块中实现的。KeyFrame 类中具体包含的函数如图 5-46 所示。

1）构造函数

Frame：有参数的构造函数，包含三个参数：

Frame &F：当前帧

Map *pMap：地图 Map

KeyFrameDatabase *pKFDB：指针和关键帧数据集的指针。

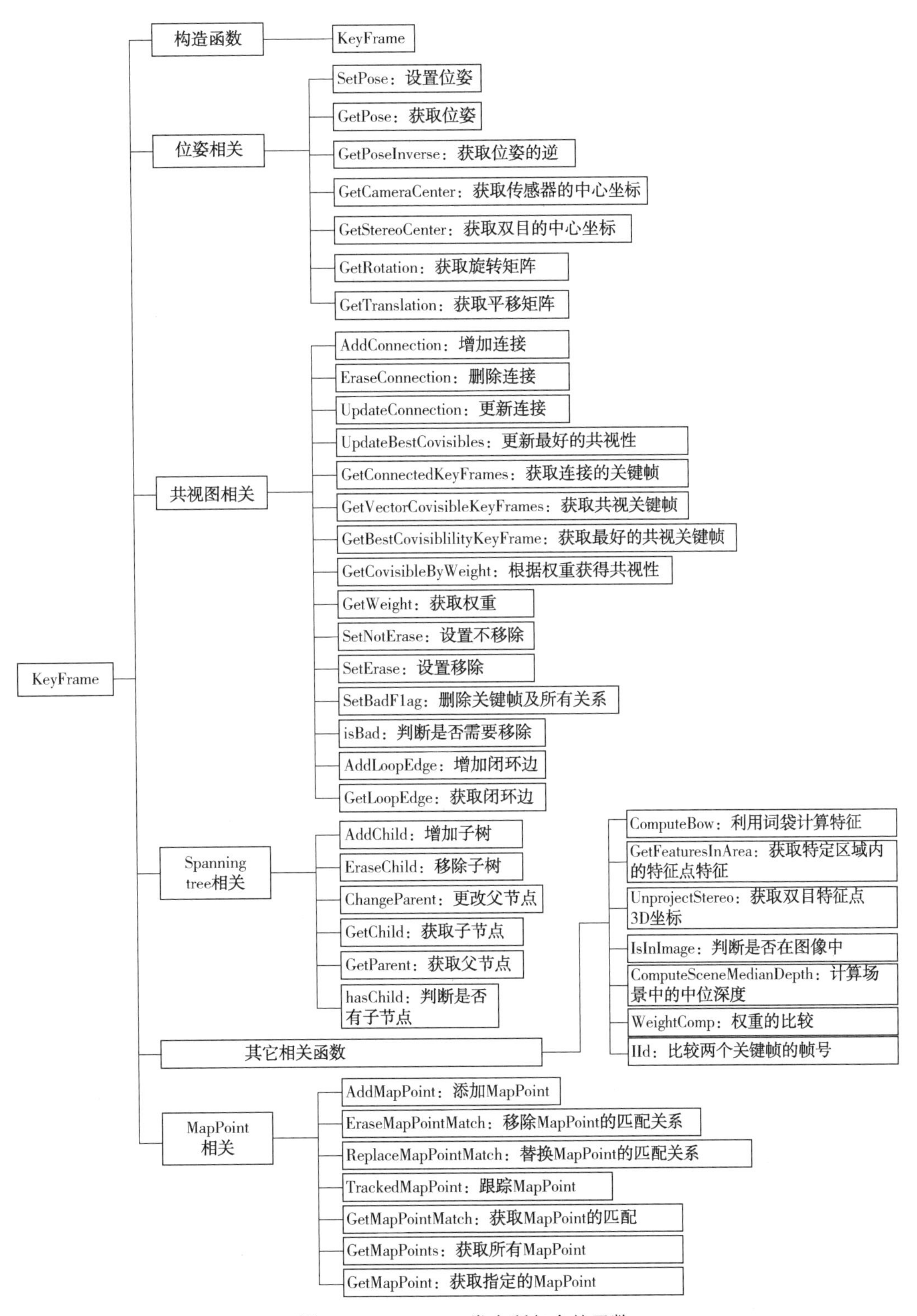

图 5-46　KeyFrame 类中所包含的函数

2）位姿相关函数

SetPose：设置位姿，它只有一个参数 Tcw_，这是传入的当前帧的位姿。

3）Covisibility graph 相关函数

① AddConnection：增加连接，包含两个参数。

② KeyFrame *pKF：需要关联的关键帧。

③ const int &weight：权重，即该关键帧与 pKF 共同观测到的 3d 点数量。

④ UpdateBestCovisibles：更新最好的 Covisibility。每一个关键帧都有一个容器，其中记录了与其他关键帧之间的 weight，每次当关键帧添加连接、删除连接或者连接权重发生变化时，都需要根据 weight 对容器内内容重新排序。该函数的主要作用便是按照 weight 对连接的关键帧进行排序，更新后的变量存储在 mvpOrderedConnectedKeyFrames 和 mvOrderedWeights 中。

⑤ UpdateConnections：更新连接。该函数主要包含以下三部分内容：

a. 首先获得该关键帧的所有 MapPoint 点，然后遍历观测到这些 3d 点的其他所有关键帧，对每一个找到的关键帧，先存储到相应的容器中。

b. 计算所有共视帧与该帧的连接权重，权重即为共视的 3d 点的数量，对这些连接按照权重从大到小进行排序。当该权重必须大于一个阈值时，便在两帧之间建立边，如果没有超过该阈值的权重，那么就只保留权重最大的边(与其他关键帧的共视程度比较高)。

c. 更新 covisibility graph，即把计算的边用来给图赋值，然后设置 spanning tree 中该帧的父节点，即共视程度最高的那一帧。

⑥ EraseConnection：移除连接。清除一个关键帧与其他帧对应的边。

⑦ SetBadFlag：删除与该帧相关的所有连接关系。其删除步骤如下：

Step1：遍历所有和当前关键帧共视的关键帧，删除它们与当前关键帧的联系。

Step2：遍历每一个当前关键帧的地图点，删除每一个地图点和当前关键帧的联系。

Step3：清空和当前关键帧的共视关键帧集合和带顺序的关键帧集合。

Step4：共视图更新完毕后，更新生成树。

Step5：遍历所有把当前关键帧当成父关键帧的子关键帧，重新为它们指定父关键帧。

Step6：对于每一个子关键帧，找到与它共视的关键帧集合，遍历它，看看是否有候选父帧集合里的帧，如果有，就把这个帧当作新的父帧。

Step7：如果有子关键帧没有找到新的父帧，那么直接把当前帧的父帧(爷)当成它的父帧。

4）Spanning tree 相关函数

这一类函数所有的操作都是在围绕自己的子节点和父节点，其中子节点可能有多个，父节点只能有一个，可以用变量 mpParent 描述。

5）MapPoint 相关函数

这一类函数的内容同样比较简单，主要围绕存放 MapPoint 的容器 mvpMapPoints 进行。

6）其他类相关函数

ComputeSceneMedianDepth：计算场景中的中位深度，其计算步骤为：

Step1：获取每个地图点的世界位姿。

Step2：找出当前帧 Z 方向上的旋转和平移，求每个地图点在当前相机坐标系中的 z 轴位置，求平均值。

（6）KeyFrameDataBase 类

该类的主要作用是在回环检测和重定位中，根据词袋模型的特征匹配度，找到闭环候选帧和重定位候选帧，它们两者之间的区别在于，需要参考关键帧去寻找闭环候选帧，而重定位则参考普通帧。

该类实现的主要步骤是：

Step1：找出与当前帧 pKF 有公共单词的所有关键帧 pKFi，不包括与当前帧相连的关键帧。

Step2：统计所有闭环候选帧中与 pKF 具有共同单词最多的单词数，只考虑共有单词数大于 0.8 * maxCommonWords 以及匹配得分大于给定的 minScore 的关键帧，存入 lScoreAndMatch。

Step3：对于第二步中筛选出来的 pKFi，每一个都要抽取出自身的共视（共享地图点最多的前 10 帧）关键帧分为一组，计算该组整体得分（与 pKF 比较的），记为 bestAccScore；所有组得分大于 0.75 * bestAccScore 的，均当作闭环候选帧。若想改变闭环检测候选帧的参数，根据场景鉴定闭环的阈值，修改参数。

（7）Atlas 类

Atlas 类作为较顶层的类，会管理如 Map 等类，负责进行顶层的信息转发和统一管理，如图 5-47 所示。它是 ORB-SLAM 向多地图领域的一个扩展研究，它在机器跟踪丢失时不会直接停止地图更新，而是马上重新构建一个新的子地图，之前的地图先保存起来。如果当前在使用的地图与之前保存的地图之间存在闭环，则将两个地图进行融合。然后再使用融合后的地图继续进行跟踪操作。

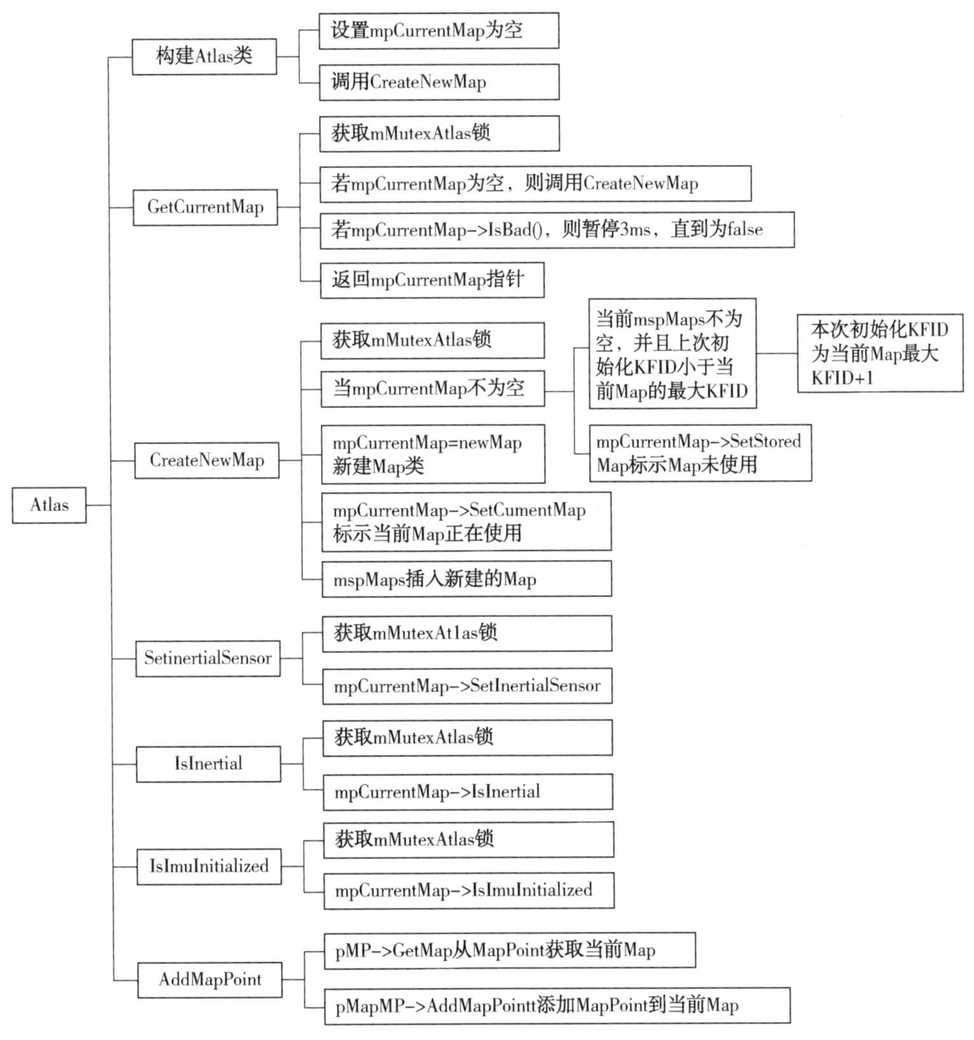

图 5-47 Atlas 类

该类系统会保留两类子地图：Active map 和 Non-active Map，其中 Active map 是当前跟踪线程所使用的地图，Non-active 则是之前跟踪丢失后保留下来的所有地图。如果 Active map 与 Non-active map 存在闭环，那么就会将两个存在闭环的地图融合起来，然后系统使用融合后的地图作为新的 Active map 使用。每个子地图都是独立的，它们的第一参考帧也都是独立的。系统使用一个能够适应于所有子地图的 DBoW2 词袋来描述每一个子地图，以便完成地图融合操作。

（8）LocalMap 类

LocalMap 管理局部数据，负责局部的 BA 优化，MapPoint 的生成、融合、冗余处理，KF 的 BOW 调用计算、共视关系更新、冗余处理，KF 的挑选送入 LoopClose 类等，如图 5-48 所示。

（9）LoopClose 类

LoopClose 类主要完成数据的融合、全局回环检测、冗余 Mp 和 Kf 的处理，如图 5-49 所示，LoopClosing 类的 Run( ) 函数被放置在后台线程中持续运行，每个当前关键帧都会通过 DetectLoop( ) 函数进行闭环检测，并调用 ComputeSim3( ) 函数计算候选闭环帧与当前关键帧的相似变换。一旦候选闭环帧被确认为闭环，就调用 CorrectLoop( ) 函数进行闭环修正(先融合后全局优化)。

1）闭环检测(DetectLoop)

首先从队列中取出一个关键帧，如果距离上次闭环没多久(小于 10 帧)，或者 Map 中关键帧总共还没有 10 帧，则不进行闭环检测。否则就遍历所有的共视关键帧计算所有共视关键帧的得分。

函数 mpKeyFrameDB->DetectLoopCandidates(mpCurrentKF，minScore)用于选择出候选关键帧。

其具体操作过程为：①将与当前帧相连的局部关键帧剔除然后遍历所有关键帧，找出与当前关键帧具有相同单词的关键帧；②统计所有闭环候选帧中与当前关键帧具有共同单词最多的单词数，将最多单词的 80% 设置为阈值；③找出所有单词数超过阈值，且相似度检测大于相邻关键帧最低分数的关键帧；④将这些关键帧和与它自己相邻最紧密的前 10 个关键帧设定为一组；⑤计算每组的总得分以及每组得分最高的关键帧；⑥以组得分最高的 0.75 作为阈值，找出高于这个阈值的所有组里面得分最高的帧，作为候选帧。

完成候选帧的选择后，返回到 detectLoop 函数中，然后进行一致性检验。所谓一致性检验就是通过两个 for 循环将当前帧及其相邻帧与候选关键帧及其相邻帧进行匹配，也就是是否有相同的相邻关键帧，如果大于 3 那么就认为当前帧通过检测。

2）计算 Sim3

可以使用函数 ComputeSim3( ) 对每一个候选帧进行求解，具体实现过程为：①通过 BOW 进行匹配，如果该帧的匹配特征点少于 20，则直接删除，然后进行 sim3 求解，求解之后进行内点(inliner)检测；②将求得的 Sim3 通过 BOW 匹配，获取大致的匹配区域，再进一步进行 Sim3 优化，如优化后的 nInliers 大于等于 20(可调的阈值)，该候选帧通过了闭环检测，同时停止对其他候选帧的优化。③取出该关键帧的相邻关键帧集(该关键帧也添加其中)，再取出其对应的 MapPoint，得到一个集合；④把这个集合中的所有 MapPoint 全部投影到当前关键帧上，根据 Sim3 确定一个大致的区域，并在其附近区域进行搜索，完成匹配；⑤根据匹配点数目(超过给定的阈值，比如 40)判断是否匹配成功，如不成功，将 LocalMapping 送进来的队列清空，等待下一次闭环检测开始。

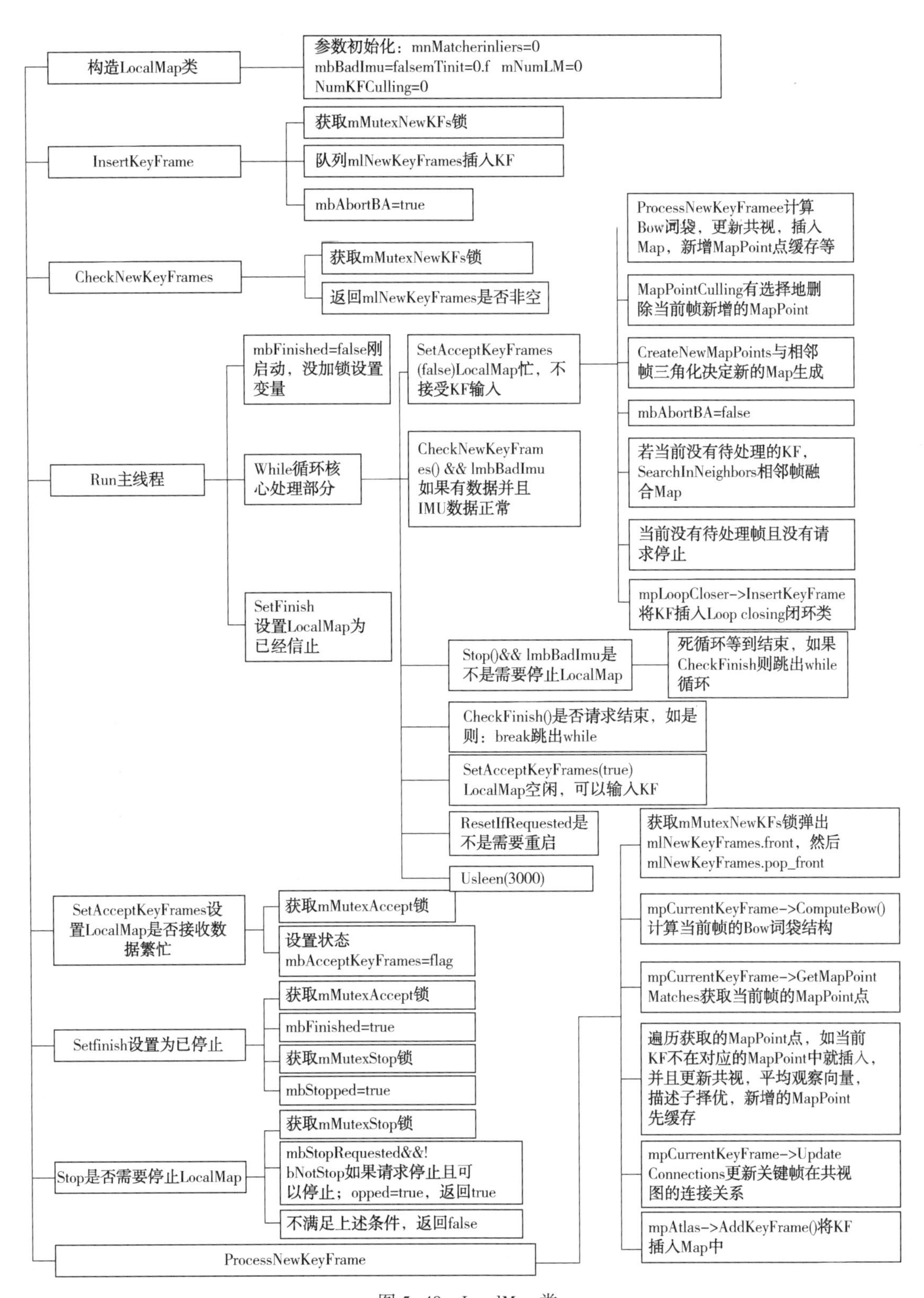

图 5-48 LocalMap 类

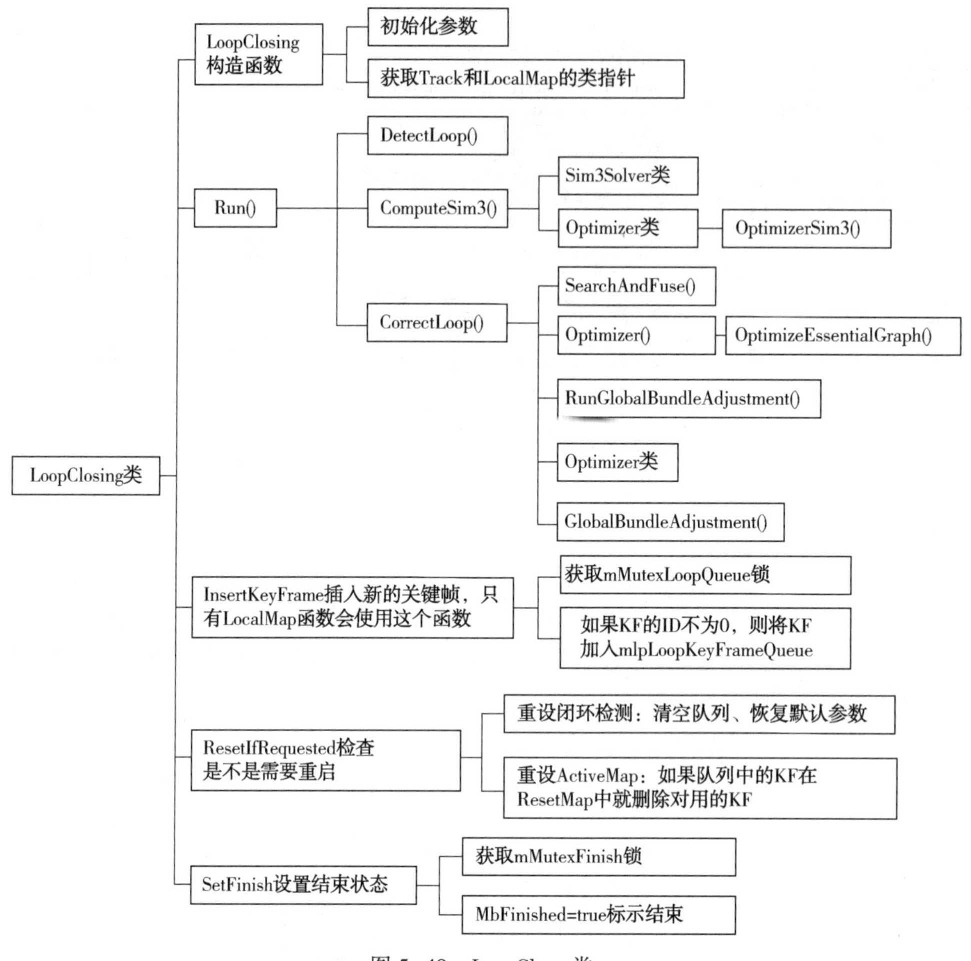

图 5-49　LoopClose 类

3）闭环校正函数 CorrectLoop( )

该函数的具体实现过程为：①通知局部地图，让它停止关键帧的插入；②根据更新之后的共视关系更新当前帧与其他关键帧的联系，根据位姿传播模型得到与当前帧相连关键帧闭环后的 Sim3；③根据得到的闭环 Sim3(也就是每一个关键帧需要调整的位姿)更新 Map Point 的位置，将 Sim3 转换为 SE3，修正闭环帧的位姿；④根据共视关系，重新更新各个关键帧的连接关系；⑤检查当前帧的 Map Point 与闭环匹配帧的 Map Point 是否存在冲突，对冲突的 Map Point 进行替换或填补；⑥通过将闭环时相连关键帧的 Map Point 投影到这些关键帧中，进行 Map Point 检查与替换；⑦再次更新图关系，得到了因闭环 Map Point 融合之后得到的图关系。

4）OptimizeEssentialGraph( )(EssentialGraph 优化)

待优化对象由三个部分组成，扩展树连接关系、闭环产生的连接关系和一些共识关系非常好的边，由这三部分组成的图进行优化。

5）GlobalBundleAdjustemnt( )(全局优化)

最后建立一个全局优化，优化所有的关键帧和 Map Point。该全局优化又分为两个实现版本，即精简版的全局 BA 优化和完全版的全局 BA 优化。

5.7 其他流行 SLAM 算法

5.7.1 RTABMAP 算法

RTABMAP 是采用优化算法的方式求解 SLAM 问题的一种 SLAM 框架，其定位参考输入信息只有 RGB-D 相机的图像信息，RTABMAP 支持 RGB-D 视觉信息的输入，并且输出包括位姿、二维占据栅格地图(2D Occupancy)、三维占据地图(3D Occupancy)和点云地图，输出地图具有多样性，RTABMAP 有分级的内存管理机制，能够对输入帧进行图结构建模和统筹规划，将建图部分的计算量简化到设备可以承受的范围内。该算法同样遵循前端里程计、后端优化和闭环检测的三段式范式。但其不同于传统优化算法的优点在于：①支持视觉和激光的融合；②具有高效的内存管理机制。

本节将从原理解析、源码解读等展开讲解 RTABMAP 算法。

5.7.1.1 原理解析

在学习 RTABMAP 的原理之前，我们可以从表 5-1 了解 RTABMAP 与其他一些 SLAM 算法的异同。

表 5-1 RTAB-Map 与流行的兼容 ROS 的激光和视觉 SLAM 方法的性能比较

	输入							在线输出			
	相机				激光			位姿	占据栅格地图		点云地图
	双目	RGBD	多目	IMU	2D	3D	里程计		2D	3D	
GMapping					√		√	√	√		
TinySLAM					√		√	√	√		
Hector SLAM					√			√	√		
ETHZASL-ICP					√	√	√	√	√		稠密
Karto SLAM					√		√	√	√		
Lego SLAM					√		√	√	√		
Cartographer					√	√	√	√	√		稠密
BLAM						√		√			稠密
segMatch						√					稠密
VINS-Mono				√				√			
ORB-SLAM3	√	√						√	√	√	稠密
S-PTAM	√							√			稀疏
DVO-SLAM		√						√			
RGBiD-SLAM		√									
MCPTAM	√		√					√			稀疏
RGBDSLAMv2		√					√	√		√	稠密
RTAB-Map	√	√	√		√	√	√	√	√	√	稠密

表 5-1 给出了 RTAB-MAP 和一些开源兼容的 SLAM 方法的输入输出的情况比较，RTABMAP 支持足够多的输入数据传感器，比如视觉(双目视觉、多目视觉、单目视觉和

RGBD 视觉)、激光(单线雷达、多线雷达)、里程计等，同时其输出数据包括位姿、二维栅格占据地图、三维栅格占据地图(八叉树地图)和点云地图等。激光传感器的优点是可以直接感知环境障碍物信息并生成可用于机器人自主导航的二维占据栅格地图或者三维占据栅格地图，这也是为什么大多数能够自主导航的机器人采用的都是激光 SLAM。ORBSLAM2 和 RGBiDoSLAM 没有任何在线输出，尽管它们都有一个可视化界面可以观察位姿与点云，但没有提供相关的 ROS 话题给其他模块使用。VINS-Mono 提供了里程计的当前点云，但不是地图。除了 RTABMAP 和 RGBDSLAMv2，没有任何视觉 SLAM 方法能够提供占据网格地图输出，用于自主导航。RGBD-SLAMv2 可能是和 RTABMAP 最相似的视觉 SLAM 方法，因为都能使用外部里程计用于运动估计。然而它们没有结合 IMU 进来，它们仍然能使用视觉-惯性里程计方法，通过它们的外部里程计的输入。它们也能产生一个 3D 的占据网格八叉树地图以及一个用于后续模块的稠密点云。RTABMAP 和 RGBDSLAMv2 之所以能够提供直接用于自主导航的占据栅格地图，在于其使用了 Stereo 和 RGBD 这些可以直接提供深度信息的视觉传感器，并将其构建的稠密点云地图转换成二维或者三维占据栅格地图。当然如今的 ORB-SLAM3 引起支持 Stereo 和 RGBD 等深度视觉传感器，也可以输出可用于自主导航的二维或者三维占据栅格地图。

(1) RTABMAP 系统框架

RTAB-Map 是一个基于图的 SLAM 方法，2013 年已经集成到了 ROS 平台中，包为 rtabmap_ros。图 5-50 显示了主要的 ROS 节点为 rtabmap。这个系统支持多种视觉、多种激光雷达、里程计等传感器。如果以 RGBD 作为输入，还可以支持同型号多种 RGBD 相机采集的多张图像一起输入系统。选配的激光雷达可支持单线雷达和多线雷达，单线激光雷达采用 LaserScan 数据格式，多线激光雷达采用 PointCloud 数据格式，而里程计由外部单独的 ROS 节点提供。具体形式可以是轮式编码器、视觉里程计、激光里程计等。最后还需要将视觉传感器、激光传感器、机器人底盘等之间的安装位置通过 tf 关系图输入系统。由于各个数据之间的采样频率不同，在 ROS 系统中是通过不同话题异步输入到系统中，因此需要对这些异步话题进行同步处理，使其时间戳对齐。在传感器同步后，短期记忆模块 STM 为每一帧传感数据创建一个节点，用来储存里程计位姿、传感器原始数据以及对于下一个模块有用的额外信息(用于闭环和相似性检测的视觉字典、用于全局地图拼接的局部占据栅格地图)。而节点以一个固定的频率“Rtabmap/DetectionRate”来创建，节点之间的连接边可分为三种：相邻连接边(Neighbor)、闭环连接边(Loop Clousure)和相似连接边(Proximity links)。带有里程计变换的连续节点之间的相邻连接边能直接获取相邻节点之间的位姿变换关系，并被增加到 STM 短期记忆模块中；闭环连接边基于视觉词袋的闭环检测和多视图几何计算出当前节点与闭环节点之间的位姿变换关系；相似性连接通过计算激光扫描帧的相似性(如 Cartographer 等激光 SLAM 算法中常用的扫描匹配 scan-to-scan、scan-to-map 等)来进行激光的闭环检测。当检测到闭环时，RTABMAP 将所有的节点和约束边用作图优化的约束，送入到图优化模块进行全局优化。全局优化会传播计算误差给整个图，对里程计的位姿漂移进行修正，并通过 tf 关系/map->odom 发布。随着图被优化，修正后的各个局部地图被拼接成三种格式的全局地图[八叉树地图 Octomap(3D 占据栅格地图)，点云地图 Point Cloud 和 2D 占据栅格地图]发布到外部模块。

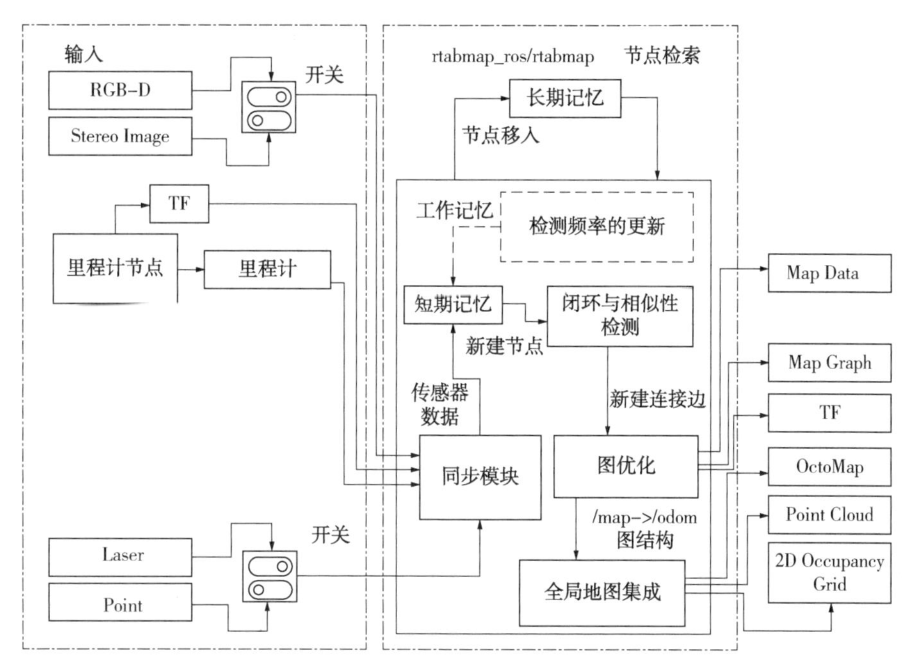

图 5-50 RTABMAP 系统框架

（2）RTABMAP 的内存管理机制

由于 RTABMAP 采用图结构来组织地图，视觉传感器的每一帧都会创建一个节点来储存相关数据，包含传感器观测数据、里程计位姿、基于时间戳顺序的编号、描述节点重要性的权重、节点之间的连接边等。当建图规模扩大时，节点的数量也将非常庞大，在此情况下进行搜索闭环和全局优化会严重影响算法的实时性。为了解决上述问题，保证闭环检测和全局优化的实时性，RTABMAP 采用了分级内存管理机制。

分级内存管理机制将地图中所有的节点分为三类：存储局部地图节点的 STM、存储全局地图节的工作记忆 WM、存储短期与全局地图之间相关性较弱的不重要节点的长期记忆 LTM。

当一个节点转移到 LTM 时，它不再可用于 WM 内的模块。当 RTABMAP 的处理时间超过固定时间阈值（Rtabmap/TimeThr）时，将 WM 中的一些节点转移到 LTM 以限制 WM 的大小来降低数据处理时间。系统中还定义了一个内存阈值（Rtabmap/memoryThr），用来设置 WM 可以容纳的最大节点数。为了确定将哪些节点转移到 LTM，使用启发式的加权机制来识别节点的重要性，并排序，从而可以将较重要的节点留在 WM 中。

在创建新节点时，STM 将节点的权重初始化为 0，并将其与图中的最后一个节点进行比较（得出相应视觉词袋的百分比），如果它们相似（对应词袋的百分比超过相似度阈值），则新节点的权重加上最后一个节点权重，最后一个节点的权重重置为 0；如果机器人没有移动，则丢弃最后一个节点，以避免无用地增加图的大小。当 STM 中的节点数量达到内存或时间上限时，最旧的最小加权节点首先被移入 WM 中。闭环检测会在 WM 中搜索与当前节点相似的节点，由于 STM 中节点相邻关系相似度本身就高，因此闭环检测的搜索范围不包含 STM。WM 中的闭环搜索过程采用视觉词袋计算两个节点之间的相似度，使用贝叶斯滤波器维护这些节点的相似度。当 WM 中的节点数量达到上限时，会将最早进入 WM 中的节点移入 LTM 中，而在 WM 中进行闭环检测时，如果相似度概率最高的那个节点的相邻连接节点在 LTM 中，则将其重新移入 WM 中，以便进行更多的闭环和临近检测。

5.7.1.2　里程计节点

通过一个单独的 ROS 节点可以实现任何类型的里程计方法(如编码器、视觉里程计和激光里程计等)为 RTABMAP 提供里程计信息，带有相应 tf 变换的 Odometry 信息。当没有编码器或者其精度不够时，需要启用视觉里程计或者激光里程计。对于视觉里程计，RTABMAP 实现了两种标准里程计的计算方法称为帧到图(Frame-to-Map，F2M)和帧到帧(Frame-to-Frame，F2F)。上述两种方法的主要区别在于，F2F 将新帧注册到最后一个关键帧，而 F2M 将新帧注册到从过去关键帧创建的本地特征图，注册的过程也是特征点之间相互配准的过程。

(1) 视觉里程计

RTABMAP 中视觉里程计的具体实现如图 5-51 所示。可以使用 RGB-D 或者立体视觉为输入。tf 需要知道相机在机器人上的放置位置，以便将里程计的输出值转换到机器人基础框架坐标系中(如/base_link)。除此之外，视觉里程计包含以下主要模块：

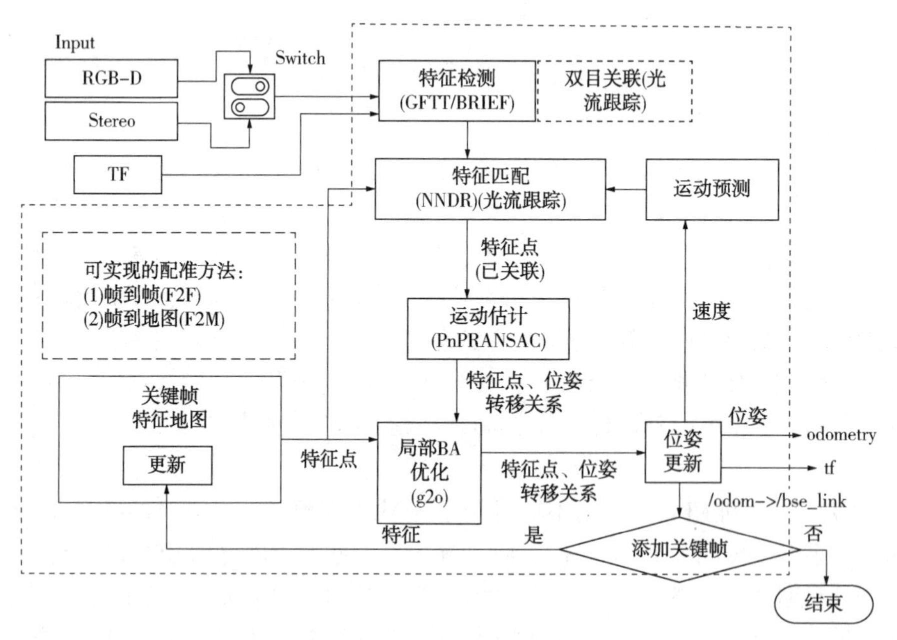

图 5-51　视觉里程计

1) 特征检测

获取到新的一帧后，检测 GoodFeatureToTrack(GFTT)/BRIEF 特征，也支持 OpenCV 中其他的特征点，但选择 GFTT 是为了简化参数调整并在不同的图像尺寸和光强度下获得统一检测的特征。对于立体图像，深度信息是通过光流使用迭代 LucasKanade 方法计算的，以得出左右图像之间每个特征的视差。对于 RGB-D 图像，深度图像用作 GFTT 的掩码，以避免提取无效深度的特征。

2) 特征匹配

对于 F2M，匹配是通过最近邻匹配，即搜索比较最近邻距离和次近邻距离的比值，即最近邻比率(Nearest Neighbor Distance Rate, NNDR)计算的，使用 BRIEF 描述子将提取的特征与特征图中的特征进行比对。特征图中包含 3D 特征和最后一个关键帧的描述子。对于 F2F，首先利用光流直接在 GFTT 特征点上完成，无需提取描述子，能够提供与关键帧的特征更快的对应。

3）运动预测

运动模型主要是根据先前的运动变换预测关键帧(F2F)或者特征图(F2M)的特征在当前帧中的位置。该模型限制特征匹配的搜索窗口以便更快更好地提供相应的匹配，更适合具有动态对象和重复纹理的复杂环境。

4）运动估计

计算特征对应关系时，可以直接采用 OpenCV 的 PnP RANSAC 实现用于计算当前帧对应于关键帧(F2F)或者特征图(F2M)的特征的变换。

5）局部 BA

对特征图中所有关键帧的特征(F2M)或者仅对最后一个关键帧的特征(F2F)进行优化得到运动变换的结果。

6）姿态更新

使用运动估计的变换，然后更新输出里程计以及 tf 变换。使用 3D 特征对应之间的中值绝对偏差(MAD)方法计算协方差。

7）关键帧和特征图更新

如果在运动估计期间计算的内点数低于固定阈值“Odom/KeyFrameThr”，则更新关键帧或特征图。对于 F2F，关键帧简单地被当前帧替换。对于 F2M，通过添加新帧中的不匹配特征并更新由局部 BA 模块优化的匹配特征的位置来更新特征图。特征图有一个固定的最大特征(因此最大的关键帧)被临时保存。当特征图的大小超过固定阈值“OdomF2M/MaxSize”时，与当前帧不匹配的最旧特征被删除。如果关键帧在特征图中不再具有特征，则将其丢弃。

（2）激光里程计

激光雷达在自动驾驶和移动机器人领域中是必要的传感器，但是激光雷达由于自身数据的稀疏性和信噪比的问题会给运动估计的鲁棒性带来比较大的挑战，即使是两帧相邻的激光雷达点云，也会由于动态物体和错位带来一个误匹配，这种误匹配对于激光雷达里程计(如图 5-52 所示)是非常致命的，如何发现并且减轻这些不可靠区域的权重是一个值得研究的问题，因此再将其数据传送给 RTABMAP 之前需要纠正这种失真，这也是该领域中一些算法的创新之处。

该里程计包括以下几个部分：

1）点云过滤

输入点云进行下采样并计算法线。tf 用于将点云转换为机器人基础框架，以便相应地计算里程计(例如，/base_link)。

2）ICP 配准

ICP 将新点云配准到点云图(S2M)或最后一个关键帧(S2S)，点云图是由过去的关键帧组装而成，可以使用点对点(P2P)或点对平面(P2N)对应来完成配准。

3）运动预测

由于 ICP 正在处理未知的对应关系，因此该模块需要在估计变换之前进行有效的运动预测，无论是来自先前的配准还是来自外部里程计方法(例如，车轮编码器)。

4) 姿势更新

成功 ICP 注册后，里程计姿势会被更新。当使用外部里程计时，tf 输出是外部里程计 tf 的校正，因此两个变换可以在同一个 tf 树中(即/odom_icp->/odom->/base_link)。与视觉里程计一样，协方差是使用 3D 点对应之间的 MAD 方法。

5) 关键帧和点云图更新

若对应比率低于固定阈值“Odom/ScanKeyFrameThr”，则新帧成为 S2S 的关键帧。对于 S2M，在将新点云集成到点云地图之前需要完成一个额外的步骤，就是从新点云中减去地图(使用最大半径“OdomF2M/ScanSubtractRadius”)，然后将剩余点添加到点云地图中。当点云地图达到固定的最大阈值“OdomF2M/ScanMaxSize”时，最旧的点将被删除。

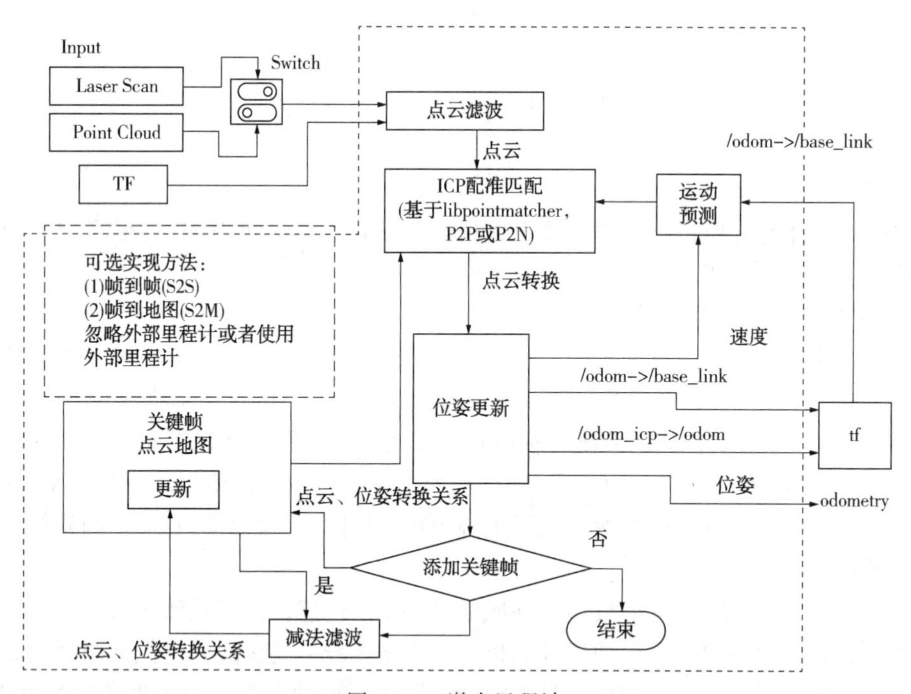

图 5-52 激光里程计

5.7.1.3 同步

RTABMAP 有多种输入主题(topic)(例如：RGB-D 图像、立体图像、里程计、2D 点云、3D 点云和用户数据等)，可以根据当前的传感器选择使用。使 rtabmap ROS 节点工作所需的最少主题是带有里程计的已配准 RGB-D 图像或已校准立体图像，通过主题或 tf(例如/odom->/base_link)提供。RTABMAP 还支持多 RGB-D 相机，只要它们具有相同的图像尺寸。

但是，由于不同的传感器并不总是以相同的速率和相同的准确时间发布数据，因此良好的同步对于避免数据的错误配准很重要。ROS 提供了两种同步方式：精确和近似(如图 5-53 所示)。精确同步要求输入主题具有完全相同的时间戳，即来自同一传感器的主题(例如，立体相机的左右图像)。近似同步比较传入主题的时间戳，并尝试以最小延迟误差同步所有主题，用于同步来自不同传感器的主题。

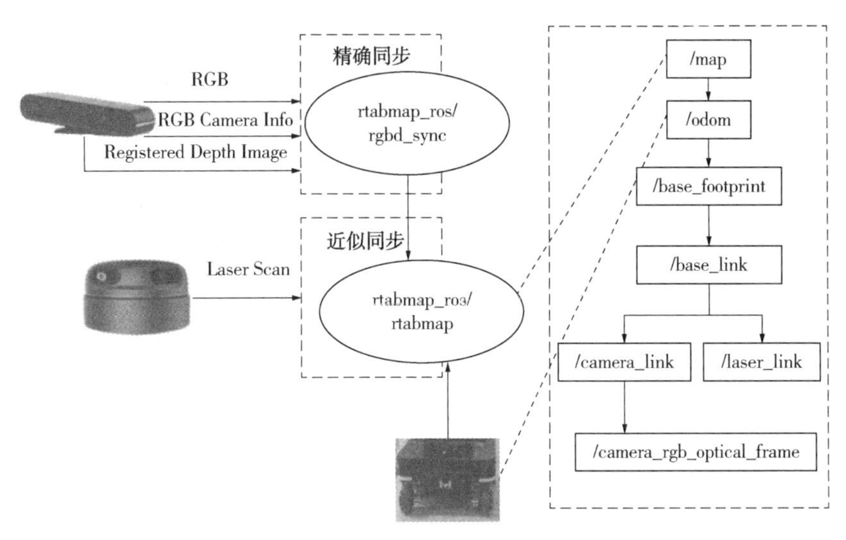

图 5-53 搭载 RGB-D、单线激光雷达和轮式编码器的同步工作模式

5.7.1.4 局部地图

当 STM 中一个新节点被创建时，可以根据深度图像、激光扫描或点云来生成一个局部栅格地图。局部栅格地图是基于机器人的本体坐标系创建的，而全局栅格地图是基于世界坐标系创建的，两者根据机器人本体坐标系到世界坐标系的变换关系来转换。虽然预先计算局部栅格地图需要为每个节点提供更多内存，但它大大减少了优化图结构后全局栅格地图的重新生成时间。根据不同的参数配置，RTABMAP 既可以构建二维局部栅格地图，也可以构建局部三维栅格地图，参数 Grid/FromDepth 决定使用单线激光还是视觉深度图来生成局部地图(多线雷达和深度视觉一样，可生成 2D/3D 局部地图，具体由参数 Grid/3D 决定)。局部地图的输出流程处理框图如图 5-54 所示。

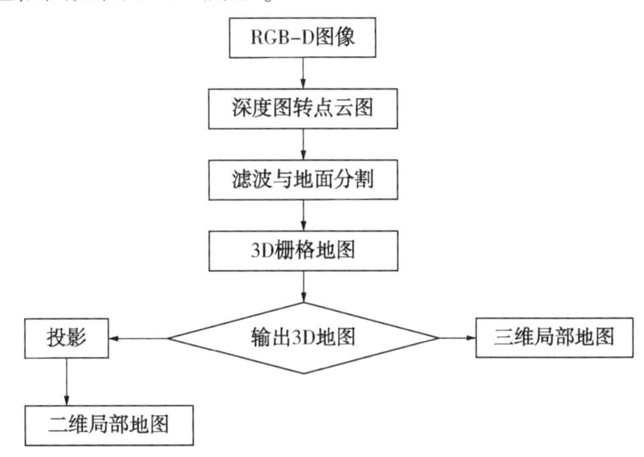

图 5-54 局部地图的输出流程图

5.7.1.5 闭环和图优化

局部建图所基于的里程计总会存在累计误差，因此在将局部地图拼接成全局地图时都需要闭环检测与全局优化。RTABMAP 中的闭环检测包括视觉闭环检测和激光相似性检测。全局优化采用位姿图的优化方式。

视觉闭环检测主要基于视觉词袋模型和贝叶斯滤波器，当创建一个新节点时，STM 从

RGB 图像中提取视觉特征点，并将其量化为一个增量的视觉词汇表(也称词袋，可以是 OpenCV 中包含的任何类型，例如 SURF、SIFT、ORB 或者 BRIEF 等)，针对一个特定的环境而言，无需预训练过程即可增量式在线构建视觉词袋模型。RTABMAP 利用视觉词袋创建图像的签名(一幅图像的签名由视觉词袋中的词的集合来表示)。

视觉词袋构建的具体方法如下：

Step1：利用 SURF 算法(或其他视觉特征提取方法)从不同类别的图像中提取视觉词汇向量，这些向量代表的是图像中局部不变的特征点。

Step2：将所有特征点向量集合到一块，利用 K-Means 算法合并词义相近的视觉词汇，构造一个包含 K 个词汇的单词表。

Step3：统计单词表中每个单词在图像中出现的次数，从而将图像表示成为一个 K 维数值向量。基于 OpenCV 从图像中提取 SURF 特征(或其他视觉特征)(超过某个给定的阈值)来得到视觉单词。

视觉词袋模型主要用于快速计算当前位姿节点与候选位姿节点的相似度来查找闭环，而贝叶斯滤波器用来维护所有候选节点相似度的概率分布来估计闭环的概率。

贝叶斯滤波器通过估计当前位姿节点 L_t 与 WM 中已经存在的一个位置匹配的概率来跟踪闭环假设。待检测的所有候选节点看成整体，并用一个随机变量 S_t 来表示，$S_t=i$ 表示 L_t 和过去的位置 L_i 闭环的可能性大小，$S_t=-1$ 表示 L_t 是一个新的位置。根据贝叶斯公式，就可以得到 S_t 的概率更新公式，如式(5-71)所示。

$$P(S_t|L^t)=\eta \underbrace{P(L_t|S_t)}_{\text{观测过程}} \underbrace{\sum_{i=-1}^{t_n} \underbrace{P(S_t|S_{t-1}=i)}_{\text{转换过程}} P(S_{t-1}=i|L^{t-1})}_{\text{置信度}} \tag{5-71}$$

其中，$L^t=L_{-1}$，L_1，…，L_t，L_t 仅仅包括 WM 和 STM 中的位置，因此，L^t 一直在改变。$P(S_t|L^t)$ 表示贝叶斯滤波器的估计后验概率。观测模型 $P(L_t|S_t)$ 的计算方式如下：

$$P(L_t|S_t=j)=\Im(S_t=j|L_t)=\begin{cases}\dfrac{s_j-\sigma}{\mu}, & if\ s_j\geqslant\mu+\sigma \\ 1 & otherwise\end{cases} \tag{7-72}$$

对于新的位置：

$$P(L_t|S_t=-1)=\Im(S_t=-1|L_t)=\frac{\mu}{\sigma}+1 \tag{7-73}$$

将更新后的 $P(S_t|L^t)$ 进行归一化，如果 $P(S_t=-1|L^t)$ 比闭环阈值 T_{loop} 小，则认为该位置和 i 位置构成闭环，将 $P(S_t|L^t)$ 中概率值最高的 $S_t=i$ 对应的节点 L_i 挑选为闭环节点。最后将 WM 中所有的节点与约束边送入图优化模块进行优化。RTABMAP 集成了三种图优化方法：基于树的网络优化器(TORO)、图优化的通用框架(g2o)和 GTSAM。当基于经验数据构建单张地图时，g2o 和 GTSAM 优化质量好于 TORO，在多单元协同拼接地图中，TORO 比 g2o 和 GTSAM 更稳健。

但视觉闭环检测在非常相似的地方可能会触发无效的闭环检测，给地图构建增加一些错误。为了检测无效或者错误的闭环，RTABMAP 使用了一个新参数，如果优化后图中链接变换的变化大于其平移方差的因子 RGBD/OptimizeMaxError，则拒绝新节点添加的所有闭环和邻近链接，保持优化后的图不受闭环影响。

5.7.1.6　全局地图

当全局优化完成后，可以根据各个节点的里程计位姿，将各个节点构建的局部地图拼接起来构建一张全局地图。

5.7.2　深度学习与 SLAM

视觉 SLAM(VSLAM)是将图像作为主要环境感知信息源的 SLAM 系统，其以计算相机位姿为主要目标，通过多视几何方法构建 3D 地图。视觉 SLAM 系统的处理过程一般都是分为 2 个阶段：帧间估计和后端优化。这种处理方式是由 PTAM 首先提出并实现的，它区分出前后端完成特征点跟踪和建图的并行化，前端跟踪需要实时响应图像数据，使用非线性优化系统将地图优化放在后端进行，提出了关键帧(keyframes)机制，不用精细处理每一幅图像，而是把几个关键图像串起来优化其轨迹和地图。在整个 SLAM 系统中，帧间估计是根据相邻两帧间的传感器信息获取该时间间隔内的运动估计，后端优化指对之前帧间估计产生的路径累积漂移误差做优化，解决机器人检测到路径闭环后历史轨迹的优化问题。

传统的 VSLAM 方法仍面对以下几个问题：

① 对光照较为敏感，在光照条件恶劣或者光照情况复杂的环境中鲁棒性不高；

② 相机运动幅度较大时，传统方法的特征点追踪容易丢失；

③ 对于场景中的动态对象的处理不够理想；

④ 计算量大，系统响应较慢。

深度学习算法是当前计算机视觉领域主流的识别算法，其依赖多层神经网络学习图像的层次化特征表示，与传统识别方法相比，可以实现更高的识别准确率。同时，深度学习还可以将图像与语义进行关联，与 SLAM 技术结合生成环境的语义地图，构建环境的语义知识库，供机器人进行认知与任务推理，提高机器人服务能力和人机交互的智能性。将深度学习与 VSLAM 结合，有以下优势：

① 基于深度学习的 VSLAM 系统有很强的泛化能力，可以在光线复杂的环境中工作；

② 对于动态物体的识别和处理更加有效；

③ 采用数据驱动的方式，对模型进行训练，更符合人类与环境交互的规律，有很大的研究和发展空间；

④ 采用神经网络可以更好地将图像信息与其他传感器的数据融合，优化帧间漂移；

⑤ 更高效地提取语义信息，有益于语义 SLAM 的构建和场景语义的理解；

⑥ 端到端的 VSLAM，舍去前端点跟踪、后端优化求解的一系列过程，直接输入图像给出位姿估计。

深度学习一般用在 VSLAM 系统的一个或多个环节，比如基于深度学习的视觉里程计、闭环检测和语义 SLAM 等。

5.7.2.1　深度学习与视觉里程计

移动机器人完成自主导航，首先需要通过定位来确定自身的位置和姿态。视觉里程计(Visual Odometry，VO)通过跟踪相邻图像帧间的特征点，估计相机的运动，并对环境进行重建。VO 大多借助计算帧间的运动，估计当前帧的位姿。基于深度学习的视觉里程计，无需复杂的几何运算，端到端的运算形式使得基于深度学习的方法更简洁。

端到端的方法(也即是完全抛弃传统的 SLAM 方法，实现数据直接输入深度学习算法直接输出结果)中最典型的算法当属基于深度学习的单目 VO 的 DeepVO[3]算法，直接从原始 RGB 图像提取实例表征完成姿态估计。该算法的框架主要由基于 CNN 的特征提取和基于 RNN 的顺序建模组成，如图 5-55 所示。它以视频帧或者单目图像序列为输入，在每个时间步骤中，RGB 图像帧经预处理，减去训练集的平均 RGB 值，并可选择将其尺寸调整为 64 的倍数。两个连续的图像被堆叠在一起形成一个张量，该图像张量被输入到 CNN 中，为单目 VO 生成有效的特征，然后通过 RMNN 进行顺序学习。每个图像通过网络在每个时间步骤产生一个姿态估计，随着图像的不断被捕获，VO 系统不断估计出新的位姿。

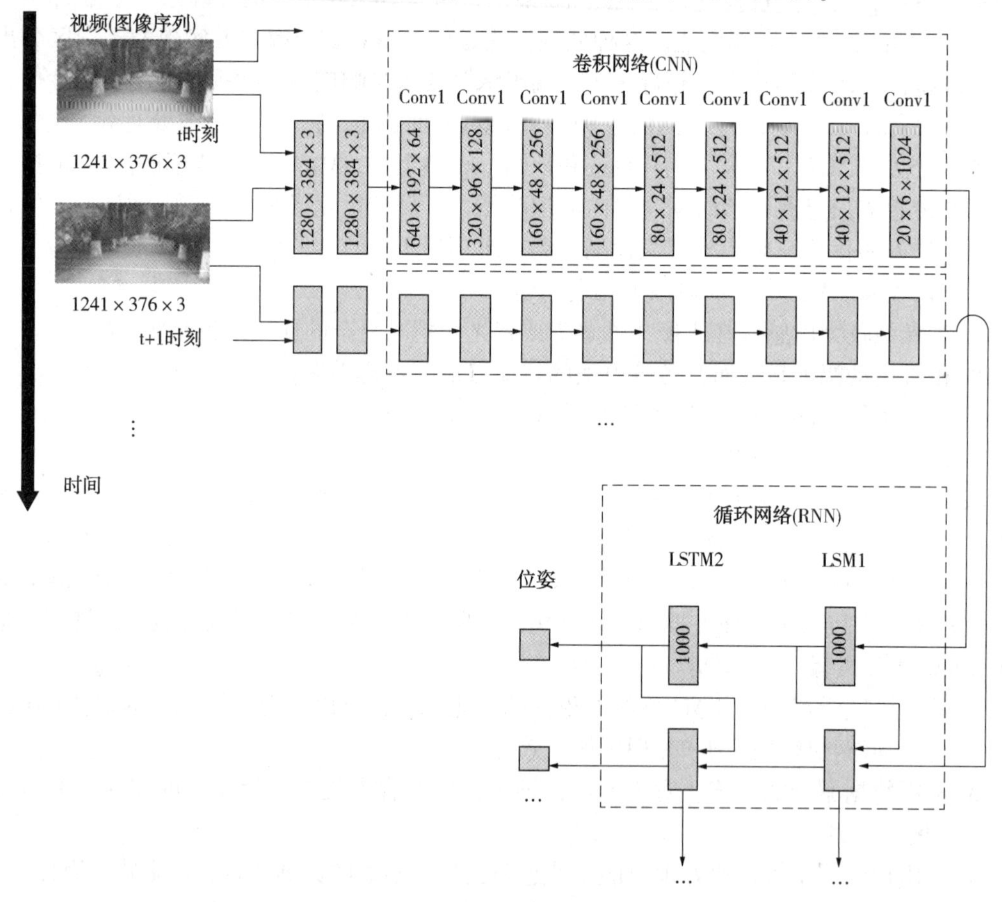

图 5-55　DeepVO 的系统框架

5.7.2.2　深度学习与闭环检测

闭环检测主要应用在机器人建图环节，新采集到一张图像，判断它是否在图像序列中出现过，即确定机器人是否进入某同一历史地点，或者在特征点配准丢失后重新获取一个初始位置。高效的闭环检测是 SLAM 精确求解的基础，帧间匹配主要集中在误差累积的消除，图优化算法能够有效地降低累计误差。

闭环检测实质上也可以看作是场景的识别问题，传统 SLAM 的闭环检测主要通过手工提取的稀疏特征或者像素稠密的特征完成匹配以完成场景的识别，进而确定是否检测到闭环。深度学习则采用神经网络学习图片深层次特征的方法，场景识别率的表现更好。所以，基于深度学习的场景识别方法能够有效提升闭环检测的准确率。

为了提高闭环检测的准确率和效率，Yi等提出了一种BoCNF的特征词袋匹配方法，该方法以视觉词袋法为基础，将CNN提取到的特征建立视觉词袋，通过Hash随机映射将降维的视觉词和词袋特征关联，实现快速准确的场景识别，如图5-56所示。该算法包括离线和在线两个阶段。两个阶段都要先获得图像路标的卷积特征。对于离线阶段，首先将卷积特征量化为视觉单词，再将视觉单词构建为视觉词袋。对于在线阶段，在将查询图像的ConvNet特征提取并将其量化为视觉词之后，在称为粗略匹配的阶段中，首先使用倒排索引检索前K个候选数据库图像，随后精细匹配执行通过基于Hash的投票方案在前K个候选者中找到与查询图像的最终匹配。

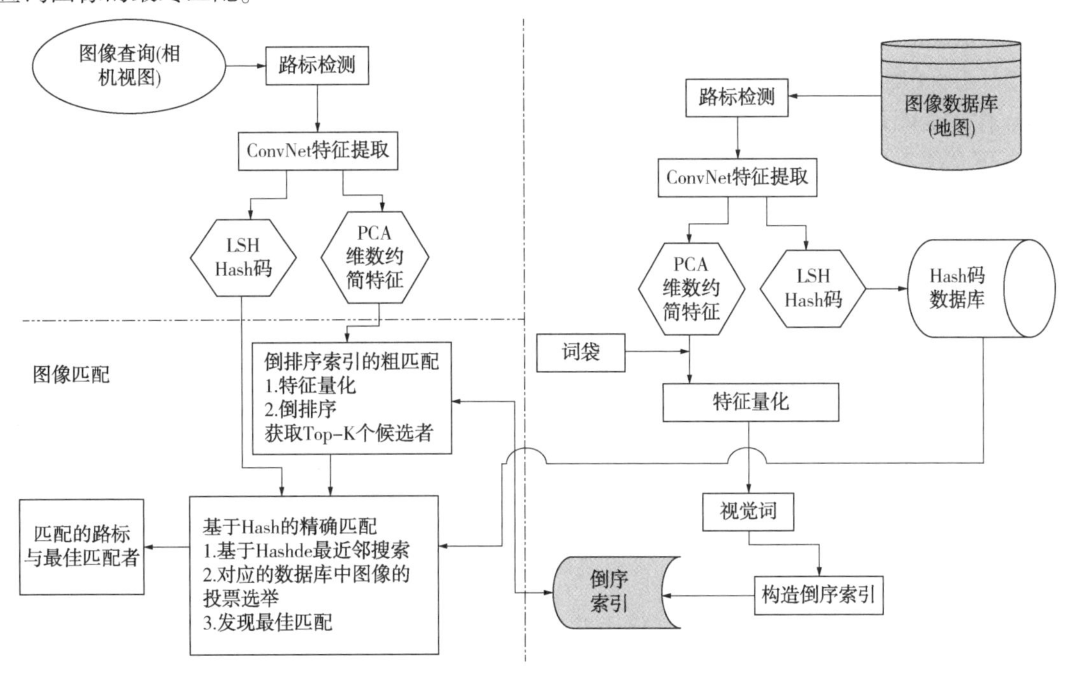

图5-56 BoCNF特征匹配流程简图

5.7.2.3 深度学习与语义SLAM

近年来，SLAM已经开始与语义信息相结合，语义信息包含环境中对象的位置、方向、颜色、纹理、形状和特定属性，相对于传统的SLAM，语义vSLAM不仅可以在建图过程中获取环境中的几何结构信息，而且还可以识别环境中的对象并获取其语义信息，预测动态环境中对象的移动属性，以适应复杂环境并执行更智能的任务。为此，本节介绍语义vSLAM系统的代表算法：Semantic vSLAM，该算法大致可以分为语义信息提取模块和vSLAM模块。语义信息提取的常用方法有三种，分别是对象检测、语义分割和实例分割。

（1）对象检测

语义vSLAM中的对象检测模块可以构建对象级语义图并提高环境理解能力。目前语义vSLAM中使用的对象检测方法主要分为两类：一阶段法和二阶段法。语义vSLAM通常采用SDD或YOLO系列（YOLOv1、YOLOv2、YOLOv3、YOLOv4、YOLOv5等）作为一阶段目标检测方法。SSD是第一个基于DNN的实时目标检测器，也是一种单级物体检测器，可以很好地平衡速度和准确度。因此，一些语义vSLAM工作利用SSD检测静态对象，不考虑动态对象。除了实时性能，检测精度也会影响语义的性能。因此，一些方案采用两阶段检测器进行目标检测，例如 R-CNN、Fast R-CNN、Faster R-CNN 等。与一级检测器不同，二级检测器需要获得区域提议，对结果进行分类并调整候选边界框位置。因此，二级探测器的实时性通常比一级探测器略差，但其探测精度高于一级探测器。Faster R-CNN 在检测小物体方面表现良好。

（2）语义分割

语义分割是图像理解的基石技术，它可以给出每类对象对应的准确像素，但不能区分同一类型的不同个体。它在自动驾驶、UAVs 和可穿戴设备应用中至关重要。目前在语义 vSLAM 中使用的语义分割方法基本上都是基于深度学习的方法，例如 U-Net、贝叶斯 SegNet、PSPNet。

Net 是最常用的分割模型之一，它简单、高效、易于构建，并且只需要很小的数据集进行训练。UNet 模型将图像像素分类为不同的类别，例如车道、停车线、减速带和障碍物。SegNet 优点是图像边缘信息保存更好，运行速度更快。与 U-Net 和 SegNet 相比，PSPNet 考虑了上下文关系匹配问题，即使在复杂的环境中也表现出良好的分割效果。与输出粗检测边界框的对象检测方法相比，语义分割方法可以在像素级别识别对象，这极大地有助于语义 vSLAM 理解环境。然而，语义分割无法区分对象实例与同一类别，限制了应用范围。

（3）实例分割

为了检测动态对象实例，语义 vSLAM 开始使用实例分割方法，获得图像的像素级语义分割。实例分割是对象检测的进一步细化，以实现像素级对象分离。但是，它无法达到与目标检测相同的实时性能。目前在语义 vSLAM 中使用的常见实例分割方法是 Mask-RCNN，这是一种强大的基于图像的实例级分割算法，可以分割 80 个语义对象类标签。这些算法适用于动态环境，因为它们将几何信息与 Mask-RCNN 融合以分割动态和静态对象，获得逐像素语义分割和实例标签信息。但是，实时性能受到很大影响。

（4）语义定位

定位的目的是让机器人在未知环境中获取其方位，即确定其在该环境下世界坐标系中的位置。传统的 vSLAM 易受环境因素影响，图像和地图之间的特征很难可靠地匹配，导致定位失败。为了解决这些问题，一些研究人员尝试基于语义分割图像和语义点特征图的定位算法，分割移动对象并过滤出与移动对象相关的特征点，有效地区别环境中的动态和静态对象，提高机器人在动态复杂环境下的系统定位。如图 5-57 所示，语义工作通常应用在 SLAM 的系统初始化、后端优化、重定位和闭环检测等阶段。

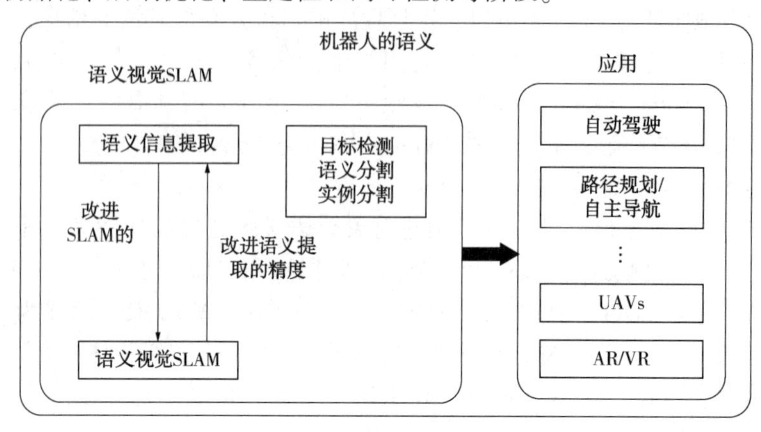

图 5-57　语义 SLAM 框架

(5) 语义建图

建图是 SLAM 的另一个目标，它服务于 vSLAM 的定位问题中。传统的 vSLAM 中所构建的地图包括稀疏地图、半密集地图和稠密地图，其中稠密地图更适合定位、导航、避障和重建。但因其缺乏可用于人机交互的高级环境语义信息，无法适用于机器人的智能避障、识别和交互等复杂任务。很多研究者常常构建静态密集语义图，将密集 vSLAM 与语义分割标签集成到一起，或者采用实例感知语义分割将对象分类为背景、移动对象或者潜在移动对象，或者将语义对象与实时构建稀疏 3D 语义对象映射相结合来解决传统的 vSLAM 的问题。

5.8　SLAM 轨迹误差评价指标

在实际工程中，我们经常需要评估一个算法的估计轨迹与真实轨迹的差异来评价算法的精度。真实轨迹往往通过某些更高精度的系统获得，而估计轨迹则是由待评价的算法计算得到的。本节考虑如何计算两条轨迹的误差并进行可视化。考虑一条估计轨迹 $\boldsymbol{T}_{\mathrm{esti},i}$ 和真实轨迹 $\boldsymbol{T}_{\mathrm{gt},i}$，其中 $i=1$，…，N，可以定义一些误差指标来描述它们之间的差别。

$$ATE_{\mathrm{all}}=\sqrt{\frac{1}{N}\sum_{i=1}^{N}\left\|\log\left(T_{\mathrm{gt},\,i}^{-1}\boldsymbol{T}_{\mathrm{esti?}\,,\,i}\right)^{\vee}\right\|_{2}^{2}}$$

这实际上是每个位姿李代数的均方根误差(Root-Mean-Squared Error，*RMSE*)。这种误差可以刻画两条轨迹的旋转和平移误差。同时，也有的文献仅考虑平移误差，从而可以定义绝对平移误差(Average Translational Error)：

$$ATE_{\mathrm{trans}}=\sqrt{\frac{1}{N}\sum_{i=1}^{N}\left\|\mathrm{trans}\left(T_{\mathrm{gt},\,i}^{-1}\boldsymbol{T}_{\mathrm{esti},\,i}\right)\right\|_{2}^{2}}$$

其中 trans 表示取括号内部变量的平移部分。因为从整条轨迹上看，旋转出现误差后，随后的轨迹在平移上也会出现误差，所以两种指标在实际中都适用。

除此之外，也可以定义相对的误差。例如，考虑 i 时刻到 $i+\Delta t$ 时刻的运动，那么相对位姿误差(Relative Pose Error，*RPE*)可定义为

$$RPE_{\mathrm{all}}=\sqrt{\frac{1}{N-\Delta t}\sum_{i=1}^{N-\Delta t}\left\|\log\left[\left(T_{\mathrm{gt},\,i}^{-1}T_{\mathrm{gt},\,i+\Delta t}\right)\right]^{-1}\left(T_{\mathrm{esti},\,i}^{-1}\boldsymbol{T}_{\mathrm{esti},\,i+\Delta t}\right)^{\vee}\right\|_{2}^{2}}$$

同样地，也可只取平移部分：

$$RPE_{\mathrm{trans}}=\sqrt{\frac{1}{N-\Delta t}\sum_{i=1}^{N-\Delta t}\left\|\mathrm{trans}\left[\left(\boldsymbol{T}_{\mathrm{gt},\,i}^{-1}\boldsymbol{T}_{\mathrm{gt},\,i+\Delta t}\right)\right]^{-1}\left(\boldsymbol{T}_{\mathrm{esti},\,i}^{-1}\boldsymbol{T}_{\mathrm{esti},\,i+\Delta t}\right)\right\|_{2}^{2}}$$

下面我们演示绝对轨迹误差的计算。在这个例子中，我们有 groundtruth. txt 和 estimated. txt 两条轨迹，下面的代码将读取这两条轨迹，计算误差，然后显示到 3D 窗口中。

```
using LinearAlgebra
using CSV
using Quaternions
using Plots


#解析 TUM 格式的轨迹数据,假设旋转信息以四元数(w,x,y,z)存储
function parse_tum_file(filename)
```

```
        timestamps = Float64[ ]  #用于存储时间戳
        translations = Vector{ Vector{ Float64} }( )  #用于存储平移向量
        rotations = Quaternion[ ]  #存储四元数形式的旋转

        #读取 TUM 格式的文件
        for line in eachline( filename)
            parts = split( line)
            if length( parts) <8  #最少要有时间戳、平移和旋转数据
                continue
            end
            timestamp = parse( Float64, parts[ 1] )
            t = parse. ( Float64, parts[ 2:4] )  #平移
            q = Quaternion( parse( Float64, parts[ 5] ), parse( Float64, parts[ 6] ), parse( Float64,
parts[ 7] ), parse( Float64, parts[ 8] ) )  #转换为浮动类型的四元数

            push! ( timestamps, timestamp)
            push! ( translations, t)  #添加平移向量(3D 向量)
            push! ( rotations, q)
        end

        return timestamps, translations, rotations
    end

    #对齐轨迹:找到最接近的时间戳
    function align_trajectories( estimated_trajectory, ground_truth_trajectory; time_threshold = 0. 5)
        estimated_timestamps, estimated_translations, estimated_rotations = estimated_trajectory
        ground_truth_timestamps, ground_truth_translations, ground_truth_rotations = ground_truth
_trajectory

        aligned_estimated = Vector{ Vector{ Float64} }( )  #对齐后的估计平移
        aligned_ground_truth = Vector{ Vector{ Float64} }( )  #对齐后的真实平移
        aligned_estimated_rot = Quaternion[ ]  #对齐后的估计旋转(四元数)
        aligned_ground_truth_rot = Quaternion[ ]  #对齐后的真实旋转(四元数)
        for t1 in estimated_timestamps
            #找到最接近的真实轨迹时间戳 t2
            closest_idx = argmin( abs. ( ground_truth_timestamps. -t1) )
            t2 = ground_truth_timestamps[ closest_idx]
            #判断时间戳差是否小于阈值
            if abs( t1-t2) <= time_threshold
```

```
                #确保能够正确索引
                est_idx=findfirst(x->x==t1,estimated_timestamps)
                gt_idx=closest_idx

                if ! isnothing(est_idx)
                    push! (aligned_estimated,estimated_translations[est_idx])
                    push! (aligned_estimated_rot,estimated_rotations[est_idx])
                end
                push! (aligned_ground_truth,ground_truth_translations[gt_idx])
                push! (aligned_ground_truth_rot,ground_truth_rotations[gt_idx])
            end
        end

        return aligned_estimated,aligned_ground_truth,aligned_estimated_rot,aligned_ground_
truth_rot
    end

    #计算旋转误差,使用四元数计算两个旋转之间的角度差
    function rotation_error(q1::QuaternionF64,q2::QuaternionF64)
        dot_product=q1.s*q2.s+q1.v1*q2.v1+q1.v2*q2.v2+q1.v3*q2.v3
        scalar_part=clamp(dot_product,-1.0,1.0)
        angle=2*acos(abs(scalar_part))
        return angle  #返回旋转角度(弧度)
    end
    #计算两个轨迹之间的绝对轨迹误差(ATE)
    function calculate_ate(estimated_trajectory,ground_truth_trajectory;time_threshold=0.5)
        aligned_estimated,aligned_ground_truth,aligned_estimated_rot,aligned_ground_truth_
rot=align_trajectories(estimated_trajectory,ground_truth_trajectory,time_threshold=time_thresh-
old)
        total_translation_error=0.0
        total_rotation_error=0.0
        n=length(aligned_estimated)
        for i in 1:n
            estimated_t=aligned_estimated[i]
            ground_truth_t=aligned_ground_truth[i]
            translation_error=norm(estimated_t-ground_truth_t)
            total_translation_error+=translation_error
            q_est=aligned_estimated_rot[i]
            q_gt=aligned_ground_truth_rot[i]
```

```
            rotation_error_value=rotation_error(q_est,q_gt)
            total_rotation_error+=rotation_error_value
        end
        ate_translation=total_translation_error/n
        ate_rotation=total_rotation_error/n

        return ate_translation,ate_rotation
    end

    #主函数示例
    function main()
        #路径到估计轨迹和真实轨迹的 txt 文件
        estimated_file="L:\\NTU 数据集\\eee_01\\groundtruth. txt"
        ground_truth_file="L:\\NTU 数据集\\eee_01\\estimated. txt"

        #解析轨迹文件
        estimated_trajectory=parse_tum_file(estimated_file)
        ground_truth_trajectory=parse_tum_file(ground_truth_file)

        #计算绝对轨迹误差
        ate_translation,ate_rotation=calculate_ate(estimated_trajectory,ground_truth_trajectory,
time_threshold=0. 5)
        println("Absolute Trajectory Error(ATE)-Translation:",ate_translation)
        println("Absolute Trajectory Error(ATE)-Rotation(radians):",ate_rotation)

        #提取平移向量(3D)
        _,estimated_trans,_=estimated_trajectory
        _,ground_truth_trans,_=ground_truth_trajectory

        #提取各个分量
        est_x=[t[1]for t in estimated_trans]
        est_y=[t[2]for t in estimated_trans]
        est_z=[t[3]for t in estimated_trans]

        gt_x=[t[1]for t in ground_truth_trans]
        gt_y=[t[2]for t in ground_truth_trans]
        gt_z=[t[3]for t in ground_truth_trans]
        #绘制轨迹
        p=plot3d(est_x,est_y,est_z,
```

```
                label="Estimated Trajectory",xlabel="X",ylabel="Y",zlabel="Z",color=:blue)
        plot3d!(p,gt_x,gt_y,gt_z,
                label="Ground Truth Trajectory",color=:red)
        display(p)
    end
    main()
```

该程序会输出估计轨迹与真实轨迹之间的旋转平移误差，两条轨迹可视化结果如图 5-58 所示。

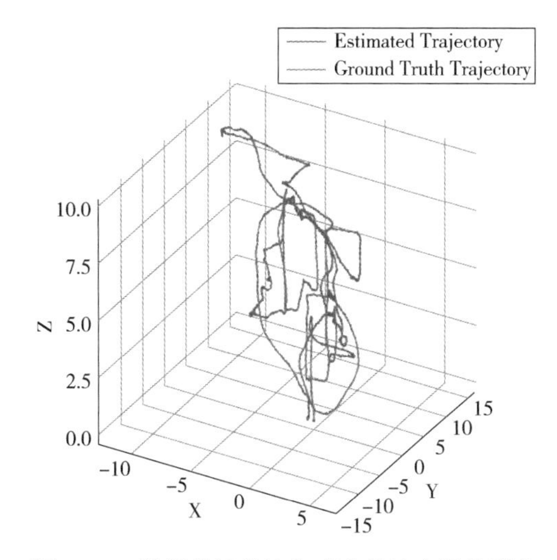

图 5-58　计算估计轨迹与真实轨迹之间的误差

5.9　本章小结

本章首先对 SLAM 以及 SLAM 发展历史进行了回顾，并给出了学习动向图以帮助读者快速把握整体脉络；然后介绍了 SLAM 中所涉及的概率理论、估计理论以及相关的滤波算法；最后介绍了常用的几种 SLAM 算法。

第六章　机器人自主导航

自主导航是移动机器人自动运行的一种关键技术，目前最主流的导航技术是 SLAM 的方式，中文意思是“即时定位与地图构建”，其原理是通过传感器对周围环境进行扫描，然后构建一个和真实环境一致的地图，同时对机器人位置进行定位，并规划一条正确的路径，最终引导机器人安全到达指定的目的地。本章主要介绍基于激光 SLAM 技术的自主导航，也涉及了视觉 SLAM 技术。

6.1　自主导航概述

在 ROS 中机器人导航(Navigation)由多个功能包组合实现，ROS 中又称之为导航功能包集，关于导航模块，可以理解为一个二维导航堆栈，它接收来自里程计、传感器流和目标姿态的信息，并输出发送到移动底盘的安全速度命令。更通俗地讲导航其实就是机器人自主地从 A 点移动到 B 点的过程，如图 6-1 所示。

图 6-1　机器人导航简易图

秉着“不重复发明轮子”的原则，ROS 中导航相关的功能包集为机器人导航提供了一套通用的实现，开发者不再需要关注于导航算法、硬件交互……等偏复杂、偏底层的实现，这些实现都由更专业的研发人员管理、迭代和维护，开发者可以更专注于上层功能，而对于导航功能的调用，只需要根据自身机器人相关参数合理设置各模块的配置文件即可，当然，如果有必要，也可以基于现有的功能包二次开发实现一些定制化需求，这样可以大大提高研发效率，缩短产品落地时间。总而言之，对于一般开发者而言，ROS 的导航功能包集优势如下：

① 安全：由专业团队开发和维护。

② 功能：功能更稳定且全面。

③ 高效：解放开发者，让开发者更专注于上层功能实现。

本章主要介绍机器人自主导航的相关理论知识，大家可以自主在官网上学习实际操作。

6.2　机器人自主导航构架

机器人是如何实现导航的呢？或换言之，机器人是如何从 A 点移动到 B 点呢？ROS 官方提供了一张导航功能包集的图示，如图 6-2 所示，该图中囊括了 ROS 导航的一些关键技术。

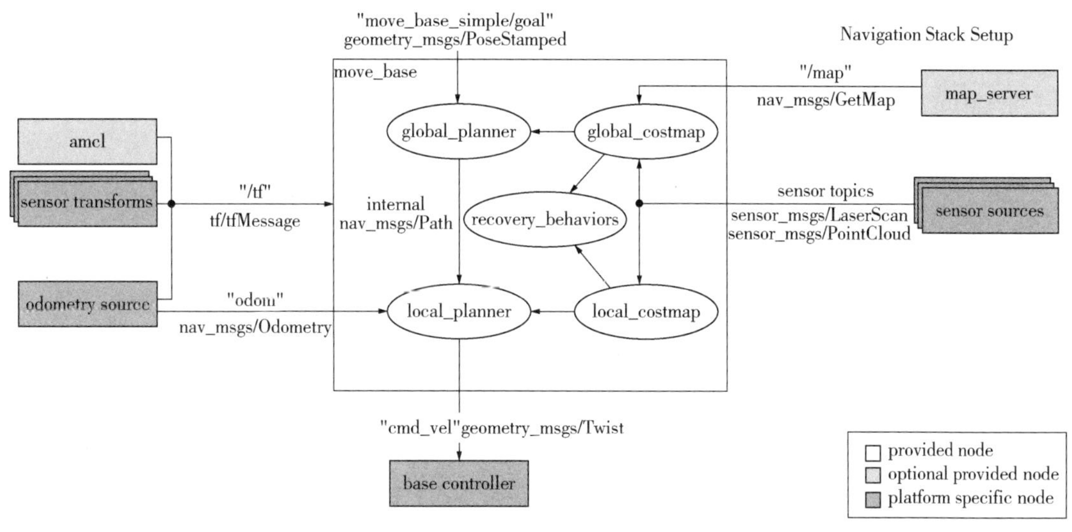

图 6-2　自主导航组成的相关技术

假定我们已经以特定方式配置机器人，导航功能包集将使其可以运动。图 6-2 概述了这种配置方式。白色的部分是必须且已实现的组件，灰色的部分是可选且已实现的组件，深灰色的部分是必须为每一个机器人平台创建的组件。

总结下来，涉及的关键技术有如下五点：

① 全局地图；

② 自身定位；

③ 路径规划；

④ 运动控制；

⑤ 环境感知。

机器人导航实现与无人驾驶类似，关键技术也是由上述五点组成，只是无人驾驶是基于室外的，而我们当前介绍的机器人导航更多是基于室内的。

6.2.1　全局地图

在现实生活中，当我们需要实现导航时，可能会首先参考一张全局性质的地图，然后根据地图来确定自身的位置、目的地位置，并且也会根据地图显示来规划一条大致的路线……对于机器人导航而言，也是如此。在机器人导航中地图是一个重要的组成元素，当然如果要使用地图，首先需要绘制地图。地图建模技术不断涌现，这其中有一门称之为 SLAM 的理论脱颖而出。

在前文中可知，SLAM（simultaneous localization and mapping），也称为 CML（Concurrent Mapping and Localization），即时定位与地图构建，或并发建图与定位。SLAM 问题可以描述为：机器人在未知环境中从一个未知位置开始移动，在移动过程中根据位置估计和地图进行自身定位，同时在自身定位的基础上建造增量式地图，以绘制出外部环境的完全地图。

在 ROS 中，较为常用的 SLAM 实现也比较多，比如：gmapping、hector_slam、cartographer、rgbdslam、ORB_SLAM……

当然如果要完成 SLAM，机器人必须具备感知外界环境的能力，尤其是要具备获取周围环境深度信息的能力。感知的实现需要依赖于传感器，比如：激光雷达、摄像头、RGB-D 摄像头……

SLAM 可以用于地图生成，而生成的地图还需要被保存以待后续使用，在 ROS 中保存地图的功能包是 map_server。

另外注意：SLAM 虽然是机器人导航的重要技术之一，但是二者并不等价，确切地讲，SLAM 只是实现地图构建和即时定位。

6.2.2 自身定位

导航伊始和导航过程中，机器人都需要确定当前自身的位置，如果在室外，则 GPS 是一个不错的选择，而如果在室内、隧道、地下或一些特殊的屏蔽 GPS 信号的区域，由于 GPS 信号弱化甚至完全不可用，就必须另辟蹊径了。比如前面的 SLAM 就可以实现自身定位，除此之外，ROS 中还提供了一个用于定位的功能包：amcl。

amcl(Adaptive Monte Carlo Localization)自适应的蒙特卡洛定位，是用于 2D 移动机器人的概率定位系统。它实现了自适应(或 KLD 采样)蒙特卡洛定位方法，该方法使用粒子过滤器根据已知地图跟踪机器人的姿态。

6.2.3 路径规划

导航就是机器人从 A 点运动至 B 点的过程，在这一过程中，机器人需要根据目标位置计算全局运动路线，并且在运动过程中，还需要时时根据出现的一些动态障碍物调整运动路线，直至到达目标点，该过程就称之为路径规划。在 ROS 中提供了 move_base 包来实现路径规则，该功能包主要由两大规划器组成：

(1) 全局路径规划(gloable_planner)

根据给定的目标点和全局地图实现总体的路径规划，使用 Dijkstra 或 A* 算法进行全局路径规划，计算最优路线，作为全局路线。

(2) 本地时时规划(local_planner)

在实际导航过程中，机器人可能无法按照给定的全局最优路线运行，比如：机器人在运行中，可能会随时出现一定的障碍物……本地规划的作用就是使用一定算法(Dynamic Window Approaches)来实现障碍物的规避，并选取当前最优路径以尽量符合全局最优路径。

全局路径规划与本地路径规划是相对的，全局路径规划侧重于全局、宏观实现，而本地路径规划侧重于当前、微观实现。

6.2.4 运动控制

导航功能包集假定它可以通过话题"cmd_vel"发布 geometry_msgs/Twist 类型的消息，这个消息基于机器人的基座坐标系，它传递的是运动命令。这意味着必须有一个节点订阅"cmd_vel"话题，将该话题上的速度命令转换为电机命令并发送。

6.2.5 环境感知

感知周围环境信息，比如：摄像头、激光雷达、编码器……，摄像头、激光雷达可以用于感知外界环境的深度信息，编码器可以感知电机的转速信息，进而可以获取速度信息并生成里程计信息。

在导航功能包集中，环境感知也是一重要模块实现，它为其他模块提供了支持。其他模块诸如：SLAM、amcl、move_base 都需要依赖于环境感知。

6.3 地图构建

前文中已经学习了 SLAM 的相关技术理论，本节主要介绍两种地图构建的方式：基于激光 SLAM 技术的地图构建和基于视觉 SLAM 技术的地图构建。SLAM 技术主要解决两个问题，一个是机器人在陌生环境中的定位，另一个就是对环境的地图构建。SLAM 技术发展至今，其地图的表示方法相对来说比较基于 SLAM 的机器人定位与导航技术的研究固定，主要分为以下三种。

（1）拓扑地图

拓扑地图表示法是将环境中各个特征点、节点、障碍物等利用拓扑意义的图来表示。其思想类似于图论里利用节点连接关系表示地图的方式。拓扑地图的表示非常抽象，这种方式非常适合于大规模环境建图，此时地图的表示类似于一张网络一样的拓扑图。拓扑地图非常适合用来进行路径规划，因为其存储代价低，搜索空间小，因此基于拓扑地图的搜索和推理算法发展非常迅速，已经出现很多基于拓扑地图的高效寻路算法。但是拓扑地图需要精确的定位信息作为输入，其本身并不能用来进行精确的自主定位。

（2）几何地图

几何地图表示是利用环境中的一些抽象的几何特征来表示环境地图，如特征点、直线、平面等。几何地图特征由于在特征匹配时精度较高，因此非常适合于机器人的自主定位，并且在目标识别方面具有一定的优势。几何地图建立时需要利用机器人搭载的传感器来获取环境数据，然后在数据中提取环境的特征，如角点、线段等。利用几何特征表示地图的方法使得地图的表示更加紧凑，并且计算量小，但是在空间相似度较高的区域往往会出现特征匹配误差，且传感器感知数量少时很难得到环境地图的特征。

（3）栅格地图

栅格地图表示法是由 Elfes 和 Moravec 最早提出。该方法是利用大小相同的栅格来表示环境信息，当方格中有障碍物时，其值表示为 1，当方格中无障碍物时，其值表示为 0，每个栅格的大小代表了地图的分辨率。基于此，栅格地图具有拓扑地图和集合地图所不具有的优点，栅格地图的创建和维护都比较简单，而且详细描述了整个环境信息，并且利用栅格创建的地图可以非常方便地用于机器人的自主路径规划和在环境中的自我定位。其缺点在于：在进行大规模环境建图时或者对地图的分辨率要求极高时，表示地图的栅格数量将急剧增加，这时对于计算资源和内存的消耗比较大。

6.3.1 基于激光 SLAM 技术的地图构建

考虑到本节的实验环境是室内的定位与导航，地图规模相对较小，并且对于分辨率要求相对较高。因此采用激光雷达在环境建图中所采用的地图表示方法是栅格地图。采用激光 SLAM 技术来构建地图的步骤如下。

6.3.1.1 传感器信息处理(数据预处理)

激光 SLAM 可以获取传感器的信息一般有里程计、激光雷达数据和 IMU 数据，对于里程计数据，常见的有两轮差速运动模型和三轮全向地盘运动模型；而激光雷达数据则会由于传感器的移动而导致采集到的数据发生畸变，需要通过估计或者里程计辅助等方法对畸变进行矫正。

（1）LiDAR 简介

LiDAR(Light Detection and Ranging)，是激光探测及测距系统的简称，另外也叫作 Laser

Radar。采用激光器作为发射光源，采用光电探测技术手段的主激光雷达遥感设备。激光雷达是激光技术与现代光电探测技术结合的先进探测方式，由发射系统、接收系统、信息处理等部分组成。发射系统是各种形式的激光器，如二氧化碳激光器、半导体激光器及波长可调谐的固体激光器及光学扩束单元组成；接收系统采用望远镜和各种形式的光电探测器，如光电倍增管、半导体光电二极管、雪崩光电二极管、红外和可见光多元探测器件等组合。

(2) 激光雷达测距原理

激光雷达的测距方法一般包括两种：三角测距和TOF。

① 方法一：三角测距。激光雷达三角法的原理如图6-3所示，激光器发射激光，在照射到物体后，反射光由线性CCD接收，由于激光器和探测器间隔了一段距离，所以依照光学路径，不同距离的物体将会成像在CCD上不同的位置。按照三角公式进行计算，就能推导出被测物体的距离。

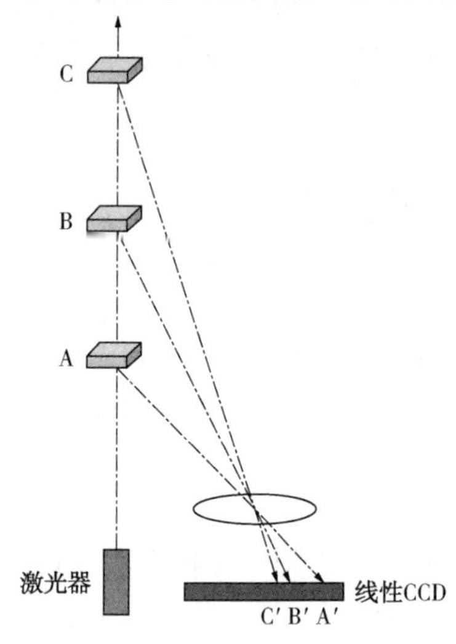

图 6-3　激光雷达三角测距示意图

② 方法二：飞行时间(TOF)。激光雷达TOF测距原理如图6-4所示，激光器发射一个激光脉冲，并由计时器记录下出射的时间，回返光经接收器接收，并由计时器记录下回返的时间。两个时间相减即得到了光的“飞行时间”，而光速是一定的，因此在已知速度和时间后很容易计算出距离。

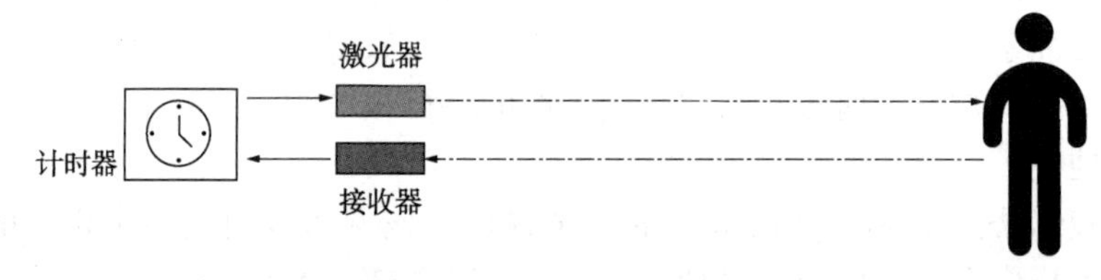

图 6-4　TOF 测距原理示意图

③ 两种测距方法的比较。从测距距离来比较：从测量的原理来说，TOF测距相对比较远，三角测距雷达测距相对较近。通过三角测距的图解可以知道，如果三角测距雷达测量的物体越远的话，那么返回到CCD上的位置差别也会越来越小，如果超过一定的限度，那么CCD就无法分辨了。而且三角测距雷达的信噪没有比TOF雷达的高，由于TOF雷达采用脉冲激光的方式，所以要严格控制视野中外界环境的影响。

从采样率来比较：在转速一定下，采样率决定了每一帧图像的点云数目以及角分辨。如果角分辨率越高，点云数量就会越多，那么对周围环境的精度也就越来越高。在市场上的三角测距雷达的采样率一般在20KHz以下，而TOF雷达会更高，这是由于三角测距的运算量更大所导致的。

从精度来比较：由于原理的不同，三角测距在距离下精度会非常的高，但是距离越远，测量精度就会越来越低。而TOF测距依赖的是飞行时间，时间精度并不会随距离的变化而变化。

(3) 运动畸变的去除

由于激光雷达的频率有限，机器人移动而激光点的数据不能实时获得，就会发生畸变。如果激光雷达以90°/s的速度旋转，如果是5Hz的雷达，那么每200ms可以获取一帧数据，每帧数据相差 18°，这样就导致了每一个激光点都有不同的基准位置，这样就会产生运动畸变，一般通过两种方法来解决。

① 方法一：纯估计方法——VICP。在 ICP 中我们没有考虑到激光的运动畸变和当前激光数据是有错误的，而作为 ICP 的变种，VICP 在考虑到机器人运动的同时也匹配了估计机器人的速度。

② 方法二：里程计辅助。如果激光雷达的帧率过低，那么匀速运动的假设就不成立，不能真实地反映机器人的情况、数据处理和状态过程耦合。所以我们需要传感器进行辅助(odom/IMU)，这样我们就可以有极高的更新频率(200Hz)，也可以比较准确地反应运动情况，有比较高精度的局部位置估计，这样我们就可以实现估计与预处理。

惯性测量单元(IMU)：惯性测量单元可以直接测量角速度和线速度，可以得到较高的角速度和测量精度。测量频率高，可以达到 1kHz 以上，但线加速度比较差，在二次积分的局部精度也很差。

轮式里程计(odom)：里程计一般使用编码器，可以直接测量机器人的位移和角度，具有较高的局部角度测量精度和局部位置测量精度，更新速度虽然没有 IMU 高，但是也能达到 200Hz。

通过结合 IMU 加里程计的方法来提高机器人的位姿准确性。

6.3.1.2 前端配准方法(Visual Odometry 简称 OV)

在实现 OV 时需要考虑特征点，根据输入激光数据提取特征，之后再对两帧数据的特征点位置进行匹配。值得注意的是仅仅凭借两帧数据的估计往往不够，需要把特征点缓存成一个小地图，计算当前帧与地图之间的位置关系。这样才能算得上是一个完整的前端配准方法。

简单来说就是，将两个或者以上的坐标系中的点云数据转化到统一的坐标系中的数学计算过程，本质上就是空间坐标的变换。空间的坐标变换可以由三类参数确定：尺度、旋转和平移。对激光帧之间的匹配方法如下：

(1) ICP 匹配方法(point-point)

ICP 算法能够使不同坐标下的点云数据合并到同一个坐标系中，首先是找到一个可用的变换，配准操作实际是要找到从坐标系 1 到坐标系 2 的一个刚性变换。其实就是找到一个旋转矩阵 R 和平移矩阵 T，使得两个点的对齐匹配转换。

(2) PL-ICP(point-Line)

与普通的 ICP 相比，PL-ICP 是连续的。由于激光雷达扫描出的数据是离散的，我们不能保证两次在不同位置上扫描同地点的扫描点全部落在同一个物理点上，这就是点对点的距离产生的误差，而 PL-ICP 中则使用点到线的距离作为误差。由于 PL-ICP 是点到线的误差，所以 PL-ICP 为二阶收敛，比 PP-ICP-阶收敛的速度更快，精度也比 P-ICP 更加精准。在 PL-ICP 中通过点与线进行匹配，将当前帧的数据根据初始价位置投影到参考帧的坐标下，对当前帧的点 i，在参考帧中寻找到最近的两点(P1，P2)，再对误差进行计算，去除误差过大的点；最后除最小化误差的函数。

(3) 基于优化的匹配方法

如果将寻找最佳匹配参数的问题比喻为在一座复杂山形的目标函数中寻找最低点。这个过程开始于在山谷中的一个随机位置放置一个“石头”，这个“石头”代表了一组初始的匹配参数。我们的目标是让这个“石头”滚到山的最低点，即找到使目标函数达到极小值的参数。

在优化过程中，我们不断调整“石头”的位置，就像是在给它施加一个力，推动它向更低的地方滚动。这个力的方向是由目标函数的梯度决定的，指向函数值减小的方向。通过使用各种优化算法，如梯度下降、牛顿法或遗传算法等，我们可以逐步引导“石头”接近最低点。当“石头”停止移动，即优化过程收敛时，它所在的位置就代表了最佳的匹配参数。这样，原本复杂的激光雷达帧间匹配问题就被转化为了一个求解目标函数极值的优化问题。

上述三种激光帧间匹配可以简单了解一下，如果想要具体了解可参考相关书籍中的理论知识。

6.3.1.3 后端优化(Optimization)

在后端优化上，通常需要考虑更长一段时间或者所有时间上的状态估计问题，不仅仅使用过去的信息来更新自己的状态，也会用未来的信息更新自己的状态。

前端配准只能给出短时间内的轨迹和地图，会产生误差累积，导致地图在长时间内并不是非常准确。所以在前端配准的基础上，我们再构建出一个尺度、规模更大的优化问题，用以考虑长时间的最优轨迹和地图，这就是后端优化。后端优化算法如下：

(1) 基于滤波器的激光 SLAM 方法

机器人 SLAM 的过程是：先控制机器人到达一个位姿，然后再进行观测。但我们通常面临的挑战是如何从观测数据中准确推断出机器人的位姿，这就出现了一个逆向的过程，即：我们是先有位姿再得到观测数据却变成了先得到观测数据再来求位姿的过程。通俗来讲就是我们需要由结果(观测数据)来反推原因(位姿)；因此这里就引入了贝叶斯公式，贝叶斯公式的存在就是为了求解这种由结果反推原因的问题。

贝叶斯滤波估计的是概率分布，不是具体的数值，是一大类方法的统称，它是一个抽象的表达形式，对于不同问题有不同的实现方式(卡尔曼家族、粒子滤波)、迭代估计形式。贝叶斯滤波主要分为预测和修正(更正)两个过程。

粒子滤波：粒子滤波通过非参数化的蒙特卡洛(Monte Carlo)模拟方法来实现递推贝叶斯滤波，适用于任何能用状态空间模型描述的非线性系统，精度可以逼近最优估计。粒子滤波器 E 具有简单、易于实现等特点，它为分析非线性动态系统提供了一种有效的解决方法，从而引起目标跟踪、信号处理以及自动控制等领域的广泛关注。简单来说，粒子滤波法是指通过寻找一组在状态空间传播的随机样本对概率密度函数进行近似，以样本均值代替积分运算，从而获得状态最小方差分布的过程。

(2)基于图优化的激光 SLAM 方法

这其实是一个最小二乘问题，实际中往往是非线性最小二乘问题。

激光 SLAM 中的后端优化内容即是第五章的 SLAM 算法内容。

6.3.1.4 回环检测(Loop CLosing)

什么是回环检测呢？在 SLAM 问题中，位姿的估计往往是一个递推的过程，即由上一帧位姿解算当前帧位姿，因此其中的误差便这样一帧一帧地传递下去，也就是我们所说的累计误差。我们的位姿约束都是与上一帧建立的，第五帧的位姿误差中便已经积累了前面四个约束中的误差。但如果我们发现第五帧位姿不一定要由第四帧推出来，还可以由第二帧推算出来，显然这样计算误差会小很多，因为只存在两个约束的误差了。像这样与之前的某一帧建立位姿约束关系就叫作回环。回环通过减少约束数，起到了减小累计误差的作用。

那么我们怎么知道可以由第二帧推算第五帧位姿呢？也许第一帧、第三帧也可以呢。确实，我们之所以用前一帧递推下一帧位姿，是因为这两帧足够近，肯定可以建立两帧的约束，但是距离较远的两帧就不一定可以建立这样的约束关系了。找出可以建立这种位姿约束的历史帧，就是回环检测。

6.3.1.5 建图(Mapping)

在 SLAM 中，构建的地图就是所有路标点的集合，一旦确定了各个路标点的位置，那么就可以说我们完成了建图。但即使是地图，也会有许多的不同需求，大致分为：定位、导航、避障、重现、交互这五个方面。

6.3.2 基于视觉 SLAM 技术的地图构建

经典的视觉 SLAM 框架如图 6-5 所示，视觉 SLAM 由传感器数据、视觉里程计、后端(非线性优化)、回环检测和建图五部分组成。目前改进的视觉 SLAM 算法都是在此基础上二次开发得到。视觉 SLAM 建图流程如图 6-5 所示。

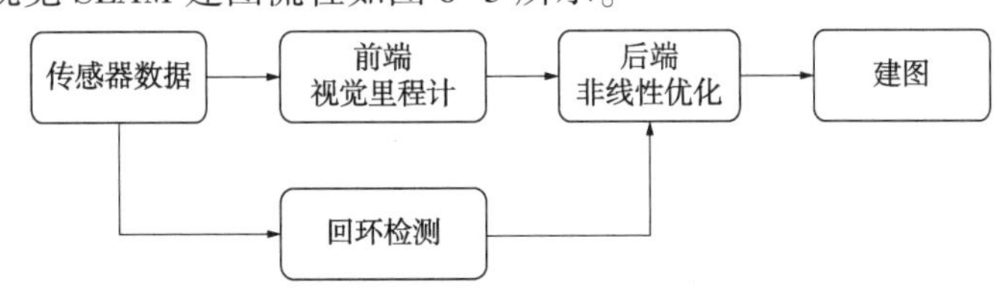

图 6-5 经典视觉 SLAM 建图流程

(1) 传感器数据

传感器数据是指机器人利用相机、编码器和 IMU 等传感器获取环境的数据信息，并将这些环境数据信息进行处理。

(2) 视觉里程计

视觉里程计信息是视觉 SLAM 中的前端部分，主要是估计相邻图像间相机的运动计算出相机的位姿，以及构建局部地图。

(3) 回环检测

回环检测主要是检测机器人是否到达过曾经的位置，通过回环检测可以优化机器人的位姿，减少建图的误差。同时当机器人检测到回环时，它会将信息传递给后端进行优化。

(4) 后端优化

由于机器人和传感器之间存在噪声，视觉 SLAM 中的后端优化主要是优化机器人的视觉里程计信息和回环检测信息，保证全局轨迹和构建地图的一致性。

(5) 建图

视觉 SLAM 中建图是最重要的部分，它是机器人的位姿构建机器人所运动的地图，视觉建图一般分为稠密图和稀疏图，目前视觉 SLAM 的主流建图方式为稠密图。

6.4 自身定位

自主移动机器人导航过程需要回答三个问题："我在哪里?""我要去哪儿?"和"我怎样到达那里?"定位就是要回答第一个问题，确切地，移动机器人定位就是确定机器人在其运动环境中的世界坐标系的坐标。根据机器人定位可分为相对定位和绝对定位。

(1) 相对定位

移动机器人相对定位也叫作位姿跟踪，假定机器人初始位姿，采用相邻近时刻传感器信息对机器人位置进行跟踪估计。相对定位分为里程计法和惯性导航法。

① 里程计法。在移动机器人车轮上装有光电编码器，通过对车轮转动记录实现位姿跟踪。航位推算法是假定初始位置已知，根据以前的位置对当前位置估计更新。缺点是：航位推算是个累加过程，逐步累加的过程中，测量值以及计算值都会累积误差，定位精度下降，因此只适用于短时间或短距离位姿跟踪。

② 惯性导航法。机器人从一个已知坐标出发，陀螺仪测得角加速度的值，加速度计获得线加速度，通过角加速度和线加速度进行二次积分分别得到角度和位置。

(2) 绝对定位

绝对定位又称为全局定位。完成机器人全局定位需要预先确定好环境模型或通过传感器直接向机器人提供外接位置信息，计算机器人在全局坐标系中的位置。具体方法如下：

① 信标定位。利用人工路标或自然路标和三角原理进行定位。

② 地图匹配。利用传感器感知环境信息创建好地图，然后将当前地图与数据库中预先存储好的地图进行匹配，计算出机器人在全局坐标系中位姿。

③ GPS。室外机器人导航定位的方法，但遇到隧道或者室内环境时效果不佳。

④ 概率定位。基于概率地图的定位，用概率论来表示不确定性，将机器人方位表示为对所有可能的机器人位姿的概率分布。方法如下：

(1) 马尔科夫定位(Maekov Localization ML)

机器人通常不知道它所处环境的确切位置，而是用一个概率密度函数表示机器人的位置。这个函数反映了机器人对自己所在位置的不确定性，它持有一个概率分布，表明它在不同位置的信任度。换句话说，信任度描述了机器人在整个可能位置空间中的概率分布情况。地图的表示方法为栅格地图，机器人导航环境被划分为很多栅格，每个栅格在 0 ~1 之间，表示机器人在该栅格的信任度，所有栅格信任度之和为 1。

(2) 卡尔曼滤波定位

卡尔曼滤波定位算法是马尔科夫定位的特殊情况。卡尔曼滤波不适用于任何密度函数，而是使用高斯代表机器人信任度、运动模型和测量模型。高斯分布简单地由均值和协方差定义，在预测和测量阶段两个参数更新。然而这个假设限制了初始信任度以及高斯的选择。

在导航中机器人的自身定位是非常重要的，在 SLAM 中也有定位，SLAM 的定位是多种算法融合的一种定位方法，但主要是利用概率定位方法来进行定位和建图。自身定位是指机器人在获得全局地图后，机器人在进行导航时通过定位来确定自身在全局地图中的位置，由于 ROS 导航包中自带了定位算法 AMCL，本节只讲述 AMCL 算法的基本原理。

AMCL(Adaptive Monte Carlo Localization)自适应蒙特卡洛定位，A 也可以理解为 augmented，是机器人在二维移动过程中概率定位系统，采用粒子滤波器来跟踪已经知道的地图中机器人位姿，对于大范围的局部定位问题工作良好。对机器人的定位是非常重要的，因为若无法正确定位机器人当前位置，那么基于错误的起始点来进行后面规划的到达目的地的路径必定也是错误的。

蒙特卡洛定位(MCL)适用于局部定位和全局定位两类问题，尽管它相对的年轻，但是已经成为定位领域中的主流算法，如图 6-6 所示为蒙特卡洛定位算法。

通过把合适的运动和观测模型代入到粒子滤波算法中得到，使用 M 个粒子的集合 $\chi_t = \{x_t^{[1]}, x_t^{[2]}, \cdots, x_t^{[M]}\}$ 表示置信度 $bel(x_t)$，初始置信度由先验分布随机产生的 M 个这样的

```
1:    Algorithm MCL(𝒳_{t-1}, u_t, z_t, m):
2:        X̄_t = 𝒳_t = ∅
3:        for m = 1 to M do
4:            x_t^[m] = sample_motion_model(u_t, x_{t-1}^[m])
5:            w_t^[m] = measurement_model(z_t, x_t^[m], m)
6:            X̄_t = X̄_t + ⟨x_t^[m], w_t^[m]⟩
7:        endfor
8:        for m = 1 to M do
9:            draw i with probability ∝ w_t^[i]
10:           add x_t^[i] to 𝒳_t
11:       endfor
12:       return 𝒳_t
```

图 6-6 蒙特卡洛定位算法

粒子得到。算法第 4 行使用运动模型采样，以当前置信度为起点使用粒子，第 5 行使用测量模型以确定粒子的重要性权值(粒子滤波算法中已经提到)，通过增加粒子总数 M 能提高定位的近似精度。

MCL 以目前的形式解决了全局定位问题，但无法从机器人绑架(举例，机器人突然被抱走，放到了另外一个地方。类似这种情况。)或全局定位失败中恢复过来。当机器人位置被获取时，其他地方的不正确粒子会逐渐消失。在某种程度上，粒子只能"幸存"在一个单一的姿势附近，如果这个姿势恰好不正确，算法就无法恢复。而这个问题可通过相当简单的探索算法解决，其思想是增加随机粒子到粒子集合，从而在运动模型中产生一些随机状态，这便是 AMCL 算法的由来。

AMCL 算法在机器人遭到绑架的时候，会随机注入粒子(injection of random particles)，增加粒子的方法引起两个问题，一是每次算法迭代中应该增加多少粒子，二是从哪种分布产生这些粒子。解决第一个问题可通过监控传感器测量的概率来评估增加粒子，即 $p(z_t|z_{1:t-1}, u_{1:t}, m)$，并将其与平均测量概率联系起来。在粒子滤波中这个数量的近似容易根据重要性因子获取，因为重要性权重是这个概率的随机估计，其平均值为 $\frac{1}{M}\sum_{m=1}^{M} w_t^{[m]} p(z_t|z_{1:t-1}, u_{1:t}, m)$ 这个接近上式中的期望概率。

解决第二个问题可以根据均匀分布在位姿空间产生粒子，用当前观测值加权得到这些粒子。如下给出增加随机粒子的蒙特卡洛定位算法自适应变种(AMCL)，AMCL 算法如图 6-7 所示。

与 MCL 相比，这个算法跟踪式 $p(z_t|z_{1:t-1}, u_{1:t}, m)$ 的似然值的短期与长期均值，整体框架与 MCL 相同，但在第 8 行中给出了经验测量似然，并在第 10、11 行维持短期和长期似然平均，算法要求 $0 \leq \alpha_{slow} \leq \alpha_{fast}$，参数 α_{slow} 和 α_{fast} 分别估计长期和短期平均的指数滤波器的衰减率。算法的关键在第 13 行，重采样过程中，随机采样以 $\max\{0.0, 1-\frac{w_{fast}}{w_{slow}}\}$ 概率增加，否则重采样以 MCL 相同的方式进行，即根据式 $\max\{0.0, 1-\frac{w_{fast}}{w_{slow}}\}$ 可知，如果短期似然优于

长期似然，则算法将判断不增加随机采样，否则的话则按两者之比的比例增加随机采样，以这种方式可抵消瞬时传感器噪声带来的定位误差。

1: **Algorithm Augmented_MCL**($\mathcal{X}_{t-1}, u_t, z_t, m$):
2: static w_{slow}, w_{fast}
3: $\bar{\mathcal{X}}_t = \mathcal{X}_t = \emptyset$
4: *for* $m = 1$ *to* M *do*
5: $x_t^{[m]} =$ **sample_motion_model**$(u_t, x_{t-1}^{[m]})$
6: $w_t^{[m]} =$ **measurement_model**$(z_t, x_t^{[m]}, m)$
7: $\bar{\mathcal{X}}_t = \bar{\mathcal{X}}_t + \langle x_t^{[m]}, w_t^{[m]} \rangle$
8: $w_{\text{avg}} = w_{\text{avg}} + \frac{1}{M} w_t^{[m]}$
9: *endfor*
10: $w_{\text{slow}} = w_{\text{slow}} + \alpha_{\text{slow}}(w_{\text{avg}} - w_{\text{slow}})$
11: $w_{\text{fast}} = w_{\text{fast}} + \alpha_{\text{fast}}(w_{\text{avg}} - w_{\text{fast}})$
12: *for* $m = 1$ *to* M *do*
13: *with probability* $\max\{0.0,\ 1.0 - w_{\text{fast}}/w_{\text{slow}}\}$ *do*
14: *add random pose to* $\mathcal{X}_t$
15: *else*
16: *draw* $i \in \{1, \ldots, N\}$ *with probability* $\propto w_t^{[i]}$
17: *add* $x_t^{[i]}$ *to* $\mathcal{X}_t$
18: *endwith*
19: *endfor*
20: *return* $\mathcal{X}_t$

图 6-7　AMCL 算法

读者也可以了解其他相关定位算法，也可对 ROS 导航包中的 amcl 工具包进行实操。

6.5　路径规划

移动机器人路径规划指的是各种传感器对机器人自身的影响，依照环境的感知，通过一个或多个评判标准规划安全的运行路线，寻找出一条机器人能从起始点运动到目标点的最佳路线。在规划中根据机器人功能用一定的算法计算机器人绕过某些必要的障碍物所需要完成的时间和效率，上述讲到可以将计算机路径规划分为全局和局部路径。全局路径和局部路径各有各的优势，我们要在此基础上，在机器人绕开障碍物的同时也要尽量选择最优路线。

全局路径规划：在于全面解决环境的规划问题，全局路径规划是在整体的环境下寻找最优路径，最终引导路径从起始点到最终点所成为的是最优路径。

局部路径规划：局部规划的核心在于处理部分已经或未知的路径问题。因为局部路径规划的不确定性，所以具有很高的灵活性，在工作中根据环境去调整。但因为是局部环境特征，所以路径只能代表局部最优。

全局路径规划和局部路径规划并没有本质上的区别，很多适用于全局路径规划的方法经过改进也可以用于局部路径规划，而适用于局部路径规划的方法同样经过改进后也可适用于全局路径规划。两者协同工作，机器人可更好地规划从起始点到终点的行走路径。

目前机器人全局路径规划主要算法包括 Dijkstra 或 A* 算法，局部路径规划算法有 DWA 算法等，下文主要介绍这三种算法的原理。

6.5.1 Dijkstra 全局路径规划算法

Dijkstra 算法是一种图遍历算法，该算法以广度优先搜索遍历方式，通过层层推进的方式，最终找到所有节点与源点之间的最短路径。可以参考数据结构中的 Dijkstra 算法的原理和步骤，该算法是一种完备的路径搜索算法，即当路径存在时，该算法一定给出最短路径的规划。但是该算法在做规划时需要全部载入地图数据。

Dijkstra 算法的输入为路径规划的源点和包括该源点的带权有向图 $G(V, E)$，其中图的顶点集合用 V 表示，顶点之间的边用 E 表示，每条边的权值为 $w[i]$。输出为该源点到图中所有顶点的最短路径的路径树。算法思想如下：

首先将图中顶点分成两组，一组为已经遍历过的顶点，用集合 S 表示。另一个集合是还未遍历的集合，用集合 U 来表示，集合中的顶点用 u 表示。开始时集合 S 中只有源点 v。每次在未遍历的集合中找到一个距离 v 最近的节点将其加入集合 S 中并生成一条路径，当集合 S 包含所有顶点时，算法结束。每次从 U 中选取一个节点，该节点满足到源点的最短路径距离小于 U 中的其他任意节点，并将该节点加入集合 S 中，该节点的值为从原点到该顶点的最短路径值。算法的具体步骤如下：

① 初始化，将源点 v 加入集合 S 中，其值为 0；将除了源点 v 以外的所有其他节点加入集合 U 中。若顶点 u 与起始点 v 之间存在连接关系，则其路径大小用其权值表示。若不存在连接关系，则用无穷大表示。

② 将集合 U 中距离源点最近的顶点加入集合 S 中，记该顶点为 k。

③ 以新加入的顶点 k 为中间顶点，更新集合 U 中顶点的权值。更新规则为：若从起始点 v 到集合 U 中顶点 u 的距离(通过顶点 k)比原来不通过顶点 k 的距离短，则更新 u 的权值。其权值为经过顶点 k 的路径长度加上边 $<k, u>$ 的权值。否则不更新。

④ 重复②、③步骤，直到集合 U 为空，或集合 S 中包含所有节点。

Dijkstra 算法可以解带权有向图的最短路径问题，通过算法的执行过程可以看出算法在遍历路径时使用的是完备搜索，因此几乎所有的节点都会遍历，效率不高，对于大规模的稠密图而言，效率一般。对于导航是室内的机器人导航算法，且机器人的地图使用占用栅格的方式，每个网格之间可以看成是顶点彼此相连，地图规模较小，因此可以用该算法来作为机器人的全局路径规划算法。

6.5.2 A* 全局路径规划算法

A* 算法是 Dijkstra 之后又一个应用广泛的路径搜索算法。它在某种程度上来说是 Dijkstra 的一种变形优化。与 Dijkstra 算法的不同之处在于 A* 算法添加了影响路径搜索效率的因子。A* 算法在搜索路径时，不止是以与到当前节点的路径最短为依据。A* 采用了一个启发式函数 h，使得在路径规划中当前的路径选择能够快速地收敛到目标点附近，同时 A* 算法在寻找最短路径时，不需要遍历图中的所有节点就可以得到最佳路径，算法的规划效率较高。

A* 算法为当前的每个节点定义了一个评估函数，评估函数定义式如下：

$$f=g+h$$

该估值函数 f 由 g 和 h 两部分组成。其中 g 是起始点到当前位置的最小路径代价；h 代表目标点到当前位置的最小路径代价。从起始点 S 到当前位置的最小路径代价公式如下：

$$g(n)=\begin{cases} dist(S, n) & parent(n)=S \\ g(parent(n)+dist(parent(n), n)) & parent(n)!=S \end{cases}$$

该公式的含义是：若起始位置 S 是当前位置 n 的父节点，则从起始位置移动到该位置的最小路径代价为起始位置到该节点的距离；若起始点 S 不与当前节点相邻，则从起始点到该节点的路径代价为起始点到其父节点的路径代价与其父节点到该节点的路径代价之和。

为了快速地搜索最优路径，路径选择时要尽量考虑每一步的移动都能尽量向目标点靠近，该约束是由函数 h 给定，本文采用曼哈顿距离法。即距离目标位置的最小路径代价 h 的计算不考虑地图中的障碍物。为了便于计算，我们假设一个横向或一个纵向的网格的移动代价为 1，斜对角之间不存在路径。障碍物用灰色表示，则图中实线边框节点到虚线边框目标点的最小估计距离 h 如图 6-8 所示。

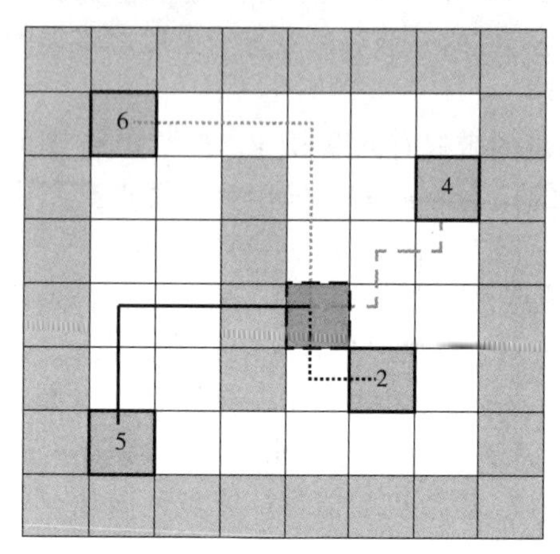

图 6-8　最小估计距离函数 h

A*算法在执行中需要维护两个表，一个是 OpenList 表，代表可能会被考虑的方块；一个是 CloseList 表示将不会被考虑的方块。具体步骤如下：

① 从起始点 S 开始，首先将起始点看作是待处理的方格加入 OpenList 中，OpenList 列表中的格子是待检查的方格。

② 检查与起点 S 相邻的所有方格，忽略代表障碍物的方格，将与起始点相邻的方格且可以到达的方格加入 OpenList 表中，将起始点 S 从 OpenList 删除加入 CloseList 中。设置起始点 S 为与其相邻节点的父节点。然后计算新加入 OpenList 表中每个节点的评估值。

③ 选择具有最小评估值的节点记做 A，将节点 A 添加到 CloseList 表中，同时从 OpenList 表中删除节点 A。

④ 检查与 A 相邻的所有方格节点，不考虑障碍物方格。如果该方格已经在 CloseList 中，则不考虑。如果不在 OpenList 中，则将该节点添加到 OpenList 中，并计算该方格评估值以及其父节点；如果该点已经存在 OpenList 中，则检查当前的评估值是否小于旧值，如果小于则更新其父节点和其评估值，如果不小于，则不更新。

跳转到③，重复以上步骤。当 OpenList 表中包含目标方格时，最短路径就被找到，如果遍历完所有方格都没有包含目标方格，则说明目标不可达。图 6-8 中的虚线填充的栅格代表起始点；实线填充栅格代表目标点；A*算法的执行过程如图 6-9 所示，其中竖纹边框的方格代表在表 OpenList 中代检查的，斜纹方格代表 CloseList 表中不再考虑的方格。

图 6-9(a)表示 A*算法的扩展过程。虚线边框的路径表示当前考虑的最短路径，维护在表 CloseList 中；实线边框的方格表示待检查的路径；图 6-9(b)中实线方框表示最终所得的最短路径。此时算法返回，并给出最短路径的规划。

6.5.3　DWA 局部路径规划算法

机器人在自主移动中，不仅要具备全局的路径规划能力，还需要具备在出现障碍物时的局部避障功能。基于动态窗口的 DAW(Dynamic Window Approach)算法是机器人避障中最常用的一种有效的避障算法。该算法利用速度模型模拟机器人的可能轨迹，使机器人在移动中能有效地规避障碍物，实现安全导航功能。

基于动态窗口的 DWA 算法作为一种有效避障算法被广泛应用于机器人的局部避障和路

径规划中。该算法以机器人运动学模型中的速度模型为计算模型，在机器人运动的速度空间 (v, w)(v 和 w 分别表示机器人在世界坐标系下的平移速度和角速度)中采样多组速度，然后根据机器人的运动模型来计算在采样速度组中各个采样速度的运动轨迹，最后对得到的多个轨迹进行评价选择最佳的规划路径实现路径规划。机器人的速度空间采样模型如图 6-10 所示。

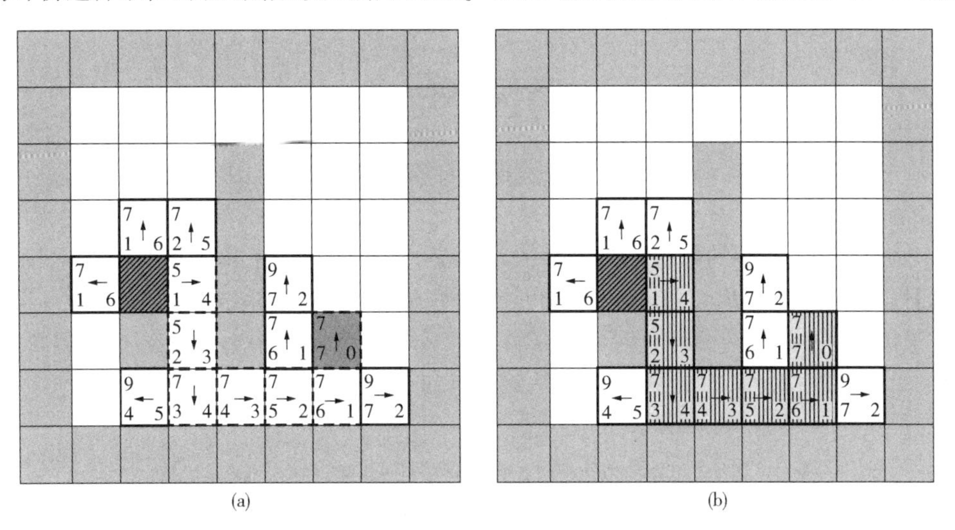

图 6-9　A* 算法扩展过程

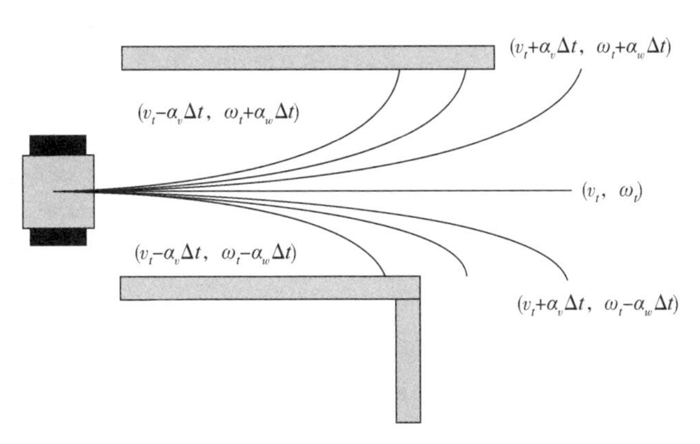

图 6-10　速度采样模型

如图 6-10 所示，如果能得到机器人速度空间 (v, w) 中的一个速度，就可以根据机器人的运动模型计算出机器人在该采样速度的运动轨迹。因此速度采样是 DWA 算法的一个核心问题。在速度空间 (v, w) 中虽然存在无数种速度组合，但是采样的多组速度是受限于机器人本身因素和环境因素的制约的。首先机器人自身存在着一个最大速度的范围区间，公式如下：

$$V_m = \{v \in [v_{min}, v_{max}], w \in [w_{min}, w_{max}]\}$$

其次机器人受其电机性能的影响，其加速度是有限定值的，因此速度在一个时间周期内的变化不会超过给定的值。所以机器人的速度搜索空间 V_d 可表示如下：

$$V_d = \{(v, w) \mid v \in [v_c - a_{max}\Delta t, v_c + a_{max}\Delta t], w \in [w_c - \alpha_{max}\Delta t, w_c + \alpha_{max}\Delta t]\}$$

公式中 a_{max} 和 α_{max} 表示机器人的最大加速度；电机的工作周期为 Δt。

最后考虑机器人的安全轨迹。为了使机器人能够安全行驶，当前的速度应当能够以最大减速度在障碍物之前使机器人停下来。因此在该限制下，机器人的速度还需满足如下公式的约束：

$$V_{a}=\{(v, w) \mid v \leqslant \sqrt{2 * dist(v, w) * \dot{v}_{b}} \wedge w \leqslant \sqrt{2 * dist(v, w) * \dot{w}_{b}}\}$$

其中 $dist(v, w)$ 表示在速度 (v, w) 所对应的运动轨迹上障碍物的最近距离。满足以上所有条件的速度称之为可接受速度，它是满足以上三个速度空间的交集，可用如下公式表示：

$$V_{\gamma}=V_{m} \cap V_{d} \cap V_{a}$$

因此速度采样可由以下步骤给出：

① 从 V_{γ} 中随机采样一组可接受的线速度 *alloable_v*。再在 V_{γ} 中随机采样一组可接受的角速度 *alloable_w*。

② 对于 *alloable_v* 中的每一个线速度和 *alloable_w* 中的每一个角速度组合，寻找该轨迹中的障碍区的最近距离 *dist*，计算在该速度组条件下的刹车距离 *breakdist*。

③ 若 $dist<breakdist$ 则该组速度可接受，并加入采样速度组中。根据以上步骤可得到一组安全的采样速度 (v, w)，接下来就是从该组速度中选择最佳速度采样，选择标准是使得目标函数最大化，目标函数由下式定义：

$$G(v, w)=\max (\alpha head(v, w)+\beta dist(v, w)+\delta velo(v, w))$$

公式 $head(v, w)$ 和 $velo(v, w)$ 由下式给定：

$$head(v, w)=1-|\theta| / \pi$$

$$velo(v, w)=v / v_{max}$$

该评价指标有三项构成，$head(v, w)$ 表示该速度轨迹与目标点的接近程度，θ 表示该运动方向与终点位置之间的夹角；$dist(v, w)$ 表示在该采样速度下运动估计距离最近障碍物的距离，若不存在障碍物，则将该值设置为一常数；$velo(v, w)$ 表示机器人在该速度组下的前进效率；三个常数项因子 α、β 和 δ 分别表示三个不同子项在评价中所占比重。调整三个常数因子将会影响到机器人在局部避障中的动作。利用上述公式评价所有的速度组，选择评分最高的速度作为当前机器人移动的速度指令。

Dijkstra 算法优点在于如果最优路径存在，那么一定能找到最优路径。缺点有两个：有权图中可能是负边和扩展的结点很多，效率低。A^* 算法优点为利用启发式函数，搜索范围小，提高了搜索效率；如果最优路径存在，那么一定能找到最优路径。缺点为 A^* 算法不适用于动态环境，且算法不太适合于高维空间，计算量大，对目标点不可达时会造成大量性能消耗。DWA 算法适用于动态环境的路径规划，且搜索效率高。但不适用于高维空间，计算量大，也不太适用于在距离较远的最短路径上发生变化的场景。读者可根据自己的需求选取相应的路径规划算法。

6.6 运动控制

机器人导航中的运动控制的主要目的是控制机器人的运动，以两轮差速轮式机器人为例，具体组成请参考第七章，机器人运动示意图如图 6-11 所示。

机器人底盘主要由电机控制板和带编码器的减速电机构成。电机控制板通过串口与机器人的大脑相连接，通过接收大脑下发的控制指令，利用电机控制算法对电机进行控制；同时，采集电机上的编码器数据发送给大脑，利用航迹推演算法得到底盘的里程计信息。

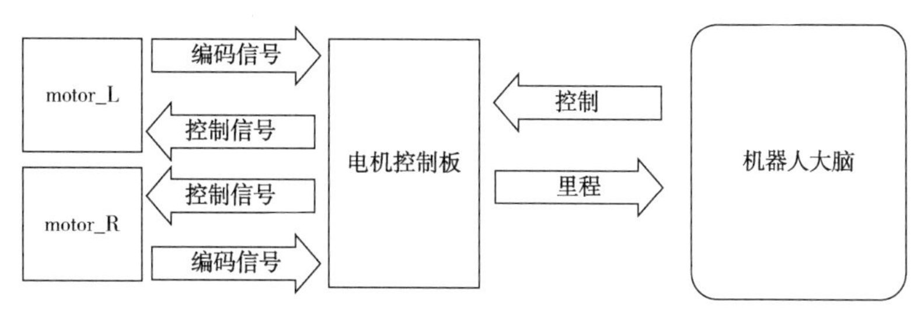

图 6-11 轮式里程计与运动控制

在轮式里程计与运动控制中，首先是机器人大脑发送控制命令，其实就是期望左、右电机达到的目标转速，我们都知道在一个控制系统中，被控对象很难完全按照期望目标来运行，这就需要引入反馈对被控对象进行实时的闭环控制，让被控对象尽量逼近期望目标，电机控制板主要就是用来实现这个过程。同时，电机控制板还负责对电机编码信号进行采样，将单位采样时间(一般为 10ms)内的编码脉冲累计值作为里程数据发送给机器人大脑，机器人大脑利用航迹推演算法求解出里程计信息。电机控制板与机器人大脑之间采用串口通信。电机左、右轮期望转速被封装到串口的字符串中，作为控制命令发送给电机控制板；单位时间(一般 10ms)内采样到的电机编码脉冲累计值(等效为实际电机速度)作为里程数据，以同样的方式被封装到串口的字符串中发送给机器人大脑。可以看出，控制命令与里程数据遵循一样的封装协议。对电机的控制算法一般分为 PID 运动控制算法和 MPC 运动控制算法。其中 PID 算法控制电机运动原理请参考第七章，MPC 运动控制算法在日常中运用较少，读者可自行参考相关资料。

6.7 环境感知

机器人自主导航的环境感知部分是连接机器人与环境的桥梁，其作用是“阅读、提取”环境内容，思路是使用各种环境感知传感器获取机器人周围环境原始数据，通过感知算法提取目标特征，最终目的就是让机器人知道自己在环境中的位置，知道自己周围环境情况是怎么样的，以及环境中的内容是什么含义，这些内容之间有什么联系。例如采用激光雷达和摄像头来获取环境的深度信息，编码器可以感知电机的转速信息，进而可以获取速度信息并生成里程计信息。本节主要介绍利用摄像头如何获取环境信息的工作原理，激光雷达获取环境深度信息的原理可参考本章前文和第七章内容，编码器如何获取里程计信息可参考第七章。

视觉传感器大致分为单目相机、双目相机和深度相机。物体的深度信息指的是对于物体的距离测量，单目相机利用相邻帧的图像匹配得出物体的距离测量，但是测量的距离精度比较低。深度相机测量物体的距离是利用接收红外线的时间差来完成的，但是红外线易受环境的影响，因此深度相机不适合在室外运用。双目相机测量物体的距离是通过在同一时刻利用左右摄像头拍摄物体的照片进行比对来完成的，能够测量较远物体的距离，而且精度较高。所以我们选取双目相机作为视觉传感器。

双目立体视觉属于一种仿生技术，其应用模仿动物双眼观察事物，通过视差来获取环境三维信息。在机器视觉领域中，固定单目摄像机成像可以将被摄物体从三维空间映射到二维图像，但我们无法从单一的二维图像中还原恢复出物体的三维空间信息。要实现从二维图像

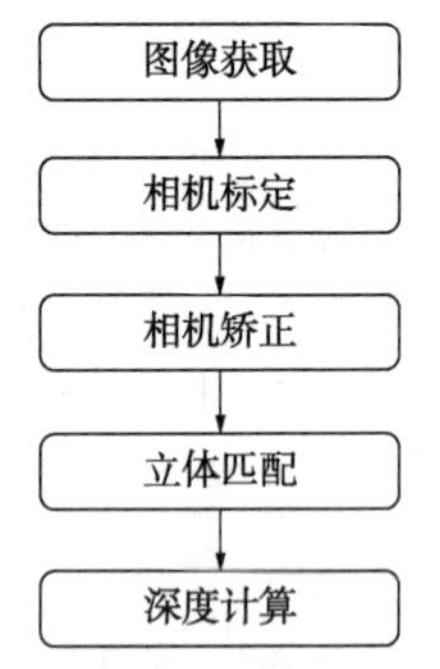

图 6-12 双目立体视觉技术

中获取物体的三维空间信息，我们首先要对双目摄像头进行标定，然后利用双目摄像机在同一时间不同角度拍摄所摄物体的两张图像，通过双目视觉校正和立体匹配算法将两幅图像中相同的二维空间像素点对应起来，最后根据视差原理，获取物体的三维几何信息。双目立体视觉的步骤如图 6-12 所示。

（1）图像获取

通过双目相机获取物体的数字图像来作为立体视觉的图像，在获取物体的视觉图像时双目相机一定要考虑到光线、相机性能等因素。

（2）相机标定

对双目相机的标定实现物体图像的三维构建的重要部分，对双目相机的标定，首先要将双目相机左右摄像头的参数进行标定，通过旋转矩阵 R 和平移矩阵 T 来计算左右摄像头之间的关系，如下式所示：

$$\begin{cases} R=R_{r}R_{l}T \\ T=T_{r}-RT_{l} \end{cases}$$

上式中，参数 R_{l}、R_{r} 表示双目相机的左右摄像头在设定的时间内对同一个标定物的旋转矩阵；T_{l}、T_{r} 表示物体的平移矩阵。

（3）相机矫正

通过双目相机的视差求物体距离时，由于相机的性能不同，需要对相机参数进行矫正。

（4）立体匹配

通过上述步骤后需要获取双目相机的视差，视差的获取依靠双目图像的立体匹配，立体匹配的好坏决定最后获取物体的深度信息的准确性。立体匹配主要是将双目相机左右摄像头拍摄物体图像的像素点进行匹配，根据物体图像的不同来获得视差图。目前常用的立体匹配算法有局部法和全局法，两种方法的最大区别是对图像的约束范围不同。

（5）深度计算

立体匹配已经获得了双目相机的视差，通过视差来获取物体的深度信息，视差计算物体 P 的深度信息如图 6-13 所示。

将双目相机的左右摄像头 O_L、O_R 与测量物体 P 构建成一个等边三角形，其中 B 为左右摄像头的距离，f 为两个摄像头的焦距。(X_L，Y_L)是左摄像头的坐标，(X_R，Y_R)为右摄像头的坐标，两个摄像头处于一个水平直线上，所以 $Y_L=Y_R$，根据三角测量原理得：

$$\begin{cases} X_L=f\dfrac{x_c}{z_c} \\ X_R=f\dfrac{(x_c-B)}{z_c} \\ Y=f\dfrac{y_c}{z_c} \end{cases}$$

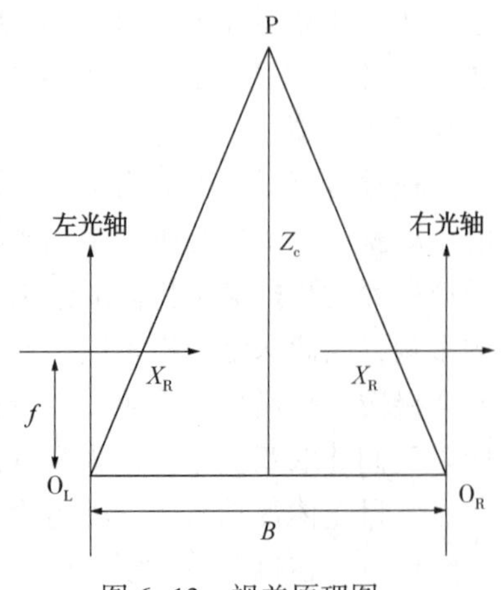

图 6-13 视差原理图

由上式可知，将视差 $D=X_L-X_R$ 带入公式中，得出物体 P 的三维坐标，并得出点 P 到左右摄像头水平线的垂直距离：

$$\begin{cases} x_c = \dfrac{BX_L}{D} \\ y_c = \dfrac{BY}{D} \\ z_c = \dfrac{Bf}{D} \end{cases}$$

其中，z_c 就为物体 P 距离摄像机中心连线的距离。

6.8　本章小结

本章主要介绍了机器人的自主导航，学习完本章你应该了解以下内容：

① 机器人自主导航的概念。

② 机器人自主导航的构成。

③ 机器人利用 SLAM 技术建图的流程，其中包括激光和视觉 SLAM 技术。

④ 机器人导航中自主定位算法的种类，了解 AMCL 算法的工作原理。

⑤ 常见路径规划算法的原理。

⑥ 机器人运动控制常用算法。

⑦ 了解传感器如何获取环境信息。

再次通过一个实例来阐述一下机器人导航各个模块之间的工作流程。如图 6-14 所示，假使机器人第一次来到东北石油大学，机器人想从 A 点学校主门运动到 B 点计算机学院。首先机器人必须获得一张东北石油大学的地图，可以利用 SLAM 技术构建全局地图，也可以利用 SLAM 技术实时构建地图(不确定因素较大)。机器人获得全局地图后，需规划出一条最优的路径从 A 点到达 B 点(需要全局和局部实时规划)，机器人开始从 A 点开始运动，需要利用传感器来感知环境(SLAM 技术中也需要传感器感知环境)，机器人利用环境信息数据通过自身定位算法来确定机器人在全局地图中自己所处的位置，直到机器人运动到 B 点，机器人自主导航结束。

图 6-14　东北石油大学俯瞰图

第七章　轮式机器人设计平台

7.1　简介

学习到当前阶段大家对 ROS 已经有一定的认知了，但是之前的内容更偏理论。通过相关仿真我们可以进一步验证轮式机器人 SLAM 的相关效果，但实体机器人环境与仿真环境有所偏差，一般会利用实际的机器人试验平台进一步地调试所开发的 SLAM 算法以及建图、导航效果。

本章将从实体轮式机器人进一步了解如何利用 ROS 开发 SLAM 相关知识。机器人系统是一套机电一体化的设备，机器人设计也是高度集成的系统性实现，为了给大家解答上述疑惑，方便机器人硬件的快速上手，本章去繁就简旨在从 0 到 1 地设计一款入门级、低成本、简单但又具备一定扩展性的两轮差速机器人，学习完本章内容之后，你甚至可以构建属于自己的机器人平台。由于多数的轮式机器人售价较为昂贵，读者可自己选择适合的硬件。

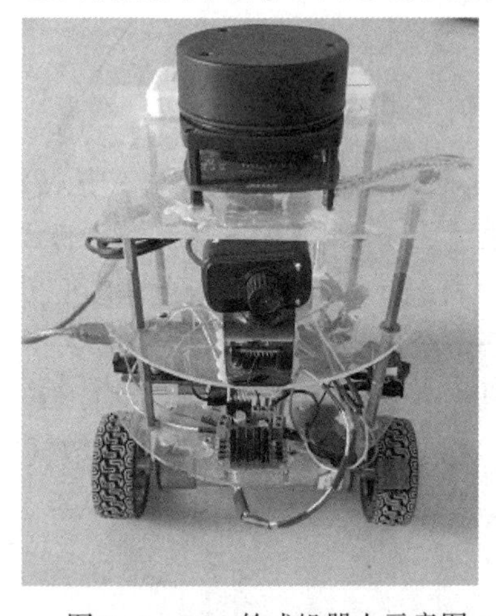

图 7-1　ROS 轮式机器人示意图

本章所设计的基于 ROS 系统的轮式机器人如图 7-1 所示。

机器人大致分为底层、工控机、上层传感器三部分，机器人底层为底盘，其主要作用为接收工控机传递的控制指令，以及向工控机反馈机器人的里程计信息。其硬件如图 7-2 所示，其中机器人底层控制板采用 Arduino mega2560，此单片机适合新手开发，但处理速度较慢，价格较贵，读者可选择 STM32 开发板来提升相关数据的处理速度；机器人底层电机控制板采用常见的 L298n，读者可参考相关硬件的知识进行连线；底层采用带编码器的减速电机来驱动机器人和获取里程计信息；此外对于底层的设计，包括电源、杜邦线、开关等，可自行添加。

图 7-2　机器人底层相关硬件

机器人的工控机采用树莓派 4b，如图 7-3 所示，其主要作用为处理里程计、激光雷达、视觉等信息，向机器人底层发送相关控制指令，以及运行相关 SLAM 算法，也可以说树莓派 4b 是整个机器人的大脑。

图 7-3　树莓派 4b

机器人的上层传感器如图 7-4 所示，包括思岚 A1 激光雷达和普通单目摄像头，其主要作用为采集周围环境信息。

图 7-4　上层传感器

机器人集成效果如图 7-5 所示。

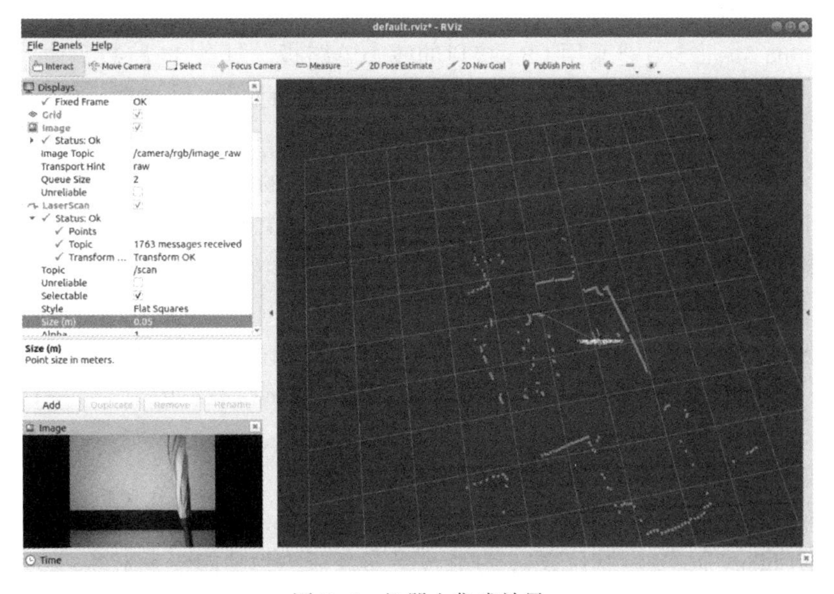

图 7-5　机器人集成效果

7.2 底层开发板设计

7.2.1 底层开发板选择

在构建差分轮式机器人平台时，驱动系统的常用实现有 STM32 或 Arduino，在此，我们选用后者，因为 Arduino 相较而言更简单、易于上手。Arduino 是一款便捷灵活、方便上手的开源电子原型平台。在它上面可以进行简单的电路控制设计，Arduino 能够通过各种各样的传感器来感知环境，通过控制灯光、马达和其他的装置来反馈、影响环境。

或多或少你可能听说过"集成电路"(又称"微电路""微芯片"或"芯片")这种概念，集成电路(Integratod Circuit)是一种微型电子器件或部件，通过集成电路再结合一些外围的电子元器件、传感器等，可以感知环境(温度、湿度、声音)，也可以影响环境(控制灯的开关、调节电机转速)。但是传统的集成电路应用比较繁琐，一般需要具备一定电子知识基础，并懂得如何进行相关的程序设计的工程师才能熟练使用，而 Arduino 的出现才使得以往高度专业的集成电路变得平易近人，Arduino 主要优点如下：

① 简单：在硬件方面，Arduino 本身是一款非常容易使用的印刷电路板。电路板上装有专用集成电路，并将集成电路的功能引脚引出方便我们外接使用。同时，电路板还设计有 USB 接口方便与电脑连接。

② 易学：只需要掌握 C/C++基本语法即可。

③ 易用：Arduino 提供了专门的程序开发环境 Arduino IDE，可以提高程序实现效率。

当前，Arduino 已经成为全世界电子爱好者电子制作过程中的重要选项之一。

Arduino 体系主要包含硬件和软件两大部分。硬件部分是可以用来做电路连接的各种型号的 Arduino 电路板(本章使用 arduino mega 2560)，软件部分则是 Arduino IDE。你只要在 IDE 中编写程序代码，将程序上传到 Arduino 电路板后，程序便会告诉 Arduino 电路板要做些什么了。

arduino mega 2560 引脚图如图 7-6 所示，Arduino Mega 2560 是基于 ATmega2560 的主控开发板。Arduino Mega2560 是采用 USB 接口的核心电路板。具备 54 路数字输入输出，适合需要大量 IO 接口的设计。处理器核心是 ATmega2560，同时具备 54 路数字输入/输出口，16 路模拟输入，4 路 UART 接口，一个 16MHz 晶体振荡器，一个 USB 口，一个电源插座，一个 ICSP header 和一个复位按钮。板上有支持一个主控板的全部资源。Arduino Mega2560 也能兼容为 Arduino NUO 设计的扩展板。能够自动选择 3 种供电方式：外部直流电源经过电源插座供电；电池链接电源链接器的 GND 和 VIN 引脚；USB 接口直流供电。具体参数请参考 arduino mega 2560 说明书。

要想实现对 arduino mega 2560 单片机的开发，首先要搭载 arduino 开发环境，安装 Arduino IDE，本章采用 Linux 系统安装开发环境，与 Windows 有所区别，如果读者采用虚拟机下的 Linux 安装，请参考其他教程。

Arduino IDE 安卓流程如下：

① 在官网下载 arduino ide 安装包，网址为：https：//www. arduino. cc/en/Main/Software。选择合适版本(Linux 版本+电脑位数)，建议安装最新版本，功能较为完善。

② 对安装包进行解压：tar-xvf arduino-1. x. y-linux64. tar. xz。

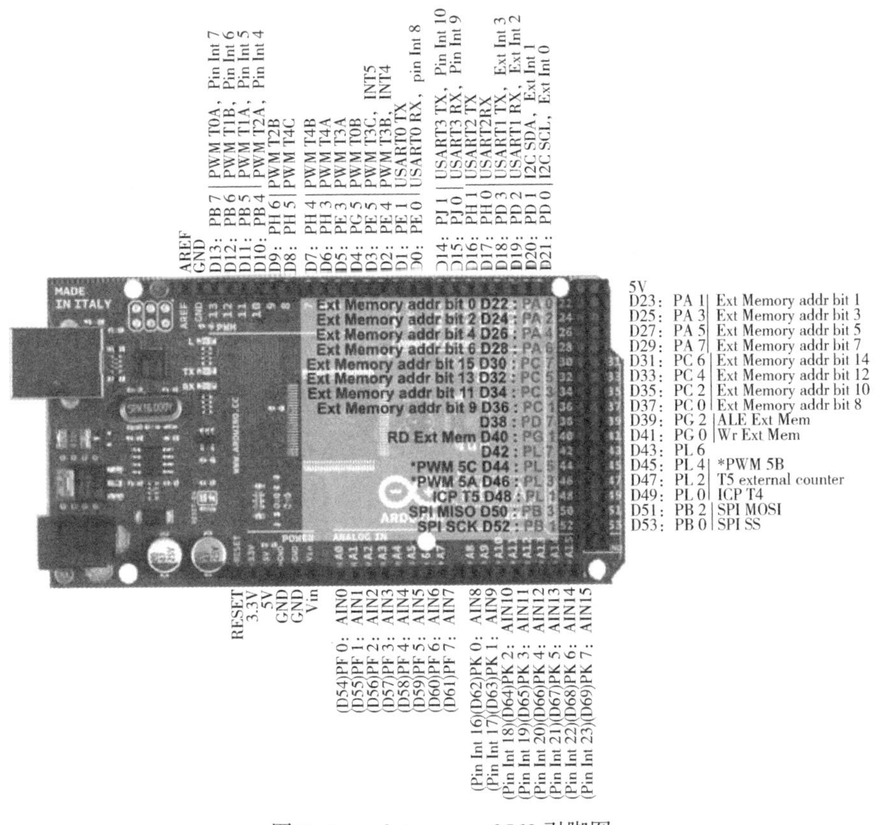

图 7-6 arduino mega 2560 引脚图

③ 将解压后的文件移动到/opt 下：sudo mv arduino-1. x. y/opt。

④ 进入安装目录，对 install. sh 添加可执行权限，并执行安装：

sudo chmod+x install. sh

sudo. /install. sh

⑤ 将 arduino mega 2560 单片机通过下载线与电脑连接，找到串口名称，并更改串口的读写权限。

⑥ 打开 Arduino IDE，将点灯实例下载到单片机中，判断是否安装成功。

7.2.2 Arduino 语言基础

Arduino 使用 C++/C++编写程序，虽然 C++兼容 C 语言，但这是两种语言，C 语言是一种面向过程的编程语言，C++是一种面向对象的编程语言。早期的 Arduino 核心库使用 C 语言编写，后来引进了面向对象的思想，目前最新的 Arduino 核心库采用 C 与 C++混合编写而成。

通常我们说的 Arduino 语言，是指 Arduino 核心库文件提供的各种应用程序编程接口(ApplicaTIon Programming Interface，API)的集合。这些 API 是对更底层的单片机支持库进行二次封装所形成的。例如，使用 AVR 单片机的 Arduino 的核心库是对 AVR-Libc(基于 GCC 的 AVR 支持库)的二次封装。

对 Arduino 的开发相比于其他单片机，更容易上手，不需要清楚单片机的存储方式，如果你对 C 语言较为熟练，有助于本章的学习，下文将简单阐述一下 Arduino 开发的基本语句，如想深入了解，请参考相关 Arduino 开发书籍。Arduino 核心语言结构如下：

7.2.2.1 程序结构

一个 Arduino 程序分为两大部分：setup( ) 与 loop( ) 函数。

void setup( )：在这个函数里初始化 Arduino 的程序，使主循环程序在开始之前设置好相关参数，初始化变量、设置针脚的输出/输入类型、设置波特率……。该函数只会在上电或重启时执行一次。

void loop( )：这是 Arduino 的主函数。这套程序会一直重复执行，直到电源被断开。

7.2.2.2 常量

在 Arduino 中封装了一些常用常量，比如：

（1）HIGH | LOW(引脚电压定义)

（2）INPUT|OUTPUT(数字引脚(Digital pins)定义)

（3）true | false(逻辑层定义)

7.2.2.3 通信_Serial

Serial 用于 Arduino 控制板和一台计算机或其他设备之间的通信。可以使用 Arduino IDE 内置的串口监视器与 Arduino 板通信。点击工具栏上的串口监视器按钮，调用 begin( ) 函数(选择相同的波特率)。常用 Serial 语句如下：

（1）Serial. begin( )初始化串口波特率

描述：将串行数据传输速率设置为位/秒(波特)。与计算机进行通信时，可以使用这些波特率：300，1200，2400，4800，9600，14400，19200，28800，38400，57600 或 115200。当然可以指定其他波特率，例如，引脚 0 和 1 和一个元件进行通信，它需要一个特定的波特率。

语法：Serial. begin(speed)

参数：speed：位/秒(波特)-long

返回：无

（2）Serial. print( )从串口打印输出数据

描述：以人们可读的 ASCII 文本形式打印数据到串口输出。此命令可以采取多种形式。每个数字的打印输出使用的是 ASCII 字符。浮点型同样打印输出的是 ASCII 字符，保留到小数点后两位。Bytes 型则打印输出单个字符。字符和字符串原样打印输出。Serial. print( ) 打印输出数据不换行，Serial. println( )打印输出数据自动换行处理。

语法：Serial. print(val)

参数：val 为打印输出的值(任何数据类型)。

返回：字节 print( )将返回写入的字节数，但是否使用(或读出)这个数字是可设定的。

（3）Serial. println( )

描述：打印输出数据自动换行处理。参考 Serial. print( )；

（4）Serial. available( )

描述：获取从串口读取有效的字节数(字符)。这是已经传输到，并存储在串行接收缓冲区(能够存储 64 个字节)的数据。available( )继承了 Stream 类。

语法：Serial. available( )

参数：无。

返回：可读取的字节数。

(5) Serial. read()

描述：读取传入的串口的数据。read()继承自 Stream 类。

语法：serial. read()

参数：无。

返回：传入的串口数据的第一个字节(或-1，如果没有可用的数据)。

7.2.2.4 函数_数字 IO

(1) pinMode()

描述：将指定的引脚配置成输出或输入模式。

语法：pinMode(pin，mode)

参数：pin 为要设置模式的引脚，mode 为 INPUT 或 OUTPUT。

返回：无。

(2) digitalWrite()

描述：给一个数字引脚写入 HIGH(1)或者 LOW(0)。

语法：digitalWrite(pin，value)

参数：pin 为引脚，value 的值为 HIGH(1)或者 LOW(0)。

返回：无。

(3) digitalRead()

描述：读取指定引脚的值，引脚值为 HIGH 或 LOW。

语法：digitalRead(pin)

参数：pin 为读取的引脚号(一般用 int 定义)。

返回：HIGH 或 LOW

注意：如果引脚悬空，digitalRead()会返回 HIGH 或 LOW(随机变化)。

7.2.2.5 函数_模拟 IO

(1) analogWrite()PWM

描述：从一个引脚输出模拟值(PWM)。可用于让 LED 以不同的亮度点亮或驱动电机以不同的速度旋转。analogWrite()输出结束后，该引脚将产生一个稳定的特殊占空比方波，直到下次调用 analogWrite()(或在同一引脚调用 digitalRead()或 digitalWrite())。PWM 信号的频率大约是 490Hz。

在大多数 Arduino 板(ATmega168 或 ATmega328)，只有引脚 3，5，6，9，10 和 11 可以实现该功能。在 Aduino Mega 上，引脚 2 到 13 可以实现该功能。老的 Arduino 板(ATmega8)只有引脚 9、10、11 可以使用 analogWrite()。在使用 analogWrite()前，你不需要调用 pinMode()来设置引脚为输出引脚。

语法：analogWrite(pin，value)

参数：pin 为用于输入数值的引脚。value 为占空比，0(完全关闭)到 255(完全打开)之间。

返回：无。

7.2.2.6 函数_时间

(1) delay()

描述：使程序暂定设定的时间(单位毫秒，1s=1000ms)。

语法：delay(ms)

参数：ms 暂停的毫秒数(unsigned long)。

返回：无。

(2) millis()

描述：返回 Arduino 开发板从运行当前程序开始的毫秒数。这个数字将在约 50 天后溢出(归零)。

参数：无。

返回：返回从运行当前程序开始的毫秒数(无符号长整数)。

7.2.2.7 函数_中断

(1) attachInterrupt()

描述：当发生外部中断时，调用一个指定函数。当中断发生时，该函数会取代正在执行的程序。大多数的 Arduino 板有两个外部中断：0(数字引脚 2)和 1(数字引脚 3)，Arduino Mega2560 还有其他四个外部中断：数字 2(引脚 21)，3(引脚 20)，4(引脚 19)，5(引脚 18)。

语法：attachInterrupt(interrupt，function，mode)

参数：interrupt 为中断引脚数，function 为中断发生时调用的函数，此函数必须不带参数和不返回任何值。该函数有时被称为中断服务程序。mode 定义何时发生中断以下四个 contstants 预定有效值：

LOW：当引脚为低电平时，触发中断。

CHANGE：当引脚电平发生改变时，触发中断。

RISING：当引脚由低电平变为高电平时，触发中断。

FALLING：当引脚由高电平变为低电平时，触发中断。

返回：无。

注意事项：当中断函数发生时，delay()和 millis()的数值将不会继续变化。当中断发生时，串口收到的数据可能会丢失。你应该声明一个变量以在未发生中断时储存变量。

(2) noInterrupts()(禁止中断)

描述：禁止中断(重新使能中断 interrupts())。中断允许在后台运行一些重要任务，默认使能中断。禁止中断时部分函数会无法工作，通信中接收到的信息也可能会丢失。中断会稍影响计时代码，在某些特定的代码中也会失效。

参数：无。

返回：无。

(3) interrupts()(中断)

描述：重新启用中断(使用 noInterrupts()命令后将被禁用)。中断允许一些重要任务在后台运行，默认状态是启用的。禁用中断后一些函数可能无法工作，并传入信息可能会被忽略。中断会稍微打乱代码的时间，但是在关键部分可以禁用中断。

参数：无。

返回：无。

Arduino 的 API 还有很多，但是受于篇幅限制，当前只是简单介绍了和本教程相关的一些 API 实现。在进行设计机器人运动底盘时，需要读者了解 IDE 开发环境中串口监视器和串口绘图器的使用，请读者利用单片机对此进行试验。

7.3　电机驱动设计

在设计机器人底盘时，电机驱动部分是核心，其主要作用是驱动整个机器人的运动。在机器人架构中，如果要实现机器人移动，其中一种实现策略是：控制系统会先发布预期的车辆速度信息，然后驱动系统订阅到该信息，不断调整电机转速直至达到预期速度，调速过程中还需要时时获取实际速度并反馈给控制系统，控制系统会计算实际位移并生成里程计信息。

在上述流程中，控制系统（ROS 端）其实就是典型的发布和订阅实现，而具体到驱动系统（Arduino）层面，需要解决的问题有如下几点：

① 一个周期伊始，Arduino 如何订阅控制系统发布的速度相关信息？

② 一个周期结束，Arduino 如何发布实际速度相关信息到控制系统？

③ 一个周期之中，Arduino 如何驱动电机（正传、反转）？

④ 一个周期之中，Arduino 如何实现电机测速？

⑤ 一个周期之中，Arduino 如何实现电机调速？

在整个闭环实现中，前两个问题涉及驱动系统与控制系统的通信，其中控制系统会将串口通信的相关实现封装，暂时不需要关注，而 Arduino 端数据的接收与发送都可以通过之前介绍的 Serial 相关 API 实现，本节主要介绍后面三个问题的解决方式也即电机基本控制、电机测速以及电机调速实现。

7.3.1　电机与电机驱动板

如果要通过 Arduino 实现电机相关操作（比如：转向控制、转速控制、测速等），那么必须先具备两点前提知识：

① 需要简单了解电机类型、机械结构以及各项参数，这些是和机器人的负载、极限速度、测速结果等休戚相关的；

② 需要选配合适的电机驱动板，因为 Arduino 的输出电流不足以直接驱动电机，需要通过电机驱动板放大电机控制信号。

由前面可知我们的机器人平台使用的电机为带编码器的直流减速电机，电机驱动板为基于 L298n 实现的电路板。接下来就分别介绍这两个模块。

7.3.1.1　带编码器的直流减速电机

本章采用的电机型号为 JGB37-520，如图 7-7 所示，电机主要分为减速箱、电机主体和编码器三部分。其中电机主体通过输入轴与减速箱相连接，通过减速箱的减速效果，最终外端的输出轴会按照比例（取决于减速箱减速比）降低电机输入轴的转速，当然速度降低之后，将提升电机的力矩。尾部是 AB 相霍尔编码器，通过 AB 编码器输出的波形图，可以判断电机的转向以及计算电机转速。

图 7-7　JGB37-520 电机

此外即便电机型号和外观相同，具体参数也可能存在差异，需要了解自己购买的电机型号参数，具体参数包括额定电压、额定电流、额定功率、额定扭矩、减速比、减速前转速、减速后转速和编码器精度等。其中主要参数如下：

① 额定扭矩：额定扭矩和机器人质量以及有效负荷相关，二者正比例相关，额定扭矩越大，可支持的机器人质量以及有效负荷越高；

② 减速比：电机输入轴与输出轴的减速比例，例如减速比为 90，意味着电机主体旋转 90 圈，输出轴旋转 1 圈。

③ 减速后转速：与减速比相关，是电机减速箱输出轴的转速，单位是 r/min（转/分），减速后转速与减速前转速存在转换关系：减速后转速＝减速前转速/减速比。另外，可以根据官方给定的额定功率下的减速后转速结合车轮参数来确定小车最大速度。

④ 编码器精度：是指编码器旋转一圈单相（当前编码器有 AB 两相）输出的脉冲数；电机输入轴旋转一圈的同时，编码器旋转一圈，如果输出轴旋转一圈，那么编码器的旋转圈数和减速比一致（比如减速比是 90，那么输出轴旋转一圈，编码器旋转 90 圈）。编码器输出的脉冲数计算公式则是：输出轴旋转一圈产生的脉冲数＝减速比×编码器旋转一圈发送的脉冲数（比如：减速比为 90，编码器旋转一圈输出 11 个脉冲，那么输出轴旋转一圈总共产生 11×90 也即 990 个脉冲）。

⑤ 编码器参数：一般编码器有六个参数，M1 为电机电源正极（和 M2 对调可以正反转）；GND 为编码器电源负极；C2、C1 为编码器信号线；VCC 为编码器电源正极；M2 为电机电源负极（和 M1 对调可以正反转）。

7.3.1.2 电机驱动板

电机驱动板可选型号较多，比如：TB6612、L298N、L298P、迷你 L298N2 路直流电机驱动板等，但是这些电机驱动板与电机相连时，需要使用杜邦线，接线会显得凌乱，希望读者在设计时应排线合理。由前文知，本章设计所采用的 L298N 驱动板，具体参数如下：

① 驱动芯片：L298N 双 H 桥直流电机驱动芯片。

② 驱动部分端子供电范围：5~35V；如需要板内取电，则供电范围 7~35V。

③ 驱动部分峰值电流：2A。

④ 逻辑部分端子供电范围：5~7V（可板内取电 5V）。

⑤ 逻辑部分工作电流范围：0~36mA。

⑥ 控制信号输入电压范围：IN1 IN2 IN3 IN4 的 IO 口拉高拉低的电压范围，低电平：-0.3V≤Vin≤1.5V，高电平：2.3V≤Vin≤Vss

⑦ 使能信号输入电压范围：ENA ENB 即 PWM 的高低电平范围：低电平：-0.3≤Vin≤1.5V（控制信号无效），高电平：2.3V≤Vin≤Vss（控制信号有效）。

7.3.1.3 底盘安装

利用杜邦线集成电池、Arduino mega2560、L298N 电机驱动板与电机集成机器人底盘，具体连线请按照后续代码连接。

7.3.2 电机基本控制实现

在 ROS 智能车中，控制车辆的前进、后退以及速度调节，那么就涉及电机的转向与转速控制，本节主要就是介绍相关知识点。首先调试单个电机，具体操作如下：控制单个电机转动，先控制电机以某个速率正向转动 *N* 秒，再让电机停止 *N* 秒，再控制电机以某个速率逆向转动 *N* 秒，如此循环。

首先编写 Arduino 程序，setup 中设置引脚模式，loop 中控制电机运动；下载到单片机中并查看运行结果。具体代码如程序清单 7.1 所示。

程序清单 7.1：

```
#define LEFT_PWM 4  //左电机使能
#define LEFT_A 5  //左电机前进
#define LEFT_B 6  //左电机后退

void setup() {
    pinMode(LEFT_PWM,OUTPUT);
    pinMode(LEFT_A,OUTPUT);
    pinMode(LEFT_B,OUTPUT);
}

void loop() {
    digitalWrite(LEFT_A,HIGH);
    digitalWrite(LEFT_B,LOW);
    analogWrite(LEFT_PWM,100);
    delay(3000);

    digitalWrite(LEFT_A,HIGH);
    digitalWrite(LEFT_B,LOW);
    analogWrite(LEFT_PWM,0);
    delay(3000);

    digitalWrite(LEFT_A,LOW);
    digitalWrite(LEFT_B,HIGH);
    analogWrite(LEFT_PWM,100);
    delay(3000);
}
```

上述代码中，首先连接电机电线，左电机的 M1 与 M2 对应的是引脚 5、6，引脚 4 连接 L298N，引脚 5、6 控制转向，引脚 4 输出 PWM。在 setup 中设置引脚为输出模式，在 loop 中控制电机转动。可以通过设置 PWM 的值控制电机的转速。

7.3.3 电机测速

测速实现是调速实现的前提，本节主要介绍 AB 相增量式编码器测速原理。编码器(encoder)是将信号(如比特流)或数据进行编制、转换为可用以通信、传输和存储的信号形式的设备。编码器把角位移或直线位移转换成电信号，前者称为码盘，后者称为码尺。按照读出方式编码器可以分为接触式和非接触式两种；按照工作原理编码器可分为增量式和绝对式两类。增量式编码器是将位移转换成周期性的电信号，再把这个电信号转变成计数脉冲，用脉冲的个数表示位移的大小。绝对式编码器的每一个位置对应一个确定的数字码，因此它的示值只与测量的起始和终止位置有关，而与测量的中间过程无关。

关于编码器相关概念简单了解即可，在此需要着重介绍的是 AB 相增量式编码器测速原理如图 7-8 所示。AB 相编码器主要构成为 A 相与 B 相，每一相每转过单位的角度就发出一个脉冲信号(一圈可以发出 N 个脉冲信号)，A 相、B 相为相互延迟 1/4 周期的脉冲输出，根据延迟关系可以区别正反转，而且通过取 A 相、B 相的上升和下降沿可以进行单频或 2 倍频或 4 倍频测速。

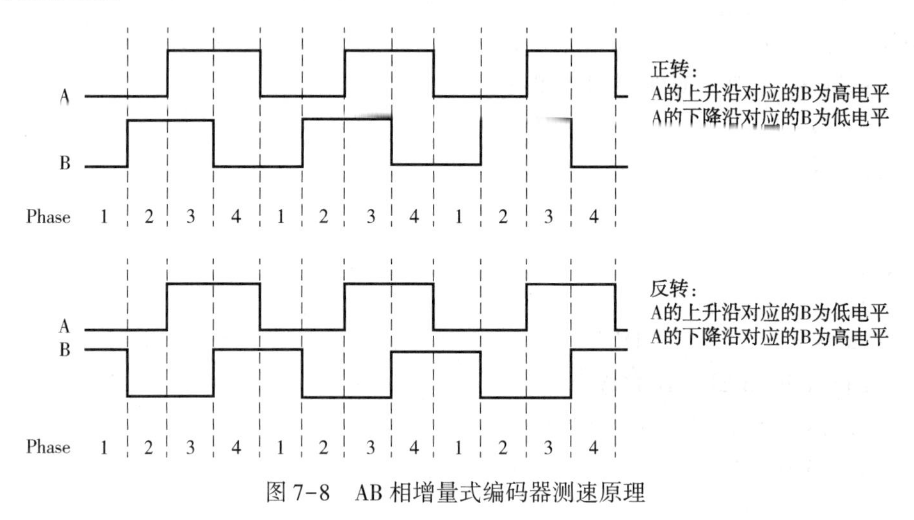

图 7-8 AB 相增量式编码器测速原理

本章所采用的减速电机编码器旋转 1 圈输出 11 个脉冲，减速比为 30。单倍频和双倍频计数不过多叙述，四倍频计数核心代码如程序清单 7.2 所示。

程序清单 7.2：

```
int count=0;
if(B 为高电平){
    count++;
}else {
    count--;
}
if(B 为低电平){
    count++;
}else {
    count--;
}
if(A 为低电平){
    count++;
} else {
    count--;
}
```

```
if(A 为高电平){
    count++;
} else {
    count--;
}
```

上述代码中，首先设置一个计数器变量 count，当 A 相为上升沿时，如果 B 相为高电平，计数加一，否则减一；当 A 相为下降沿时，如果 B 相为低电平，计数加一，否则减一；当 B 相为上升沿时，如果 A 相为高电平，计数加一，否则减一；当 B 相为下降沿时，如果 A 相为低电平，计数加一，否则减一。

利用编码器四倍频测量电机转速时，先用统计单位时间内 4 倍频的方式统计脉冲数，再除以一圈对应的脉冲数，最后再除以时间所得即为电机转速。计数时，需要在 A 相或 B 相的上升沿或下降沿触发时，实现计数，在此需要使用中断引脚与中断函数。由前文可知，Arduino Mega 2560 的中断引脚包括 2(interrupt 0)，3(interrupt 1)，18(interrupt 5)，19(interrupt 4)，20(interrupt 3)，21(interrupt 2)五个针脚。

四倍频计速流程如下：

① 编写 Arduino 程序先实现脉冲数统计；

② 编写 Arduino 程序再实现转速计算相关实现；

③ 上传到 Arduino 并测试。

四倍频电机计速代码如程序清单 7.3 所示。

程序清单 7.3：

```
int motor_A=21;//中端口是 2
int motor_B=20;//中断口是 3
volatile int count=0;//如果是正转,计数自增 1,如果是反转,计数自减 1
int reducation=30;//减速比,根据电机参数设置
int pulse=11;//编码器旋转一圈产生的脉冲数
int per_round=pulse * reducation * 4;//车轮旋转一圈产生的脉冲数
long start_time=millis();//一个计算周期的开始时刻
long interval_time=50;//一个计算周期 50ms
double current_vel;//实时速度

void get_current_vel(){//获取当前转速的函数
  long right_now=millis();
  long past_time=right_now - start_time;
  if(past_time >=interval_time){
    noInterrupts();
    current_vel=(double)count / per_round / past_time * 1000 * 60;
    count=0;
    start_time=right_now;
    interrupts();
```

```
        Serial.println(current_vel);
    }
}

voidcount_A(){//编码器二倍频计数
    if(digitalRead(motor_A)==HIGH){
        if(digitalRead(motor_B)==HIGH){
            count++;
        } else {
            count--;
        }
    } else {
        if(digitalRead(motor_B)==LOW){
            count++;
        } else {
            count--;
        }
    }
}

void count_B(){//编码器四倍频计数
    if(digitalRead(motor_B)==HIGH){
        if(digitalRead(motor_A)==LOW){
            count++;
        } else {
            count--;
        }
    } else {
        if(digitalRead(motor_A)==HIGH){
            count++;
        } else {
            count--;
        }
    }
}
void setup() {
    Serial.begin(57600);
    pinMode(motor_A,INPUT);
    pinMode(motor_B,INPUT);
```

```
    attachInterrupt(2,count_A,CHANGE);//当电平发生改变时触发中断函数
    attachInterrupt(3,count_B,CHANGE);
}
void loop() {
    delay(10);
    get_current_vel();
}
```

上述代码中，首先编码器的 A、B 相分别连接单片机的 21(中断口 2)和 20(中断口 3)引脚；定义编码器计数变量 count，如果是正转，那么每计数一次自增 1，如果是反转，那么每计数一次自减 1；定义 reducation(减速比)、pulse(编码器脉冲参数)、per_round(一圈脉冲数)、start_time(计算周期的开始时刻)、interval_time(计算周期)和 current_vel(实时速度变量)。具体计算速度思想在于需要定义一个开始时间(用于记录每个测速周期的开始时刻)，还需要定义一个时间区间(比如 50 毫秒)，时时获取当前时刻，当当前时刻-上传结束时刻>=时间区间时，就获取当前计数并根据测速公式计算时时速度，计算完毕，计数器归零，重置开始时间。当使用中断函数中的变量时，需要先禁止中断 noInterrupts()，调用完毕，再重启中断 interrupts()。

最后将代码下载至 Arduino 单片机中，打开出口监视器，手动旋转电机，可以查看到转速信息。

7.3.4　电机 PID 调速

速度信息可以以 m/s 为单位，或者也可以转换成转速 r/s，而电机的转速是由 PWM 脉冲宽度来控制的，如何根据速度信息量化成合适的 PWM 值是 ROS 机器人精确移动的关键。例如要求将机器人速度调整至 10km/h，那么应该如何向电机输出 PWM 值？目前调速实现策略有多种，其中 PID 算法较为常用。

PID，就是“比例(proportional)、积分(integral)、微分(differential)”，是一种很常见的控制算法。在工程实际中，应用最为广泛的调节器控制规律为比例、积分、微分控制，简称 PID 控制，又称 PID 调节。它以其结构简单、稳定性好、工作可靠、调整方便而成为工业控制的主要技术之一。PID 具体公式如下：

$$\mu(t)=K_{\mathrm{p}}e(t)+K_{\mathrm{I}}\int_{0}^{t}e(t)\mathrm{d}t+K_{\mathrm{D}}\frac{\mathrm{d}e(t)}{\mathrm{d}t}$$

上式中，$e(t)$作为 PID 控制的输入；$\mu(t)$作为 PID 控制器的输出和被控对象的输入；K_{p} 为 PID 控制器的比例系数；K_{I} 为 PID 控制器的积分时间，也称积分系数；K_{D} 为 PID 控制器的微分时间，也称微分系数。

比例项部分(P)其实就是对预设值和反馈值差值的放大倍数。举个例子，假如原来电机两端的电压为 U_0，比例 P 为 0.2，输入值是 800，而反馈值是 1000，那么输出到电机两端的电压应变为 $U_0+0.2*(800-1000)$，从而达到了调节速度的目的。显然比例 P 越大时，电机转速回归到输入值的速度将更快，调节灵敏度就越高。从而，加大 P 值，可以减少从非稳态到稳态的时间。但是同时也可能造成电机转速在预设值附近振荡的情形，所以又引入积分 I 解决此问题。

积分项部分(I)其实就是对预设值和反馈值之间的差值在时间上进行累加。当差值不是

很大时，为了不引起振荡。可以先让电机按原转速继续运行。当时要将这个差值用积分项累加。当这个和累加到一定值时，再一次性进行处理，从而避免了振荡现象的发生。可见，积分项的调节存在明显的滞后。而且 I 值越大，滞后效果越明显。

微分项部分(D)其实就是求电机转速的变化率。也就是前后两次差值的差而已。也就是说，微分项是根据差值变化的速率，提前给出一个相应的调节动作。可见微分项的调节是超前的。并且 D 值越大，超前作用越明显。可以在一定程度上缓冲振荡。比例项的作用仅是放大误差的幅值，而目前需要增加的是"微分项"，它能预测误差变化的趋势，这样，具有比例+微分的控制器，就能够提前使抑制误差的控制作用等于零，甚至为负值，从而避免了被控量的严重超调。

PID 控制原理框架图如图 7-9 所示，PID 闭环控制实现是结合了比例、积分和微分的一种控制机制，通过 P 可以以比例的方式计算输出，通过 I 可以消除稳态误差，通过 D 可以减小系统震荡，三者相结合，最终是要快速、精准且稳定地达成预期结果，而要实现该结果，还需要对这三个数值反复测试、调整。

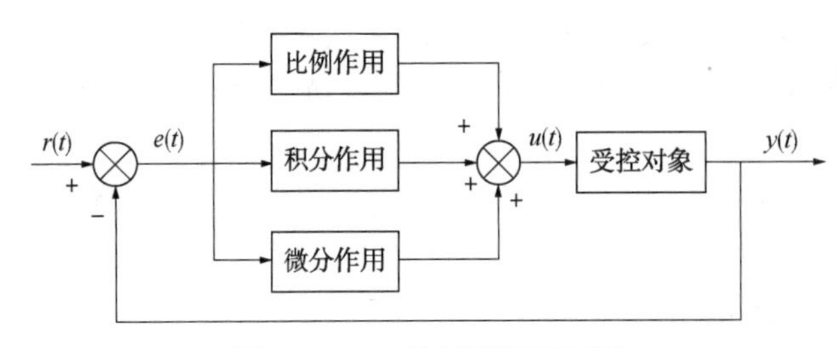

图 7-9　PID 控制原理框架图

了解了 PID 原理以及计算公式之后，我们可以在程序中自实现 PID 相关算法。在 Arduino 中已经将该算法进行封装，可以直接调用，从而提高程序的安全性与开发效率。该库是 Arduino-PID-Library，接下来通过一个 PID 控制电机转速为 100r/min 案例演示该库的使用。具体实现流程如下：

(1) 下载与添加 Arduino-PID-Library 库文件

首先下载 Arduino-PID-Library 库文件，然后将该文件夹移动到 Arduino 目录中 libraries 文件下，最后重启 Arduino IDE 开发环境。

(2) 编写案例代码

PID 调速中，测速是实现闭环的关键，所以需要复制之前的电机控制代码以及测速代码。案例具体代码如程序清单 7.4 所示。

程序清单 7.4:

```
#include <PID_v1.h>


int LA=4;
int LB=5;
int PWMA=6;


int motor_A=21;
```

```
int motor_B=20;
volatile int count=0;

void count_A(){
  if(digitalRead(motor_A)= =HIGH){
    if(digitalRead(motor_B)= =HIGH){
      count++;
    } else {
      count--;
    }
  } else {
    if(digitalRead(motor_B)= =LOW){
      count++;
    } else {
      count--;
    }
  }
}

void count_B(){
  if(digitalRead(motor_B)= =HIGH){
    if(digitalRead(motor_A)= =LOW){
      count++;
    } else {
      count--;
    }
  } else {
    if(digitalRead(motor_A)= =HIGH){
      count++;
    } else {
      count--;
    }
  }
}

int reducation=30;
int pulse=11;
int per_round=pulse * reducation * 4;
long start_time=millis();
```

```
long interval_time=50;
double current_vel;

void get_current_vel(){
  long right_now=millis();
  long past_time=right_now - start_time;
  if(past_time >=interval_time){
    nointerrupts();
    current_vel=(double)count / per_round / past_time * 1000 * 60;
    count=0;
    start_time=right_now;
    interrupts();
    Serial.println(current_vel);
  }
}
//----------------------------PID----------------------------
double pwm;//电机驱动的PWM值
double target=100;//电机目标值
double kp=2,ki=3.0,kd=0.1;//PID参数
PID pid(&current_vel,&pwm,&target,kp,ki,kd,DIRECT);

void update_vel(){//速度更新函数
  get_current_vel();//获取当前速度
  pid.Compute();//计算需要输出的PWM
  digitalWrite(LA,HIGH);
  digitalWrite(LB,LOW);
  analogWrite(PWMA,pwm);
}

void setup() {
  Serial.begin(57600);
  pinMode(20,INPUT);
  pinMode(21,INPUT);
  pinMode(LA,OUTPUT);
  pinMode(LB,OUTPUT);
  pinMode(PWMA,OUTPUT);

  attachInterrupt(2,count_A,CHANGE);
  attachInterrupt(3,count_B,CHANGE);
```

```
  pid.SetMode(AUTOMATIC);
}

void loop() {
  delay(10);
  update_vel();
}
```

上述代码中，首先调用 PID 算法头文件，然后创建 PID 对象，在 setup 中启用 PID 自动控制，最后计算输出值 pid.Compute()。

（3）PID 调试

在 Arduino 中响应曲线的查看可以借助于 Serial.println()将结果输出，然后在选择菜单栏的工具下串口绘图器以图形化的方式显示响应结果。PID 控制的最终预期结果，是要快速、精准、稳定地达成预期结果，P 主要用于控制响应速度，I 主要用于控制精度，D 主要用于减小振荡增强系统稳定性，三者的取值是需要反复调试的，调试过程中需要查看系统的响应曲线，根据响应曲线以确定合适的 PID 值。

PID 参数调试技巧如下：

参数整定找最佳，从小到大顺序查。
先是比例后积分，最后再把微分加。
曲线振荡很频繁，比例度盘要放大。
曲线漂浮绕大弯，比例度盘往小扳。
曲线偏离恢复慢，积分时间往下降。
曲线波动周期长，积分时间再加长。
曲线振荡频率快，先把微分降下来。
动差大来波动慢。微分时间应加长。
理想曲线两个波，前高后低 4 比 1。
一看二调多分析，调节质量不会低。

7.4 底盘实现

为了实现机器人底盘与上位机(树莓派)的数据交换，在 ros 中还提供了一个已经封装了的模块：ros_arduino_bridge，该模块由下位机驱动和上位机控制两部分组成，通过该模块可以更为快捷、方便地实现自己的机器人平台。ros_arduino_bridge 中所需硬件不易购买，需要修改源码适配当前硬件的配置。

ros_arduino_bridge 中包含 Arduino 库和用来控制 Arduino 的 ROS 驱动包，它旨在成为在 ROS 下运行 Arduino 控制的机器人的完整解决方案。其中当前主要关注的是功能包集中一个兼容不同驱动的机器人的基本控制器(base controller)，它可以接收 ROS Twist 类型的消息，可以发布里程计数据。ros_arduino_bridge 功能包具有如下优点：

① 可以直接支持声呐和红外线传感器；
② 可以从通用的模拟和数字信号的传感器读取数据；
③ 可以控制数字信号的输出；

④ 可以支持 PWM 伺服机；

⑤ 可以配置自己所需硬件的基本功能；

⑥ 可以支持 Python 等语言自由的编写代码来满足所需硬件要求。

最值得注意的是，由于官方提供的部分硬件不易采购，需要修改下位机程序，以适配当前硬件。同时如果只是安装调试下位机，那么不必安装 ROS 系统，只要有 Arduino 开发环境即可；而上位机调试，适用于 ROS Indigo 及更高版本，但是暂不支持最新版本 noetic，所以上位机需要使用其他版本的 ROS(建议安装 melodic 版本)。

在工作空间下载 ros_arduino_bridge 功能包，功能包目录结构图如图 7-10 所示，目录结构虽然复杂，但是关注的只有两个文件 ROSArduinoBridge 和 arduino_params. yaml。ROSArduinoBridge 是 Arduino 端的固件包实现，需要修改并上传至 Arduino mega2560 电路板；arduino_params. yaml 是 ROS 端的一个配置文件，相关驱动已经封装完毕，我们只需要修改配置信息即可。整体而言，借助于 ros_arduino_bridge 可以大大提高我们的开发效率。

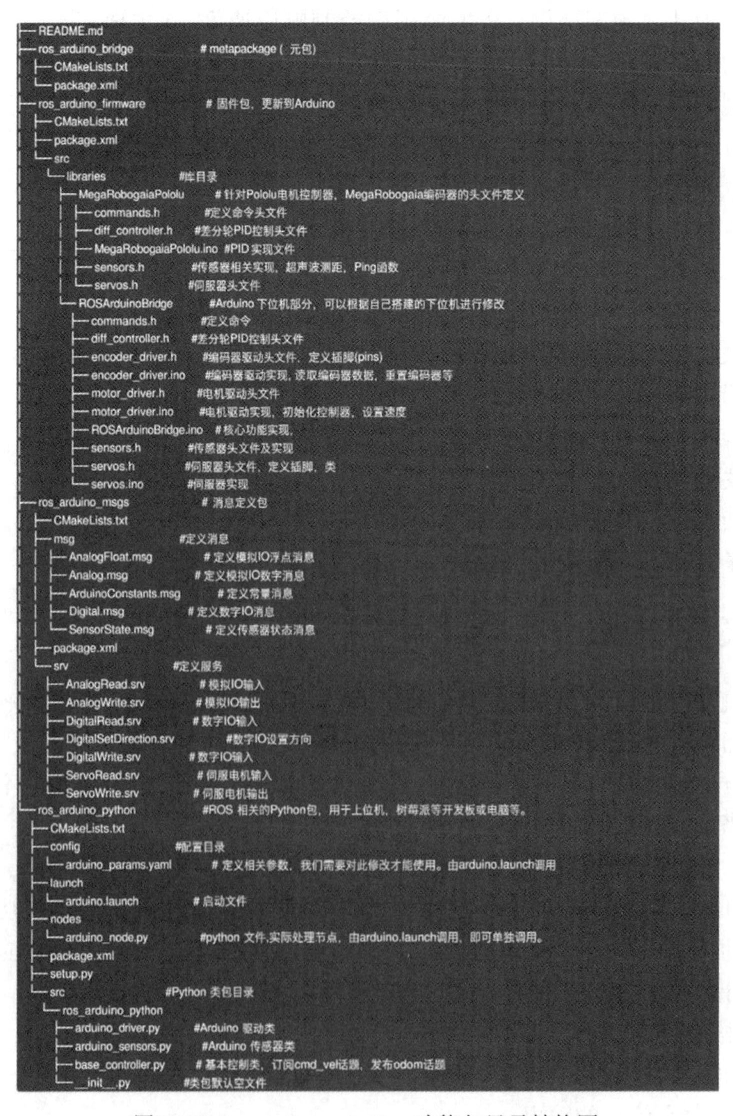

图 7-10 ros_arduino_bridge 功能包目录结构图

基于 ros_arduino_bridge 的底盘实现具体步骤如下：

① 了解并修改 Arduino 端程序主入口 ROSArduinoBridge. ino 文件；

② Arduino 端添加编码器驱动；

③ Arduino 端添加电机驱动模块；

④ Arduino 端实现 PID 调试。

利用 ros_arduino_bridge 功能包开发 ROS 机器人底盘的具体流程请参考网上教程(开发代码的书写比较丰富)。

7.5 上位机控制系统设计

机器人平台的上位机控制系统应该如何设计？ROS 系统的控制系统选择是多样的，一般常用的有基于 ARM、x86 等架构的处理器，比如：PC、工控机、树莓派……不同的处理器都存在一定的优缺点，PC 和工控机，处理器性能强大，但是功耗高、体积大、灵活性差。嵌入式系统则反之。比如：如果是中大型机器人，可以使用 PC 或工控机等作为控制系统；但是如果是小型或微型机器人，就应该使用嵌入式系统吗？我们机器人平台属于小型甚至微型机器人，虽然也可以使用 PC 作为机器人的控制系统，不过无论是从尺寸、负载能力还是扩展性的角度来看显然都是不适宜的。但是如果只是将控制系统简单小型化，比如使用树莓派，处理复杂的算法或比较耗资源的仿真实现显然又不能满足算力的要求……。当前情形好像陷入了两难的境地。

ROS 是一种分布式设计框架，针对小型或微型机器人平台的控制系统，可以选择多处理器的实现策略。具体实现是“PC+嵌入式”，可以使用嵌入式系统(比如树莓派)充当机器人本体的控制系统，而 PC 则实现远程监控，通过前者实现数据采集与直接的底盘控制，而后者则远程实现图形显示以及功能运算。本节主要介绍的就是这种多处理器的组合式框架实现，具体内容如下：

① 树莓派概述与 Ubuntu 系统安装；

② 实现树莓派与 PC 的分布式系统搭建；

③ 使用 ssh 远程连接树莓派；

④ 树莓派端安装并配置 ros_arduino_bridge。

7.5.1 树莓派概述与 ubuntu 系统安装

Raspberry Pi(中文名为“树莓派”，简写为 RPi)是为学习计算机编程而设计，是只有信用卡大小的微型电脑，其系统基于 Linux。随着 Windows 10 IoT 的发布，我们也将可以用上运行 Windows 的树莓派。自问世以来，受众多计算机发烧友和创客的追捧，曾经一“派”难求。别看其外表“娇小”，内“芯”却很强大，视频、音频等功能通通皆有，可谓是“麻雀虽小，五脏俱全”。

树莓派是一款基于 ARM 的微型电脑主板，以 SD/MicroSD 卡为内存硬盘，卡片主板周围有 1/2/4 个 USB 接口和一个 10/100 以太网接口(A 型没有网口)，可连接键盘、鼠标和网线，同时拥有视频模拟信号的电视输出接口和 HDMI 高清视频输出接口，以上部件全部整合在一张仅比信用卡稍大的主板上，具备所有 PC 的基本功能，只需接通电视机和键盘，就能执行如电子表格、文字处理、玩游戏、播放高清视频等诸多功能。Raspberry Pi B 款只提供电脑板，无内存、电源、键盘、机箱或连线。

由前文可知，本章所设计的轮式机器人采用树莓派 4b 为上位机，树莓派 4b 如图 7-11 所示，相比上一代的树莓派 3B+，树莓派 4B 在处理器速度，多媒体性能，内存和连接方面提供了突破性的增长，同时保留了向后兼容性和类似的功耗。对用户来说，树莓派 4B 提供的桌面性能可与入门级 x86 PC 系统相媲美。

图 7-11　树莓派 4b

树莓派 4B 的主要功能包括高性能 64 位四核处理器，通过一对 micro-HDMI 端口支持分辨率高达 4K 的双显示屏，高达 4Kp60 的硬件视频解码，高达 4GB 的 RAM，双频 2.4/5.0 GHz 无线局域网，蓝牙 5.0，千兆以太网，USB 3.0 和 PoE 功能(通过单独的 PoE HAT 插件)。双频无线局域网和蓝牙具有模块化合规认证，允许将电路板设计到最终产品中，大大降低了合规性测试，从而降低了成本和上市时间。

在设计上位机时，读者可自行学习相关树莓派知识，如果不接入其他外设传感器(除激光雷达和相机外)，相关知识不必了解过多。上位机在处理相关数据之前需要安装相关系统，本文采用 ubuntu18.04+melodic 的 ROS 系统，具体步骤如下：

① 硬件准备：单独一块树莓派主板是无法运行的，必须集成一些配件才能实现一定的功能，树莓派周边配件是比较丰富的，比如：USB 电源、SD 卡、读卡器、HDMI 连接线、显示屏、键盘、鼠标、保护壳、风扇等等。对于 ROS 机器人设计教程而言，所需的配件比较简单，包括树莓派 4b、电源线、SD 卡(建议 16G 以上)、显示屏和数据线、鼠标、键盘。

② 连线准备：首先通过数据线将显示屏与树莓派 4b 连接，将键盘与鼠标与树莓派连接，将树莓派供电。

③ 下载 ROS 系统：首先格式化 SD 卡，将 ubuntu18.04 镜像写入 SD 卡内，插入树莓派中，开机修改密码，更改下载源，下载 melodicROS 系统。具体操作请参考其他教程，其中读者手中没有显示屏，可以利用桌面远程连接进行桌面可视化。

7.5.2　实现树莓派与 PC 的分布式系统搭建

当前分布式框架搭建时，树莓派是作为主机，而 PC 则作为从机，在实现分布式框架的搭建流程前，还需要做准备工作，为树莓派连接无线网络，并设置固定 IP。

ROS 是一个分布式计算环境。一个运行中的 ROS 系统可以包含分布在多台计算机上的多个节点。根据系统的配置方式，任何节点可能随时需要与任何其他节点进行通信。因此，ROS

对网络配置有某些要求：所有端口上的所有机器之间必须有完整的双向连接。每台计算机必须通过所有其他计算机都可以解析的名称来公告自己。分布式框架环境搭建具体步骤如下：

① 配置 hosts 文件修改：修改树莓派端（主机端）和 PC 端（从机端）不同计算机的/etc/hosts 文件，在该文件中加入对方的 IP 地址和计算机名：

主机端：从机的 IP 地址　　从机计算机名称

从机端：主机的 IP 地址　　主机计算机名称

设置完毕，可以通过 ping+IP 地址命令测试网络通信是否正常。

② 配置主、从机 IP：在主机端的 . bashrc 文件中添加主机的 IP 地址：

export ROS_MASTER_URI=http：//主机 IP 地址：11311

export ROS_HOSTNAME=主机 IP 地址

在从机端的 . bashrc 文件中添加从机的 IP 地址（可以有多个从机）：

export ROS_MASTER_URI=http：//主机 IP 地址：11311

export ROS_HOSTNAME=从机 IP 地址

③ 测试：首先在主机端中启动 roscore，并在主机端启动订阅节点，从机端启动发布节点，测试通信是否正常。最后反向测试，主机端启动发布节点，从机端启动订阅节点，测试通信是否正常。

7.5.3　使用 ssh 远程连接树莓派

在多处理器的分布式架构中，不同的 ROS 系统之间可能会频繁地涉及文件的传输，例如我们在从机端（PC）编写 ROS 程序，而最终需要在主机端（树莓派）上运行，如何将相关目录以及文件从 PC 上传到树莓派？SSH 是常用手段之一。

SSH（Secure Shell）是一种通用的、功能强大的、基于软件的网络安全解决方案。计算机每次向网络发送数据时，SSH 都会自动对其进行加密。数据到达目的地时，SSH 自动对加密数据进行解密。整个过程都是透明的，使用 OpenSSH 工具将会增进你的系统安全性。SSH 安装容易、使用简单。

SSH 实现架构上分为客户端和服务器端两大部分，客户端是数据的发送方，服务端是数据的接收方，当前场景下，我们需要从机端发送数据到主机端，那么从机端属于客户端，而主机端属于服务端，整个实现具体流程是：

① 分别安装 SSH 客户端与服务端；

② 服务端启动 SSH 服务；

③ 客户端远程登录服务端；

④ 实现数据传输。

（1）安装 SSH 客户端与服务端

默认情况下，Ubuntu 系统已经安装了 SSH 客户端，因此只需要在树莓派安装服务端即可（如果树莓派安装的是服务版的 Ubuntu，默认会安装 SSH 服务并已设置成了开机自启动）。

（2）服务端启动 SSH 服务

树莓派启动 ssh 服务：

sudo /etc/init. d/ssh start

启动后查看服务是否正常运行：

ps -e | grep ssh

如果启动成功，会包含 sshd 与 ssh 两个程序。以后需要频繁地使用 ssh 登录树莓派，为了简化实现，可以将树莓派的 ssh 服务设置为开机自启动，命令如下：

sudo systemctl enable ssh

（3）客户端远程登录服务端

登录树莓派可以调用如下命令：

ssh 账号@ ip 地址

然后根据提示，录入登录密码，即可成功登录。如果退出登录，可以调用 exit 命令退出。

（4）实现数据传输

从从机端上传文件到主机端命令如下：

scp 本地文件路径 账号@ ip：树莓派路径

上传文件夹：

scp -r 本地文件夹路径 账号@ ip：树莓派路径

下载文件：

scp 账号@ ip：树莓派路径 本地文件夹路径

下载文件夹：

scp -r 账号@ ip：树莓派路径 本地文件夹路径

每次登录树莓派时，都需要输入密码，使用不方便，可以借助密钥简化登录过程，实现免密登录，提高操作效率，实现思想是：生成一对公钥私钥，私钥存储在本地，公钥上传至服务器，每次登录时，本地直接上传私钥到服务器，服务器有匹配的公钥就认为是合法用户，直接创建 SSH 连接即可。具体实现步骤如下：

首先将本地生成密钥对，然后将公钥上传至树莓派，以后再登录树莓派就无需录入密码了。

7.5.4 树莓派端安装并配置 ros_arduino_bridge

如果你已经搭建并测试通过了分布式环境，下一步，就可以将 ros_arduino_bridge 功能包上传至树莓派，并在从机端通过键盘控制小车的运动了，实现流程如下：

① 系统准备；

② 程序修改；

③ 从 PC 端上传程序至树莓派；

④ 启动 PC 与树莓派端相关节点，并实现运动控制。

（1）系统准备

ros_arduino_bridge 是依赖于 python-serial 功能包的，请先在树莓派端安装该功能包，安装命令：

sudo apt-get install python-serial

（2）程序修改

ros_arduino_bridge 的 ROS 端功能包主要是使用 ros_arduino_python，程序入口是该包 launch 目录下的 arduino. launch 文件，内容如下：

```
<launch>
<node name =" arduino"  pkg =" ros_arduino_python"  type =" arduino_node. py"  output ="
screen" >
```

<rosparamfile=" $(find ros_arduino_python)/config/my_arduino_params. yaml" command="load" />

</node>

</launch>

需要载入 yaml 格式的配置文件，该文件在 config 目录下已经提供了模板，只需要复制文件并按需配置即可，复制文件并重命名，配置如下：

```
port:/dev/ttyACM0
baud:57600 #波特率
timeout:0.1 #超时时间
rate:50
sensorstate_rate:10
use_base_controller:True
base_controller_rate:10
base_frame:base_footprint
wheel_diameter:0.065
wheel_track:0.21
encoder_resolution:3960
Kp:5
Kd:45
Ki:0
Ko:50
accel_limit:1.0

sensors:{
  arduino_led:{pin:13,type:Digital,rate:5,direction:output}
}
```

上述程序代码中的参数要根据自己所设计的机器人实际情况填写，例如机器人的车轮直径，机器人底盘大小，机器人 PID 参数(需要负重后再次调节)。

(3) 程序上传

请先在树莓派端创建工作空间，在 PC 端进入本地工作空间的 src 目录，调用程序上传命令：

scp -r ros_arduino_bridge/树莓派用户名@树莓派 ip：~/工作空间/src

在树莓派端进入工作空间并编译：

catkin_make

(4) 测试

先启动树莓派端程序，再启动 PC 端程序。

在树莓派端启动 ros_arduino_bridge 节点，命令如下：

roslaunch ros_arduino_python arduino. launch

在 PC 端启动键盘控制节点，命令如下：

rosrun teleop_twist_keyboard teleop_twist_keyboard. py

在树莓派中如启动launch文件无异常，现在就可以在PC端通过键盘控制小车运动了，并且在PC端还可以使用rviz查看小车的里程计信息(注意在rviz中添加相应的插件和选择对应的话题节点)。

7.6 传感器设计

当前机器人平台使用的传感器主要有三种：编码器、激光雷达与相机。编码器主要用于测速实现，在之前已有详细介绍，不再赘述，本节主要介绍激光雷达与相机的使用。

7.6.1 激光雷达

激光雷达是现今机器人尤其是无人车领域中最重要、最关键也是最常见的传感器之一，是机器人感知外界的一种重要手段。激光雷达(LiDAR)，英文全称为：Light Detection And Ranging，即光探测与测量。激光雷达可以发射激光束，光束照射到物体上，再反射回激光雷达，可以通过三角法测距或TOF测距计算出激光雷达与物体的距离，甚至也可以通过测量反射回来的信号中的某些特性而确定物体特征，比如：物体的材质。注意：如果物体表面光滑(比如镜子)，光束照射后产生镜面反射，可能无法捕获返回的激光而出现识别失误的情况。

激光雷达在测距方面精准(激光雷达的测量精度可达厘米级)、高效，是机器人测距的不二之选。其优点如下：

① 具有极高的分辨率：激光雷达工作于光学波段，频率比微波高2~3个数量级以上，因此，与微波雷达相比，激光雷达具有极高的距离分辨率、角分辨率和速度分辨率。

② 抗干扰能力强：激光波长短，可发射发散角非常小(μrad量级)的激光束，多路径效应小(不会形成定向发射与微波或者毫米波产生多路径效应)，可探测低空/超低空目标。

③ 获取的信息量丰富：可直接获取目标的距离、角度、反射强度、速度等信息，生成目标多维度图像。

④ 可全天候工作：激光主动探测，不依赖于外界光照条件或目标本身的辐射特性。它只需发射自己的激光束，通过探测发射激光束的回波信号来获取目标信息。

激光雷达虽然优点众多，但也存在一些局限性：

① 成本：居高不下。

② 环境：易受天气影响(大雾、雨天、烟尘)。

③ 属性识别能力弱：激光雷达的点云数据是物体的几何外形呈现，无法如同人类视觉一样，分辨物体的物理特征，比如：颜色、纹理……

根据线束数量的多少，激光雷达可分为单线束激光雷达与多线束(4线、8线、16线、32线、64线)激光雷达。单线激光雷达扫描一次只产生一条扫描线，其所获得的数据为2D数据，因此无法区别有关目标物体的3D信息。多线束激光雷达就是将多个横向扫描结果纵向叠加，从而获得3D数据，当然，线束越多，纵向的垂直视野角度越大。

本文采用单线思岚A1激光雷达，RPLIDAR A1采用激光三角测距技术，配合自主研发的高速的视觉采集处理机构，可进行每秒8000次以上的测距动作。RPLIDAR A1的测距核心顺时针旋转，可实现对周围环境的360度*扫描测距检测，从而获得周围环境的轮廓图。全面改进了内部光学和算法系统，采样频率高达8000次/s，让机器人能更快速、精确地建图。

将激光雷达加载到树莓派上步骤如下：

（1）激光雷达连接树莓派

激光雷达通过数据线直接连接树莓派即可，检测激光雷达是否转动。确认当前的激光雷达 USB 转串口终端并修改权限，首先在树莓派端查看激光雷达 USB 串口名称，查看命令如下：

```
ll /dev/ttyUSB *
```

将当前用户添加进 dialout 组进行授权，命令如下：

```
sudo usermod -a -G dialout 树莓派的 ubuntu 名称
```

重启之后才可以生效。

（2）软件安装

进入工作空间的 src 目录，下载相关雷达驱动包（如果是其他型号激光雷达，请下载相应的驱动包），下载命令如下：

```
git clone https://github.com/slamtec/rplidar_ros
```

返回工作空间，调用 catkin_make 编译，并 source./devel/setup.bash，为端口设置别名（将端口 ttyUSBX 映射到 rplidar），命令如下：

```
cd src/rplidar_ros/scripts/
./create_udev_rules.sh
```

（3）启动并测试

首先确认端口，编辑 rplidar.launch 文件。

```
<launch>
<node name="rplidarNode"          pkg="rplidar_ros"  type="rplidarNode" output="screen">
<param name="serial_port"         type="string"  value="/dev/rplidar"/>
<param name="serial_baudrate"     type="int"     value="115200"/><!--A1/A2 -->
<!--param name="serial_baudrate"  type="int"     value="256000"--><!--A3 -->
<param name="frame_id"            type="string"  value="laser"/>
<param name="inverted"            type="bool"    value="false"/>
<param name="angle_compensate"    type="bool"    value="true"/>
</node>
</launch>
```

frame_id 也可以修改，当使用 URDF 显示机器人模型时，需要与 URDF 中雷达 id 一致，在终端工作空间下输入命令：

```
roslaunch rplidar_ros rplidar.launch
```

如无异常，雷达开始旋转，然后再启动 rviz，添加 LaserScan 插件（注意：Fixed Frame 设置需要参考 rplidar.launch 中设置的 frame_id，Topic 一般设置为/scan，Size 可以自由调整）。

7.6.2 相机

相机是机器人系统中另一比较重要的传感器，与雷达类似，相机也是机器人感知外界环境的重要手段之一，并且随着机器视觉、无人驾驶等技术的兴起，相机在物体识别、行为识别、SLAM 中等都有着广泛的应用。根据工作原理的差异可以将相机大致划分成三类：单目相机、双目相机与深度相机。

(1) 单目相机

单目相机是将三维世界二维化，它是将拍摄场景在相机的成像平面上留下一个投影，静止状态下无法通过单目相机确定深度信息。在二维图形中，甚至不能根据图片中物体的大小来判断物体距离。

(2) 双目相机

识破上面的尺度不确定性问题只需要移动单目相机，再换一个角度拍摄一张照片即可，当角度切换后，可以将两张照片组合还原为一个立体的三维世界。双目相机的原理也是如此，双目相机是由两个单目相机组成的，即便在静止状态下，也可以生成两张图片，两个单目相机之间存在一定的距离称之为基线，通过这个基线以及两个单目项目分别生成的图片，可以来估算每个像素的空间位置。

(3) 深度相机

深度相机也称之为 RGB-D 相机，顾名思义，深度相机也可以用于获取物体深度信息。深度相机一般基于结构光或 ToF(Time-of-Flight)原理实现测距。前者是通过近红外激光器，将具有一定结构特征的光线投射到被拍摄物体上，再由专门的红外摄像头进行采集。光线照射到不同深度的物体上时，会采集到不同的图像相位信息，然后通过运算单元将这种结构的变化换算成深度信息，后者实现则类似于激光雷达，也是根据光线的往返时间来计算深度信息。

相机传感器使用步骤如下：

① 硬件准备。当前直接连接树莓派即可，查看串口步骤和激光雷达相似，但串口名称为 video。

② 软件准备。安装 USB 摄像头软件包，命令如下：

```
sudo apt-get install ros-ROS 版本-usb-cam
```

③ 测试。在摄像头软件包中内置了测试用的 launch 文件，内容如下：

```
<launch>
<node name="usb_cam" pkg="usb_cam" type="usb_cam_node" output="screen">
<param name="video_device" value="/dev/video0" />
<param name="image_width" value="640" />
<param name="image_height" value="480" />
<param name="pixel_format" value="yuyv" />
<param name="camera_frame_id" value="usb_cam" />
<param name="io_method" value="mmap"/>
</node>
<node name="image_view" pkg="image_view" type="image_view" respawn="false" output="
screen">
<remap from="image" to="/usb_cam/image_raw"/>
<param name="autosize" value="true" />
</node>
</launch>
```

节点 usb_cam 用于启动相机，节点 image_view 以图形化窗口的方式显示图像数据，需要查看相机的端口并修改 usb_cam 中的 video_device 参数，并且如果将摄像头连接到了树莓派，且通过 ssh 远程访问树莓派的话，需要注释 image_view 节点，因为在终端中无法显示图形化界面。

首先启动 launch 文件：

roslaunch usb_cam usb_cam-test. launch

然后启动 rviz，添加摄像头插件。

注意：

之前已经分别介绍了底盘、雷达、相机等相关节点的安装、配置以及使用，不过之前的实现还存在一些问题：

① 机器人启动时，需要逐一启动底盘控制、相机与激光雷达，操作冗余；

② 如果只是简单地启动这些节点，那么在 rviz 中显示时，会发现出现了 TF 转换异常，比如参考坐标系设置为 odom 时，雷达信息显示失败。

读者可以把传感器(激光雷达与相机)集成以解决上述问题，所谓集成主要是优化底盘、雷达、相机相关节点的启动并通过坐标变换实现机器人底盘与里程计、雷达和相机的关联，实现步骤如下：

① 编写用于集成的 launch 文件；

② 发布 TF 坐标变换；

③ 启动并测试。

此部分操作不再做详细的介绍。

7.7　本章小结

本章从 0 到 1 地介绍了如何构建低成本、实验性的机器人平台，主要内容是围绕机器人的组成展开的，也即：执行机构、驱动系统、控制系统、传感系统。我们也主要围绕这几个方面做一下总结：

(1) 执行机构

执行机构是纯硬件实现，在我们的机器人平台中，主要是机器人的行走部分，行走部分的核心是电机，电机的一些参数以及不同参数之间的换算是需要了解的。

(2) 驱动系统

驱动系统我们采用的是简单、易上手的 Arduino 再结合电机驱动模块，主要介绍了 Arduino 的基本使用，并通过 ros_arduino_bridge 搭建了机器人底盘，该底盘可以解析速度消息并转换成控制电机运动的 PWM 信号，还可以发布里程计消息。

(3) 控制系统

控制系统是通过 PC 与树莓派多处理器结合的方式来实现的，PC 扮演了监控的角色，而树莓派则担当数据下发与采集的角色，具体介绍了 PC 与树莓派的分布式框架实现、如何通过 SSH 实现远程登录以及 ros_arduino_bridge 在树莓派上部署。

(4) 传感系统

传感系统则介绍了机器人中一些常用的传感器的相关内容，其中，在驱动系统实现时，就涉及了内部传感器编码器的工作原理以及使用，最后机器人系统集成时又介绍了相机与激光雷达的概念以及应用。

本章内容最终结果就是搭建了一个机器人平台，并且安装、调试了各个组成模块，如果你已经按照本章内容构建了自己的机器人平台，那么就可以尝试将机器人的导航功能迁移到机器人实体了，读者可以根据不同的需求将相应的算法引入实体机器人中，其中包括 SLAM 实现、地图服务、定位实现、路径规划等部分。

参 考 文 献

[1] 胡春旭. ROS 机器人开发实践[M]. 北京：机械工业出版社，2018.

[2] 张新钰，赵虚左，邱楠，郭世纯. ROS 机器人理论与实践[M]. 北京：清华大学出版社，2023.

[3] 高翔，张涛，等. 视觉 SLAM 十四讲：从理论到实践(第 2 版)[M]. 北京：电子工业出版社，2019.

[4] Sebastian Thrun，Wolfram Burgard，Dieter Fox. 概率机器人[M]. 北京：机械工业出版社，2017.

[5] 张虎. 机器人 SLAM 导航：核心技术与实战[M]. 北京：机械工业出版社，2022.

[6] 李群明，熊蓉，褚健. 室内自主移动机器人定位方法研究综述[J]. 机器人，2003，25(6)：560-573.

[7] 钱丽萍，汪立东，张健. 面向对象程序设计[M]. 北京：机械工业出版社，2022.

[8] 徐孝凯. C++语言程序设计[M]. 北京：北京师范大学出版社，2022.

[9] 蔡自兴，贺汉根，陈虹. 未知环境中移动机器人导航控制理论与方法[M]. 北京：科学出版社，2009.

[10] R・西格沃特，I・R・诺巴克什，D・斯卡拉穆扎. 自主移动机器人导论[M]. 李人厚，宋青松，译. 西安：西安交通大学出版社，2021.

[11] 斯皮罗斯・G・扎菲斯塔斯. 移动机器人控制导论[M]. 贾振中，张鼎元，王国磊，曾娅妮，译. 北京：机械工业出版社，2021.

[12] 马培立，卞舒豪，陈绍平，等. 从 ROS1 到 ROS2 无人机编程实战指南[M]. 北京：化学工业出版社，2023.

[13] 陈良，高瑜，孙荣川. 智能机器人[M]. 北京：人民邮电出版社，2022.

[14] 王晓华. 移动机器人 SLAM 技术[M]. 哈尔滨：哈尔滨工业大学出版社，2019.

[15] (西)马丁内斯. ROS 机器人程序设计[M]. 北京：机械工业出版社，2014.

[16] 徐本连，鲁明丽. 机器人 SLAM 技术及其 ROS 系统应用(第 2 版)[M]. 北京：机械工业出版社，2024.

[17] (印)郎坦・约瑟夫，(意)乔纳森・卡卡切作. 机器人技术丛书 精通 ROS 机器人编程(原书第 3 版)[M]. 吴中红，石章松，程锦房，刘彩云，译. 北京：机械工业出版社，2024.